Sigmund Freud

哲 人 咖 啡 厅

弗洛伊德心理哲学

（奥）弗洛伊德 著　杨韶刚等 译

九州出版社 JIUZHOUPRESS | 全国百佳图书出版单位

生命的叫喊是从和爱欲的斗争中发出的，毋庸置疑，快乐原则在同力比多——即把这种障碍引入生命过程的一种力量——的斗争中是作为一种指南来为本我服务的。

——弗洛伊德

出版前言

弗洛伊德(1856 ~ 1939)，奥地利著名精神病医生、心理学家、精神分析学的创始人。他的心理学理论，不是一般意义上的哲学，甚至也不同于一般的心理学，因为它主要是作为一种精神病的治疗方法的理论。

弗氏早期的著作把人的精神生活分为意识和潜意识两个主要部分，认为意识部分的作用是排除人的那些原始的、兽性的本能欲望，是不重要的；潜意识部分则是人的精神活动的深层基础，其中隐藏着各种永不停息的本能冲动和永不满足的欲望，这些对人的整个精神活动以至人的全部行为起决定作用。

而他在后期的理论则稍有修正，这时他把人的心理结构分为了“本我”、“自我”和“超我”三个部分。“本我”包含了所有原始的遗传的本能和欲望，宛如“一口充满着沸腾的激动的大锅”，其中最根本的是性欲冲动，即所谓“性力”(力比多 Libido)，它为各种本能冲动、欲望提供力量，是人的整个精神活动的基础和源泉。“自我”所代表的是理性和判断，它既要满足“本我”的要求，又要使之符合“现实”，调节二者之间的冲突。但“自我”并不能脱离“本我”而独立存在。它不仅为“本我”服务，而且必须依靠“本我”提供的能量来活动。“超我”则代表一种对本我的道德限制(即良知)，与“本我”处于对立地位，它不仅使“本我”推迟得到满足，而且使之不能得到满足，它指导“自我”去限制“本我”的冲动。在一般情况下，“本我”、“自我”、“超我”三者处于平衡状态，而它们之间的关系失调就是人的一切行为失常的根源。

弗氏还认为，人类社会的风俗、习惯、宗教戒律、道德规范等等归根到底都是作为对人的性本能的一种节制而产生的。一切科学和文学艺术都是出于人的性本能冲动的“升华”。当人的性欲受到压抑、无法满足时，便转向其他渠道去发泄，这种转移正是一切人类文明的来源。

读弗氏的书，可以使我们以更深层的探究，认识现代生活造成人们某种精神疾病的根源，从而有效地调节、完善我们的人生。

本书是弗洛伊德原著代表作的精选译本，基本反映了弗洛伊德心理哲学的主要思想和理论。为便于读者阅读和理解，编辑中对部分内容做了删节，并适当加了小标题。此书译者有杨韶刚、熊哲宏、叶松涛、宋文等。

九州出版社

二〇〇三年六月

目录

一、日常生活心理分析

1. 意识和潜意识

在导言性的这一章里，我没有什么新东西可说，而且不可避免地要重复以前经常说过的那些话。

把心理生活划分成意识和潜意识的，这是精神分析所依据的基本前提；并且只有这种划分才能使精神分析了解那些在心理生活中既重要又普遍的病理心理过程，并在科学的框架中为其找到一席之地。换言之：精神分析不能接受意识是心理生活的实质的看法，但很乐意把意识看做是心理生活的一种属性，意识可以和其他属性共存，也可以不存在。

如果我私下假定，凡对心理学感兴趣的人都会读这本书，我仍然打算发现他们有些人甚至在这方面也会突然停止不前：因为在这里我们有了精神分析的第一个术语。对大多数已受过哲学教育的人来说，任何还不是有意识的心理的观念是这样令人难以置信，以至于在他们看来这似乎是荒谬的，简直可以用逻辑一驳即倒。我相信这只是因为他们从未研究过催眠术和梦的有关现象——这种现象和病理现象大不相同——才得出这一结论的。因此，他们的意识心理学不能解决梦和催眠的问题。

首先，“意识”一词[①]是一个建立在最直接、最可靠性的知觉基础上的纯描述性的术语。其次，经验表明，一种心理元素（例如一个观念）一般说来不是永远有意识的。相反，意识状态的特点是瞬息万变的；一个现在有意识的观念在片刻之后就不再是有意识的，虽然在很容易产生的一定条件下还可以再成为有意识的。那么，这个观念在中间阶段究竟是什么，我们还一无所知。我们可以说它是潜伏的，据此我们是说，它能随时成为有意识的。或者假如我们说，它是潜意识的，那我们就是在做一个同样正确的描述。因此，在这个意义上，潜意识一词是与“潜伏的和能成为有意识的”相一致的。哲学家们无疑会反对说：“不，潜意识一词在这里并不适用；只要这个观念还处于潜伏状态，它就根本不是一种心理元素。”在这一点上和他们发生冲突只会引起一场文字战，而别无他用。

但是我们已经沿着另一条路，通过考虑的心理动力（mental dynamics）在其中起作用的某些经验，发现了“潜意识”一词或概念。我们已经发现，就是说，我们被迫假定，存在着非常强大的心理过程或观念——一种数量化或实用的因素（econonic factor）第一次在这里得到讨论——它可以在心理生活中产生日常观念所能产生的一切作用

① 原文是”Bewsst sein”（这两个词）。同样，在《非专业分析的问题》）1926e）的第二章，《弗洛伊德全集》标准版第20卷，第197页“Bewusstesein”是经常使用的德文的“意识”这个词，之所以印作两个词，是为了强调，“Bewusst”就其形式而言是一个被动意义的分词——“被意识到的”。英文的“意识”一词既可用做主动的，也可用做被动的；但在这些讨论中却总被视为被动的。——译注

（包括也能像观念那样成为有意识的作用），虽然观念本身不能成为有意识的。这里我们不必详细重复以前常常这样解释过的东西。我们只需要说，这正是精神分析理论之要点所在，同时还认为由于有一定的力量和这些观念相抗衡，这些观念就不能成为有意识的。否则的话，它们就能成为有意识的，于是我们就会发现这些观念和其他公认的心理元素究竟有多大的差别。在精神分析技术中已经发现了一种方法，用这种方法可以把那个抗衡的力量消除，可以使还有问题的那些观念成为有意识的，这个事实使这一理论无可辩驳。我们把这些观念在成为有意识的之前所存在的状态称为压抑（repression），并且断言产生和保持这种压抑的力量在分析工作中被理解为抵抗（resistance）。

因此，我们是从压抑理论中获得我们的潜意识概念的。压抑为我们提供了潜意识的原型。但是我们发现我们有两种潜意识——一种是潜伏的但能成为有意识的，另一种是被压抑的但不能用通常的方法使之成为有意识的。这种对心理动力学的洞察不能不影响到我们的术语和描述。那种潜伏的、只在描述意义上而非动力学意义上的潜意识，我们称之为前意识（preconscious）；而把潜意识一词留给那种被压抑的动力学上的潜意识，这样我们就有三个术语，即意识（Cs）、前意识（Pcs）和潜意识（Ucs），它们不再具有纯描述意义。前意识可能比潜意识更接近意识，既然我们已经把潜意识称为心理的，我们就更会毫不犹豫地把潜伏的前意识也称为心理的。但是，与此相反的是，为什么我们不愿意和哲学家们保持一致，却要一致地从有意识的心理活动中区分出前意识和潜意识呢？哲学家们也许会认为，应该把前意识和潜意识描述为“类心理的”（Psychoid），两种类型或两种水准，和谐就会建立起来。但是在说明中的那些无尽的困难就会接踵而至；这样定义的两种类心理在几乎每一个其他方面都和公认为心理的东西相一致，这个重要的事实从它们或它们最重要的部分还不为人所知的时候起，就被迫处于一种偏见的背景中。

只要我们不忘记，虽然在描述性意义上有两种潜意识，但在动力学意义上则只有一种潜意识，我们现在就可以舒适地着手研究我们的这三个术语了，即意识、前意识和潜意识。为说明起见，可以在很多情况下对这种划分不予理睬，但在另一些情况下，这种划分就当然是必不可少的了。同时我们多少已经习惯了潜意识一词的这两种意义，并且能把它们运用得很好。就我所见，要避免这种意义上的不明确是不可能的；意识和潜意识之间的划分终究不过是一个要么必须“肯定”，要么必须“否定”的知觉问题，而知觉本身的行动并没有告诉我们一件东西为什么被知觉或不被知觉。谁也没有权力抱怨，因为实际现象所表达的潜在的动力因素就是意义不明确的[1]。

然而，在精神分析的进一步发展中已经证明，甚至这些划分也是不够的，就实际目的来说也是不够的。这已在多方面清楚地表明了；但是决定性的情况如下。我们已经

---

① 这一点可以和我的《对精神分析中潜意识的注释》相比较（1912g）[也请参见《论潜意识》这篇心理玄学论文的第一节和第二节（1915e）]，在这一点上对潜意识的批评所采取的新的转变值得考虑，有些研究者并不拒绝承认精神分析的事实，但却不愿意接受潜意识。他们在这个无可辩驳的事实中找到了摆脱困难的出路，这个事实就是，在意识中（作为一种现象看待）要区分发出各种强度或清晰度的等级是可能的。正像有些观念带有鲜明的、强烈的和明确的意识一样，我们也承认另一些只有模糊的，甚至不十分引人注意的意识；有证据表明，正是那些最模糊的意识观念才是精神分析希望把潜意识这个不合适的名字运用于它们的那些观念。但是这些观念（论证继续进行）就像其他观念一样，也是有意识的或"处于意识状态"的，如果给予足够的注意，也能引起完全的、强烈的意识。

至于用论证来影响对这种既建立在常规基础上，又建立在情绪因素基础上的问题做出决定的可能程度来说，我们可以做出以下评论。关于意识清晰度的等级绝不是结论性的，并不比下面这种模拟的说法更有说明的价值："在照明中有这么多等级——从最明亮、最耀眼的光到最暗淡的微光——以至于我们可以做出结论，根本没有黑暗这种东西'，或者说："有各种等级的生命力，因此没有死亡这回事。"这些说法在某种意义上说可能是有意义的，但是就实践的目的来说，它们是无价值的。如果一个人想从中得出某些结论，例如"因此没有必要点灯"，或"因此一切生物都是不死的"，就会发现这一点。进一步说，要包括那些在有意识的概念下所不被注意的东西，就只会对我们关于心理的一种，并且是惟一的一种直接的、明确的知识造成混乱。一个人对意识固然一无所知，这对我来说毕竟要比潜意识的心理荒谬可笑得多。最后这种把未注意的东西和潜意识的东西等同起来的企图显然没有考虑到所包含的那些动力学条件，而这正是形成精神分析观点的决定性因素。因为它忽视了两个事实：第一，要对这种未注意的东西予以足够的注意是非常困难的，且需要付出很大的努力；第二，当这一点达到之后，以前未受注意的思想由于还没有被意识所承认，而往往和意识格格不入，并且往往被意识迅速拒绝。因此以这种方式逃出潜意识，并躲在很少被注意或不被注意的地方毕竟只表示一种预想的信念，即认为心理和意识的同一性已经彻底解决了。——原注

阐述了这种观念，即每一个人都有一个心理过程的连贯组织，我们称之为他的自我。这个自我包括意识，它控制着能动性的通路——也就是把兴奋排放到外部世界中去的道路；正是心理上的这个机构调节着它自身的一切形成过程，这个自我一到晚上就去睡觉了，即使在这个时候它仍然对梦起着检查作用（censorship）。自我还由此起着压抑作用，用压抑的方法不仅把某些心理倾向排除在意识之外，而且禁止它们采取其他表现形式或活动。在分析中这些被排斥的倾向和自我形成对立，自我对被压抑表现出抵抗，分析就面临着把这些抵抗排除的任务。现在我们发现，当我们在分析期间把某些任务摆在病人面前时，他便陷入困境；当他的联想应当接近被压抑的东西时，他却联想不下去了。于是我们告诉他，他被一种抵抗支配着；但他却意识不到这个事实，即使他从不舒服的感觉中猜测到，有一种抵抗正在他身上起作用。他也既不知道这是什么，也不知道如何描述它。但是既然这种抵抗来源于他的自我并属于自我，这是毫无问题的，因此，我们发现自己处在一种意料之外的情境中。我们在自我本身也发现了某种潜意识的东西。它的行为就像被压抑的东西一样，虽然这种东西本身不是有意识的，但却会产生很大的影响，要使它成为有意识的，就需要做特殊的工作。从分析实践的观点来看，这种观察的结果是，如果我们坚持以前那种习惯的表达方式，并试图从意识和潜意识的争论中发现神经症，我们就会陷入无尽的混乱和困境之中。从我们对心理结构条件的理解，我们将不得不用另一种对立来代替这种对立，即有组织的自我，和被压抑的、从中分裂出去的自我之间的对立。

不过，对我们的潜意识概念来说，我们的新的观察结果甚至更为重要。动力学方面的考虑促使我们做出第一次更正；我们对心理结构的知识则导致第二次更正。我们承认，潜意识并不和被压抑的东西相一致，而一切被压抑的东西都是潜意识的这也是真实的。但不是说所有潜意识的都是被压抑的。自我的一部分——天知道这是多么重要的一部分——也可以是潜意识的，毫无疑问是潜意识的。这种属于自我的潜意识不像前意识那样是潜伏的；因为假如这样的话，它如果不成为有意识的，就无法被激活，而使它成为有意识的过程就不会遇到这么大的困难。当我们发现自己面临着必须假定有一个不被压抑的第三种潜意识时，我们必须承认，成为潜意识的这种性质对我们来说已开始失去意义了。它成了可能具有多种含义的一种性质了。这样我们就不能像我们所希望的那样，使它成为深远的，必然性结论的依据。然而我们必须当心，不要忽视了这种性质，因为作为最后的一着，究竟是成为意识的还是潜意识的，这种性质是看透深蕴心理学（depth psychology）之奥秘的一束惟一的光。

2. 自我和本我

病理学的研究把我们的兴趣完全集中到被压抑的方面。既然我们知道，自我这个词在其本来意义上也可能是潜意识的，我们就希望更多地了解自我。到目前为止，我们从事研究的惟一的指导是区分意识和潜意识的不同特点；最后我们却发现这个性质本身就意义不明确。

现在我们的一切知识都总是和意识密切相连的，即使潜意识的知识也只有使它成为意识的才能获得。但是且慢，这是怎样成为可能的呢？当我们说“使它成为意识”的时候，这是什么意思呢？它是如何发生的呢？

就此而言，我们已经知道在这一方面我们必须的出发点是什么。我们说过意识是心理结构的外表：也就是说，我们已把它作为一种能划归在空间上最靠近外部世界的系统了。顺便提一句，在这种情况下，使用局部解剖学的术语并不只是用来描述该机能的性质，而且实际上是符合解剖事实的。我们的研究也必须把知觉的这个表面器官作为一个出发点。

从外部（感知觉）和内部——我们称之为感觉和情感——获得的一切知觉从一开始就是意识的。但它是怎样在思维过程的名义下和我们可以——模糊地，不确切地——概括起来的那些内部过程联系起来的呢？它们代表心理能量的移置（displacement），而这种能量在付诸行动的过程中，就在结构内部的某个地方获得了。它们是向着容许意识发展的外表前进呢？还是意识向着它们走来？这显然是当一个人开始严肃地采用心理生活的空间概念或心理地形学的概念时所遇到的困难之一。这两种可能性都同样是不可想像的，要解决这个问题必须要有一个第三种可能性[1]。

我已经在另一个地方[2]说过，潜意识观念和前意识观念（思想）之间的真正差别就在于此：即前者是在未被认识到的某种材料中产生出来的，而后者（前意识）则另外和言语表象（word presentation）联系着。这是为这两种系统，即前意识和潜意识系统，而不是为它们和意识的关系，找到一个明显标记的第一次尝试。于是把："一件事情怎样成为意识的呢？"这个问题说成："一件事情怎样成为前意识的？"就可能更有利。且答案就会是："通过和与之相应的言语表象建立联系而成的。"

这些言语表象就是记忆痕迹（residues of memories）：它们一度曾经是知觉，像一切记忆痕迹一样，它们可以再次成为意识的。在我们进一步论述其性质之前，我们开始认识到一个新的发现，即只有那些曾经是意识知觉的东西才能成为意识的，从内容（情感除外）产生的任何东西，要想成为意识的，必须努力把自己转变成外部知觉：这可以通过记忆痕迹的形式来做到。

我们把记忆痕迹想像为包含在直接与前意识——意识（Pcpt.—Cs）知觉系统相连的系统中，这样，关于记忆痕迹的精力贯注就可以很快地扩展到后一系统的成分上，这里立刻使我想起了幻觉，想起了这个事实，即最生动的记

① 在《论潜意识》的第二节中，已对此做了更长篇幅的讨论。——原注

② 见《论潜意识》。——原注

忆总是既可以从幻觉中又能从外部知觉中区分出来[①]；但是我们还将发现，当一个记忆恢复时，记忆系统中的精力贯注仍将有效，而当精力贯注不仅从记忆痕迹向前意识知觉的成分扩展，而且**完全**越过了它时，就会产生一种不能从知觉中区分开来的幻觉。

言语痕迹（verbal residues）主要的是从听知觉获得的，这样就可以说，前意识系统有一个特殊的感觉源。言语表象的视觉成分是第二位的，是通过阅读获得的，可以把它先放在一边，除了聋哑人之外，那些起辅助作用的词的感觉运动表象也是这样。一个词的实质毕竟是被听见的那个词的记忆痕迹。

我们决不要为了简化而被引入歧途，以至忘记了视觉记忆痕迹的重要性——即那些（和语词不同的）东西的重要性——或者否认通过视觉痕迹的恢复，思维过程就能成为意识的，在许多人看来，这似乎是一种适当的方法。在沃伦冬克（J. Varendonck）的观察中，研究梦和前意识幻想就能向我们提供这种视觉思维的特殊性质的观念。我们知道，成为意识的一般说法只是具体的思维主题，但却不能对这个使思维具有独特特点的主题各成分之间的关系做出视觉的反映。因此，图像思维只是成为意识的一个很不完全的形式。在某种程度上，它比言语思维更接近于潜意识过程，而且毫无疑问在个体发生和种系发生上都比后者更加古老。

① 这个观点在布洛伊尔（Breuer）对《癔症研究》的理论贡献中得到过表述——原注

让我们回到我们的争论中来：因此，如果这是使本身就是潜意识的东西借以成为前意识的方法，那么对于被压抑的东西怎样才能成为（前）意识的这个问题，我们就可以做出如下回答。通过分析工作来提供前意识的中间联系就可以做到。因此，意识就保持在原位；但另一方面，潜意识则不上升到意识中。

鉴于外部知觉和自我之间的关系是相当清楚的。而内部知觉和自我之间的关系则需要做特别的研究。它再次引起了一种怀疑，即把整个意识归属于一个前意识知觉——意识的外表系统是否真有道理。

内部知觉产生过程感觉，而过程感觉是以最多种多样的形式，当然也是从心理结构的最深层产生的。关于这些感觉和情感我们所知甚少；我们所知道的关于它们的最好例子还是那些属于快乐——痛苦系列的东西。它们比从外部产生的知觉更主要、更基本，甚至当意识朦胧不清时它们也能产生，我曾在别处[1]对其伟大的经济学意义及其心理玄学的基础表示过我的观点。这些感觉就像外部知觉一样是多层次的；它们可能同时来自不同的地方，并可能因此具有不同的、甚至相反的性质。

快乐性质的感觉并不具有任何内在推动性的特点，而"痛苦"的感觉则在很高的程度上具有这种性质。后者促进变化，促进释放（discharge），这就是为什么我们把"痛苦"解释为提高能量贯注。把快乐解释为降低能量贯注的原因。假设我们把在快乐和"痛苦"形式下成为意识的东

① 参见《超越快乐原则》。——译注

西描述为在心理事件过程中的一种量和质“都尚未确定的成分”；那么问题就会是，该成分是否能在它实际所在的地方成为意识的，或者是否必须先把它转换到前意识知觉系统中。

临床经验做了对后者有利的决定。它向我们表明这个“未确定的成分”的举动就像一个被压抑的冲动（repressed impulse）。如果自我不注意强制，它就会施加内驱力。直到对该强制产生抵抗，释放行动被阻止，这个“未确定的成分”才能迅速成为“痛苦”的意识。同样，由身体需要而产生的紧张可保持为潜意识的，身体的痛苦也可如此——它是介于内外部知觉之间的一个东西，甚至当其根源是在外部世界时，它行动起来也像一种内部知觉。因此，它再次真实地表明，感觉和情感只有到达前意识知觉系统才能成为意识的；如果前进道路受阻，即使在兴奋过程中和它们一致的那个“不确定的成分”和它们做得一样，它们也不会作为感觉出现。于是我们就以一种凝缩的，并不完全正确的方式来谈论潜意识情感，它是和并不完全正确的潜意识观念相似的。实际上差异在于，和潜意识观念的联系必须在它们被带入意识之前就得形成，而对本身可以直接转换的情感来说则无此必要了。换言之，意识和前意识的区分对情感来讲是没有意义的，前意识在这里可以不予考虑——情感要么是意识的，要么是潜意识的。甚至当它们和言语表象联系在一起时，它们之成为意识的也并非由于那种情况，而是直接这样形成的。

言语表象所起的作用现在已完全清楚了。由于它们的作用，内部思维过程变成了知觉，它就像对该原理的证明一样，即一切知识在外部知觉中都有其根源。有时会出现这种情况，即发生思维过程的过度贯注，在这种情况下，思想是在实际意义上被感知的——好像这些词来自外界一样——并因此被认为是真实的。

在把外部知觉与内部知觉和前意识知觉——意识的表面系统之间的关系作了这种阐明之后，我们就可以继续研究我们的自我概念了。我们发现这显然要从它的中心，前意识知觉系统着手，并且一开始就要抓住接近记忆痕迹的前意识。但这个自我，如我们所知，也是潜意识的。

有一个作家从个人动机出发，徒劳地坚持认为他和纯科学的严密性不相干，现在我认为，遵照他的建议我们将得到很多好处。我说的是乔治·格劳代克（Gecrg Groddeck），他从不知道疲倦地坚持认为，在我们所谓自我的生活中表现出来的行为基本上是被动的，正如他所表明的，我们是在不知道的,无法控制的力量下“生活”着[①]。我们都有同样的印象，即使它们没能使我们不顾其他一切情况，在为格劳代克的发现在科学结构中找到一席之地方面，我们觉得没有必要犹豫不决。我提议通过回忆从前意识知觉系统出发，和从作为前意识的自我开始，并且步格劳代克的后尘将“本我”（id）的名字赋予心理的另一部分，从回忆这个实体加以考虑，该实体向其他部分扩展，而其他

① 格劳代克:《论本我》，维也纳，1923。——译注

部分的行为就好像是潜意识的[1]。

我们不久将看到这个概念是否在理解上使我们有所收获，或者为描述目的起见给我们带来什么好处。我们现在将把一个人看做是一个未知的、潜意识的心理本我，在它的外表就是从其中心，从前意识知觉系统发展而来的自我。如果我们努力对此加以形象化的想像，我们会补充说，自我并不包括整个本我，但只有这样做才能在一定程度上使前意识知觉系统形成（自我的）外表，这多少有点像卵细胞上的胚胎层。自我并未同本我截然分开，它的较低部分合并到本我中去了。

但是被压抑的东西也合并到本我中去了，并且简直就是它的一部分。被压抑的东西只是由于压抑的抵抗作用而和自我截然隔开；它可以通过本我而和自我交往。我们立即认识到通过我们对病理学的研究所勾画出来的几乎一切界限，都只和心理结构的表面水准有关——这是我们所知道的惟一水准。虽然必须说明所选定的形式对任何特殊应用来说没有任何夸张，而只想为说明的目的服务，但我们所描述的事态却可以用图表来表现（图一）：

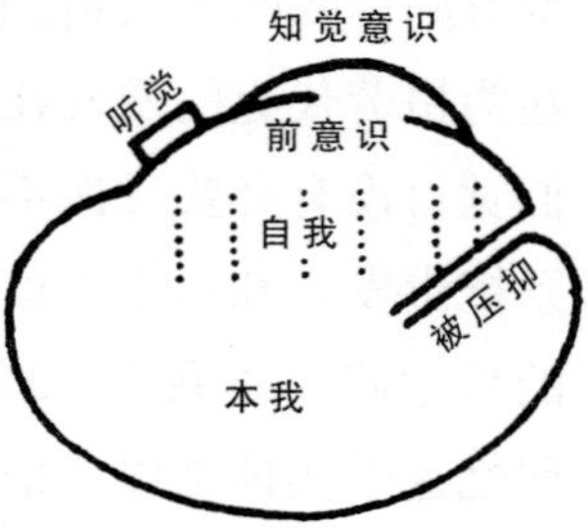

我们或许可以补充说，自我有一个掌管听觉的脑叶，正如我

---

① 格劳代克自己无疑遵循了尼采的榜样，尼采习惯把这个语法术语同用于我们本性中非人性的东西，可以确定属于自然规律的东西。——译注

们从脑解剖所知道的，它只在一边有。正像人们所说它是歪斜的。

显而易见，自我是本我的那么一部分，即通过前意识知觉——意识的媒介已被外部世界的直接影响所改变的那一部分；在一定意义上说它是表面一分化（Serface-differen-tiation）的一种扩展。再者，自我有一种把外界的影响施加给本我的倾向，并努力用现实原则代替在本我中占主导地位的快乐原则。在自我中，知觉起的作用就是在本我中转移给本能的作用。自我代表我们所谓的理性和常识的东西，它和含有热情的本我形成对照。所有这一切都和我们所熟悉的通常的区别一致；但同时只能认为这种区别在一种平均的或“理想的”情况下才适用。

自我在功能上的重要性在这个事实中表现出来，这就是把对能动性的正常控制转移给自我。这样在它和本我的关系中，自我就像一个骑在马背上的人，它得有控制马的较大力量；所不同的是，骑手是寻求用自己的力量做到这一点的，而自我则使用借力。这种类比还可以进一步加以说明。如果一个骑手不想同他的马分手，他常常被迫引导它到它想去的地方去；同样如此，自我经常把本我的希望付诸实施，好像是它自己的希望那样。

看来除了前意识知觉系统的影响之外，还有另一个因素已经对形成自我并使之从本我中分化出来起了作用。一个人的身体本身，首先是它的外表，是外部知觉和内部知觉皆可由此产生的一个地方。这一点可以像任何其他客体一样的方式看到，但它把两种感觉让给了触觉，其中一个相当于一种内部知觉。心理生理学已全面讨论了身体以此在知觉世界的其他客体中获得其特定位置的方式。痛苦似乎在这个过程中也起作用，我们在病痛期间借以获得的关于我们器官的新知识的方式或许就是我们一般据以获得自己身体观念的原型。

自我首先是一个身体的自我；它不仅是一个表面的实体，而且它本身还是一种表面的投射[①]。如果我们想为它找一种解剖学上的类比，就可以很容易地把它等同于解剖学家的所谓“大脑皮层上的小人”（cortical homunculus），它在大脑皮层上是倒置的，正如我们所知道的，它脚朝天，脸朝后，左侧是它的语言区。

自我和意识的关系已经多次探究过了，但在这方面还有一些重要的事实有待于描述。由于我们习惯于不论走到那里，都携带着我们的社会和道德的价值标准，因此，当我们听到低级情欲的活动场所，就在无意识中时，我们并不感到惊讶；另外，我们期望任何心理功能在我们的价值量表上级别愈高，就会愈容易发现它接近意识的道路。但是这里精神分析的经验却使我们失望。一方面我们有证据表明，即使一般要求努力集中精力的精细的和复杂的智力操作，也同样可以在前意识中进行，而毋须进入意识。这种例子是无可争辩的；例如，它们可以在睡眠状态中出现，

① 意即，自我基本上是从身体的感觉中派生的，主要是从身体表面产生的那些感觉获得的。因此，可以把它看做是身体表面的一种心理投射，另外，如上所见，它代表心理结构的外观。——这个注第一次出现在1927年的英文译本中，其中把它描述为经弗洛伊德认可的。在德文版中并未出现过。——译注

如我们所表明的，当某人睡醒后立即发现，他知道了一个几天前还苦苦思索的困难的数学问题或其他问题的解决方法[1]。

但是还有另一个更奇怪的现象。在我们的分析中，我们发现在有些人身上自我批评和良心的官能——这是一些心理活动，即作为特别高级的活动——是潜意识的，并且潜意识地产生着最重要的影响；因此，在分析中保持潜意识抵抗的例子绝不是惟一的。这个新的发现不管我们的批判才能如何，都强迫我们谈论一种“潜意识罪疚感”，它比其他的发现更使我们糊涂得多，而且产生了新的问题，特别是当我们逐渐发现，在大量的神经官能症里，这种潜意识的罪疚感起着决定性的实际作用，并在疾病恢复的道路上设置了最强大的障碍物。如果我们重返我们的价值量表，我们就不得不承认在自我中不仅最低级的东西，就是最高级的东西也可以是潜意识的。就像是给我们提供了一个我们刚刚断言的有意识自我的证明：即它首先是一个身体的自我。

3. 自我和超我

如果自我只是被知觉系统的影响，即真正外部世界在心灵中的代表所改变的本我的一部分，那么我们要处理的事态就很简单了。但情况却是更复杂的。

① 最近有人告诉我一个这方面的例子，其实是作为反对我对“梦的运作”的描述而提出来的（参见《梦的解析》）。——原注

我们假定在自我之中存在着一个等级，一个自我内部的分化阶段，可以称之为“自我理想”或“超我”，对这个问题的看法我已在别处提出了，它们仍然适用[1]。这个现在必须探究的新问题就是，自我的这一部分和意识的联系不如其他部分和意识的联系密切。

在这一点上，我们必须稍微扩大一些我们的范围。我们通过假设（在那些患忧郁症的人里面），失去了的对象又在自我之内恢复原位，也就是说，对象贯注被一种认同作用所取代，这样我们就成功地解释了忧郁症的痛苦障碍。然而，在当时，我们并没有意识到该过程的全部意义，也不知道它的平凡和典型的程度如何。自此我们开始理解，这种替代作用在确定自我所具有的形式方面起着重要的作用，在形成它的所谓“性格”方面也做出了很大的贡献。

最初，在人的一生的原始口唇期，对象贯注和认同作用无疑是很难相互区别开来的。我们只能假设，对象贯注在以后是从本我中产生的，在本我中性的倾向是作为需要而被感觉到的。在开始的时候还很不强壮的自我后来就意识到了对象贯注，并且要么默认它们，要么试图通过压抑

① 除了在把“现实检验”的功能归于这个自我时，我似乎错了之外——这是需要更正的一点。如果现实检验就是自我本身的一种任务，这将完全适合于自我同知觉世界的关系。由于前意识知觉意识系统可以单独被看做是自我的中心，因此，某些从未非常明确形成的关于“自我中心”的较早的建议也需要加以纠正。——原注

过程来防备它们[1]。

当一个人不得不放弃一个性对象时，在他的自我中常常会发生一种变化，这种变化只能被描述为对象在自我之内的一种复位，就像在抑郁症里发生的那样；这种替换的确切性质迄今尚未为我们所知。通过这种心力内投（introiection），一种退行到口欲期的机制，可能使自我更容易放弃一个对象，或使该过程更容易成为可能。这种认同作用甚至可能是本我能够放弃其对象的惟一条件。无论如何，这个过程，特别是在发展的早期阶段，是一个经常发生的过程，它说明了这个结论，即自我的性格就是被放弃的对象贯注的一种沉淀物，它包含着那些对象——选择的历史。当然从一开始就必须承认，有各种程度的抵抗能力，正如在某种程度上所表明的，任何特殊人物的性格都在一定程度上接受或抵抗他的性对象选择的历史的影响。在有多次恋爱经历的女人中，似乎并不难在其性格特质中发现其对象贯注的痕迹。我们也必须考虑同时发生的对象贯注和认同作用的情况——也就是说，在这种情况下，对象被放弃之前，它还会发生性格上的变化。在这种情况下，性格的变化将能从对象关系（object-relation）中幸存下来，并且在某种意义上保存它。

① 用认同作用代替对象选择的一个有趣的类似情况可在原始民族的信仰里和以此为基础的禁忌里发现，被吸收为食物的那些动物的属性成了食用它的人的性格的一部分。众所周知，这个信仰是同类相食的一个根源，它的影响可以通过从图腾宴到基督圣教这一系列用途而继续着［参见《图腾与禁忌》（1912 ~ 1913）］，这个信仰把结果归之于对象的口唇掌握，事实上在后来的性对象选择情况下确实随之发生了。——原注

从另一种观点看，或许可以说，一个性对象选择的这种向自我的变化也是自我借以获得对本我的控制，并加深和它的联系的一种方法——确实，在很大程度上是以默认本我的经验为代价的。当自我假定对象的特征时，可以这么说，它把自己作为一个恋爱对象强加给本我，并试图赔偿该对象的损失。它说："瞧，我这么像那个对象，你也可以爱我。"

这样发生的从对象——力比多（objoct-libido）向自恋力比多的转移，显然指的是对性目的放弃，即一种失性欲化的过程——所以，它是一种升华作用。的确，这个问题引起并应该受到认真的考虑，即这是否并非总是升华作用所走的普遍道路，是否一切升华作用都不是由于自我的媒介作用而发生的，自我通过把性对象——力比多转变为自恋力比多，然后，或许继续给自我提供另一个目的[①]。以后我们将不得不考虑其他本能变化，是否也有可能不是由这种转变造成的。例如，是否这种转变不会造成已经融合在一起的各种本能又分解。

虽然这有点离题，但是，我们不可避免地要把我们的注意力扩展到注意自我的对象—认同作用。假如这些认同作用占了上风，并且变得为数过多过分强大，且互不相容，那么，取得病理学的成果将为期不远了。由于不同的认同作用被抵抗所相互隔断，可能会引起自我的分裂；或许所

① 既然我们已经区分出自我和本我，我们必须把本我作为我在《论自恋》这篇论文中提到的力比多的大仓库。由于上述认同作用而进入自我的力比多就会引起自我的"继发性自恋"——这种观点在下面将作精心阐述。——原注

谓多重人格（multiple-personality）这种情况的秘密就是各种认同作用轮流占有意识。即使事情不致如此，在四分五裂的自我的几种认同作用之间存在着冲突问题，这些冲突毕竟不能描述成完全病理学的。

但是，不论对这种被放弃的对象贯注的影响进行抵抗的性格能力，在数年之后，其结果可能是什么，童年最早期的第一次认同作用的影响将是深厚持久的。这就把我们领回到自我理想的起源；因为在自我理想的背后隐藏着第一个而且是最重要的认同作用（以父亲认同的作用）①，这是在每个人的史前期就曾发生的。这显然并不是最初对象贯注的结果；这是一种直接的、即刻的认同作用，比任何对象都早。但是，属于最早的性欲期，并且与父母有关的这种对象选择，正常说来，似乎会在被讨论的那种认同作用中发现其结果，并将因此而强化前一种认同作用。

然而，全部问题是如此复杂，有必要更细致地探究它。问题的错综复杂归之于两种因素：奥狄帕斯情结的三角特征和每一个人身体上的雌雄同体。

男孩子的情况可以简单地做出如下叙述。在年龄还很小的时候，小男孩就发展了对他母亲的一种对象贯注，它最初和母亲的乳房有关，是在所依赖的原型上最早的对象

① 或许说“以父母自居”更合适些；因为在儿童获得关于性别差异的确切知识之前（即有没有阳物），他还无法区别他的父亲和母亲的价值。最近我遇到一位已婚少妇的病例，她的病况表明，在她注意到自己没有阳物之后，她曾认为并非所有的女人都没有，而只有那些她认为低级的人才有，她还认为她的母亲也有阳物（参见《婴儿的生殖器组织》（1923e）——为了简化我的论述，我将只讨论以父亲认同的作用。——原注

选择的例子；男孩子用以父亲认同的方法来对付他的父亲。这两种关系一度曾同时存在，直到对母亲的性愿望变得更加强烈，而把父亲看做是他们的障碍；这就引起奥狄帕斯情结。于是以父亲认同的作用就带上了一种敌对色彩，并且变成了驱逐父亲以取代他对母亲的位置。此后和父亲的关系就有了心理上的矛盾；在认同作用中这种内在的矛盾心理好像从一开始就表现出来了。对父亲的矛盾态度和对母亲的那种充满纯粹深情的对象关系，构成了男孩子身上简单积极的奥狄帕斯情结的内容。

随着奥狄帕斯情结的退化，对母亲的对象贯注就必须被放弃。它的位置可被这两种情况之一所取代：要么与母亲认同，要么加强与父亲认同的作用。我们习惯上认为后一结果更为正常；它允许把对母亲的深情关系看做是保留的一部分。这样，奥狄帕斯情结的解除[1]，将加强男孩性格中的男子气。小女孩身上奥狄帕斯态度的结果，以完全类似的方式，可能就是加强以其母亲认同的作用（或者这种作用可以第一次这样建立起来）——这种结果将以女子气表现儿童的性格[2]。

由于这些认同作用并不包括把被放弃的对象吸收到自我中去，因此，它们并不是（像我们以前所论述的那样）我们所期望的东西。但是这种二择一的结果也可能出现；

① 参阅包含这个主题的论文《奥狄帕斯情结的解除》（1924d），在这篇论文中弗洛伊德更全面地讨论了这个问题。——译注

② 奥狄帕斯情结的结果是男孩与女孩的“确切类比”，这种观点在此后不久便被弗洛伊德放弃了。见《两性解剖差异所带来的心理后果》（1925j）。——译注

在女孩子身上比在男孩子身上更容易观察到。分析常常表明，当一个小姑娘只好不再把她的父亲看做恋爱对象之后，就把她的男子气突显出来，并且与其父亲认同，即与失去的对象认同，来代替与其母亲认同。这将明显地依赖于她的素质中男子气是否足够强烈——而不管它可能是由什么构成的。

由此看来，在两种性别中，男性素质和女性素质的相对强度，是确定奥狄帕斯情结的结果，将是一种与父亲认同还是与母亲认同的作用。这是雌雄同体借以取代后来发生了变化的奥狄帕斯情结的方式之一。另一种方式甚至更为重要。因为人们得到的印象是，简单的奥狄帕斯情结根本不是它的最普遍的形式，而是代表一种简化或图式化。的确，这对实际目的来说常常是非常恰当的。更深入的研究通常能揭示更全面的奥狄帕斯情结，这种情结是双重的（消极的和积极的），并且归之于最初在童年表现出来的那种雌雄同体：也就是说，一个男孩子不仅对其父亲有一种矛盾态度，对其母亲有一种深情的对象选择，而且他还同时像一个女孩那样，对他的父亲表示出一种深情的女性态度，对母亲表示相应的敌意和妒忌。正是这种由雌雄同体所带来的复杂因素使人难以获得一种与最早的对象——选择和认同作用有联系的清楚的事实观念，而且更难以明白易懂地描述它们。甚至可能把在与父母的关系中表现出来的矛盾心理完全归咎于雌雄同体，如我刚才所说，它不是由于竞争和从认同作用中发展起来的。

在我看来，一般地说，特别是涉及神经症患者时，假定存在着完全奥狄帕斯情结是可取的。精神分析的经验则表明，在很多情况下它的构成成分总要有一方或另一方的消失，除了那些只有依稀可辨的痕迹之外；这样就可以形成一个系列，即一端是正常的、积极的奥狄帕斯情结，另一端则是倒置的、消极的奥狄帕斯情结，而其中间的成分将展示两个成分中占优势的那种完全的类型。随着奥狄帕斯情结的分解，它所包含的四种倾向将以这样的方式把自己组织起来，以产生一种父亲认同作用和母亲认同作用。父亲认同作用将保留原来属于积极情结的对母亲的对象——关系，同时将取代以前属于倒置情结的对父亲的对象——关系：母亲认同作用除在细节上做必要修正外，将同样是真实的。任何人身上两种认同作用的相对强度总要在他身上反映出两种性的素质中的某一种优势。

受奥狄帕斯情结支配的性欲期的广泛普遍的结果，可以因此而被看做是在自我中形成的一种沉淀物，是由以某种方式结合在一起的这两种认同作用构成的。自我的这种变化保留着它的特殊地位；它以一种自我理解或超我的形式与自我的其他成分形成对照。

但是，超我不仅是被本我的最早的对象选择所遗留下来的一种沉淀物，它也代表反对那些选择的一种能量反相作用（reaction formation）。它和自我的关系并不限于这条规则，即“你应该如此如此（就像你的父亲那样）”；它也包括这条禁律，即“你绝不能如此如此（就像你的父亲那样），就是说，你不能做他所做的一切；有许多事情是他的特权”。自我理想的这种两面性是从这个事实中获得的，即自我理想有对奥狄帕斯情结施加压抑作用的任务。的确，它的存在正是应该归功于那一革命事件。显然，压抑奥狄帕斯情结绝非易事。父亲特别是父亲被看做是实现奥狄帕斯愿望的障碍；这样，儿童的自我便获得了强化，在自身之内建立这个同样的障碍以帮助进行压抑。做到这一点的力量可以说是从父亲那里借来的，这种出借是一个非常重大的行动。超我保持着父亲的性格，当奥狄帕斯情结愈强烈，并且愈迅速地屈从于压抑时（在纪律、宗教教义、学校教育和读书的影响下），超我对自我的支配，愈到后来就愈加严厉——即以良心的形式或者也许以一种潜意识罪疚感的形式。我在后面将提出一条它以这种方式支配权力的根源的建议，这个根源，就是以一种绝对必要的形式表现出来的它的强迫性格的根源。

如果我们再次考虑一下我们已经描述过的超我的根源，我们将把它看做是两个非常重要因素的结果，一个是生物因素，另一个是历史因素，即在一个人身上长期存在的童年期的无能和依赖性，以及他的奥狄帕斯情结的事实和我们已经表明的那种压抑，都和力比多潜伏期的发展中断有关，而且也和人的性生活的活动特别的双重发动能力有关。根据精神分析学的一个假设，人们最近提到的那个对于人类来说似乎很独特的现象，是冰河时期所必需的文化发展的一个遗产。于是我们发现，超我从自我中分化出来无非是个机遇问题：它代表着个人发展和种族发展中最重要的特点；的确，由于它永远反映着父母的影响，因此，它把其根源归之于这些因素的永远存在。

精神分析一再受到指责，说它不顾人类本性中较高级的、道德的、精神的方面。这种指责在历史学和方法论这两方面都是不公正的。因为，首先我们从一开始就把进行压抑的功能归之于自我中道德的和美学的倾向，其次，一般人都拒绝承认精神分析研究不能产生一种全面、完善的理论结构，就像一种现成的哲学体系那样。但不得不通过对正常的和变态现象的分析解剖，沿着通往理解心理的错综复杂的道路一步一步地找到它的出路。只要研究心理上这个被压抑的部分是我们的任务，我们就没有必要对存在着更高级的心理生命感到不安和担心。但是，既然我们已着手进行自我的分析，我们就可以对所有那些道德感受到震惊的人和那些抱怨说人体中一定有某种更高级性质的人做出回答：我们可以说："千真万确，在这个自我理想或超我中，我们确有那种更高级性质，它是我们和父母关系的代表，当我们还是小孩子的时候，就知道这些更高级性质了。我们既羡慕这些高级性质又害怕它们；后来我们把它们纳入到我们自身中来了。"

因此，自我理想是奥狄帕斯情结的继承者，因而也表示在本我中力比多所经验到的最有力的冲动和最重要的变化。通过建立这个自我理想，自我掌握了它的奥狄帕斯情结，同时使自己处于本我的支配之下。鉴于自我主要是外部世界的代表，是现实的代表，而超我则和它形成对照，是内部世界的代表、是本我的代表。自我和理想之间的冲突，正如现在我们准备发现的那样，将最终反映真实的东西和心理的东西之间、外部世界和内部世界之间的这种对立。

通过理想的形成，生物的发展和人类种族所经历的变迁，遗留在本我中的一切痕迹就被自我接受过来，并在每个人身上又由自我重新体验了一遍。由于它所形成的方式，自我理想和每一个人在种系发生上的天赋——他的古代遗产——有很多联系点。因此，正是这种我们每个人心理生活中最深层的东西，通过理想的形成才变成了我们所评价的人类心灵中最高级的东西。试图给自我理想定位，甚至在我们已经给自我确定了位置的意义上，或者试图对自我理想进行任何类比（借助于这种类比，我们曾尝试勾画过自我和本我之间的关系），都只能是白费力气。

显而易见，自我理想在一切方面都符合我们所期望的人类的更高级性质。就它是一种代替做父亲的渴望而言，自我理想包含着一切宗教都由此发展而来的萌芽。宣布自我不符合其理想的这个自我判断，使宗教信仰者产生了一种以证明其渴望的无用感。随着儿童的长大，父亲的作用就由教师或其他权威人士继续承担下去；他们把指令权和禁律权都交给了自我理想，并且继续以良心的形式行使对道德的稽查作用。在良心的要求和自我的实际成就之间的紧张，是作为一种罪疚感被经验到的。社会情感就建立在以别人自居且和它们一样的自我理想的基点上。

宗教、道德和社会感——人类最高级东西的主要成分[①]。最初是同一个东西。根据我在《图腾与禁忌》中提出的假设，它们的获得从种系发生上讲出自恋父情结：即在

① 我此刻把科学和艺术放在一边不谈。——原注

掌握奥狄帕斯情结本身的实际过程中表现出来的宗教和道德的限制，和为了克服由此而保留在年轻一代成员之间的竞争所必须的社会情感。在发展所有这些道德的东西时，似乎男性居领先地位；然后通过交叉遗传转移给妇女。甚至在今天，社会情感也是作为一种建立在对其兄弟姐妹的妒忌和竞争的冲动基础上的上层建筑而在个体身上产生的。由于敌意不能令人满意，便发展了一种以从前对手的认同作用。研究同性恋的温和情况进一步证实了这种怀疑，即在这个例子中，认同作用也代替了继敌意、攻击性态度之后的深情对象——选择。

然而，随着种系发生的提出，新的问题产生了，使人们想从这里沮丧地退缩回去。但是，这是毫无助益的，因为我们必须做出尝试——尽管我们害怕它将揭露我们如此艰苦地建立起来的整个结构的不适当，问题在于：究竟是哪一个，是原始人的自我还是他的本我，在它们的早期就从恋父情结中获得了宗教和道德？假如是他的自我，为什么我们不略述一下这些被自我所遗传的东西呢？假如是本我，它是怎样和本我的性质相一致的呢？或者说，我们把自我、超我和本我之间的分化带回到这样早的时期是错误的吗？或者说，我们不应该老老实实地承认我们关于自我里面的这一过程的整个概念对理解种系发生毫无帮助，也不能应用于它吗？

让我们先回答容易回答的问题。自我和本我的分化必须不仅要归因于原始人，甚至要归因于更简单的生命形式，因为这是外界影响的必然表示。根据我们的假设，超我实际上起源于导致图腾崇拜的经验。到底是自我还是本我经验到并且获得了这些东西的问题不久就不再有什么意义了。思考立刻向我们表明，除了自我之外，没有什么外部变化能够被本我所经验到，自我是外部世界通往本我的代表。因此，根据自我来谈论直接遗传是不可能的。正是在这里，实际个体和种系概念之间的鸿沟才变得明显起来。另外，人们一定不要把自我和本我之间的差异看得过分严重，但也不要忘记，自我基本上是经过特殊分化的本我的一部分。自我的经验似乎从一开始就遗留给了后代，但是，当这些经验足够经常地重复，并在随后许多代人身上有了足够的强度之后，就转移到本我的经验中去了，即成为遗传所保留下来的那种痕迹。因此，在能被遗传的本我中，贮藏着由无数过往自我所导致的存在遗迹；并且当自我形成它的脱出本我的超我时，它或许只是恢复已经逝去的自我的形象，并且保证它们的复活。

超我借以产生的方式解释了自我和本我的对象——贯注的早期冲突是怎样得以继续进行，并和其继承者（超我）继续发生冲突的。假如自我在满意地掌握奥狄帕斯情结方面没有获得成功，那么，从本我产生的奥狄咱斯情结的精力——贯注将在自我理想的反向作用中找到一种发泄口。在理想和这些潜意识的本能倾向之间可能发生的大量交往说明，理想本身在很大程度上可能是潜意识的，自我是进不去的。在心理的最深层曾经激烈进行的斗争，并未因迅速的升华作用和认同作用而结束，现在是在更高的领域内进行着，就像在科尔巴赫（Kaulbach）的油画中的“汉斯之战”一样是在天上解决争端的①。

4. 两类本能

我们已经说过，假如我们把心灵分为本我、超我和自我，而这种区分代表我们知识的进步的话，就应该能使我们更彻底地了解心理内部的动态关系，并且更加清楚地描述它们。我们已经得出了一个结论，自我特别容易受知觉影响，广义地说，知觉对自我就像本能对本我一样具有同样的意义。同时，自我和本我一样也容易受本能的影响，事实上自我只是本我的一个经过特殊变化的部分。

最近我曾提出一种本能的观点，在这里我将继续把它作为进一步讨论的基础。根据这个观点，我们不得不区分出两类本能，其中之一就是爱欲或性本能，这是迄今为止更引人注目和更易于研究的。它不仅包括不受禁律制约的性本能本身和具有升华作用的冲动或由此派生的受目的制约的冲动，而且包括自我保存本能，必须把这种本能分配给自我，而且在我们的分析工作之初，我们就有充分的理由使之与性的对象本能相对立。而第二类本能则不那么容

① 这场战役就是人们通常所知的查龙斯之战（the Battle of Chalons），在公元451年的这场战役中，阿提拉（Atila）被罗马人和维希高斯（Visigoths）打败。威廉·冯·科尔巴赫（Wihelm von Kaulbach，1805 ~ 1874）将其作为他的一幅墙壁装饰品的主题，最初是为柏林的诺伊斯博物馆绘制的。根据可追溯到公元5世纪的新柏拉图学派的达马休斯（Damasius）的一个传说，在这场战斗中，战死的勇士们被表现为在战场上空的天上继续他们的战斗。——译注

易下定义；最后，我们开始把施虐狂作为第二类本能的代表。出于受生物学支持的理论上的考虑，我们假定存在着一个死亡本能，它的任务是把有机的生命带回到无机物状态；另一方面，我们假定爱欲的目的在于把里面分散着的生物物质微粒愈来愈广泛地结合起来，从而使生命复杂化，因此，它的目的当然就是保存生命。既然这两种本能都致力于重建一种由于生命的出现而受到干扰的状态，那么，照此行事，这两种本能从最严格的意义上讲就都是保守的。生命的出现就会因此而被看做是生命继续的原因，同时，也被看做是走向死亡的原因；而生命本身则是这种倾向的冲突与和解。生命的起源问题仍将是一个宇宙论的问题；对生命的目的和目标问题就会做出二元论的回答。基于这种观点，一种特殊的生理过程（合成代谢或分解代谢）将和两类本能之一发生联系；这两种本能在每一个小生命实体中，虽然是在大小不等的实体中，却都是活跃的。这样，某一个实体就可以成为爱欲的主要代表。

这种假设并未清楚明白地显示出这两类本能借以相互融合和混合的方式，但这种有规律的，非常广泛发生的现象却是我们的概念所必须的一个假设。看来，由于把单细胞机体结合成多细胞的生命形式，单个细胞的死亡本能就可以成功地得到抵消，破坏性冲动就能借助于一个特殊器官而转向外部世界。这个特殊的器官似乎是肌肉组织；而死亡本能，作为一个指向外部世界和其他活的机体的破坏性本能，似乎就会因此而表明自己的意思——虽然可能只是部分的表明。

我们一旦承认了两类本能相互融合的概念，就把“解离”它们——基本上是完全解离它们——的可能性强加于我们①。性本能的施虐狂部分是本能融合服务于一个有用目的的典型事例；施虐狂促使它自身独立的这种性反常行为则是典型的解离，虽然不是绝对完全的解离。从这一点上，我们便获得了以前在这一方面未曾考虑过的一系列事实的一个新观点。我们发现，出于发泄的目的，破坏性本能习惯上是为爱欲服务的；我们猜想癫痫病发作就是本能解离的一个产物和症状。我们开始理解，本能的解离和死亡本能的明显出现，是许多严重的神经症——如强迫性神经症最值得注意的表现。为了做出迅速的概括，我们可以假设，力比多退行（regression of libido）的实质，（例如，从生殖器期退化到施虐狂的肛欲期）就在于本能的解离，相反的话，就会像从早期阶段向发育完全的生殖器阶段的进展将受增加性成分的制约一样。在神经症的身体素质中往往异常强烈的日常矛盾心理是否不应被看做是一种解离的产物，这个问题也提出来了；然而，矛盾心理是这样一种基本现象，以至于它更能代表一种不完全的本能融合状态。

显然，我们现在应该把兴趣转向询问，在我们假定存在着的人格结构——自我、超我和本我——与两类本能之间，是否不可能有什么指导性的联系可寻。再者，支配心理过程的快乐原则是否能表明它和两类本能及我们在心理上做的这些分化有什么固定的联系。但是，在讨论这个问

① 参阅以上所述，与施虐狂有关的主题随后在《超越快乐原则》中做了提示。

题之前，我们必须清除一种怀疑，它和问题本身的术语有关。对于快乐原则，那是没有什么可怀疑的，自我内部的分化也有很好的临床上的理由，但是，两类本能的区分似乎并没有足够的证据，人们发现，很可能临床分析的事实就与它相矛盾。

这样一个事实看来是存在的。姑且不论两类本能之间的对立，让我们先考虑一下爱和恨的极性情况．要发现爱欲的一个代表是没有困难的；但我们必须感谢的是，我们在破坏性本能中找到了一个难以捉摸的死亡本能的代表，恨就可以作为它的一个代表。现在临床观察表明，不仅爱总是以意想不到的规律性伴随着恨（矛盾心理），不仅在人类关系中恨常常是爱的先河，而且在很多情况下，恨会变成爱，爱也会变成恨。假如这种变化远不只是一种时间上的相继关系——就是说，如果其中一方实际上变成了另一方——那就显然没有根据像区分性本能和死亡本能那样存在着基本的差别。这种划分能预测确实存在着相互对立的生理过程。

某人对同一个人先爱后恨（或者相反），因为那个人使他产生了这样做的原因，现在这种情况显然和我们的问题无关。在另一种情况下，还不明显的爱的感情最初是用仇恨和攻击性倾向来表现自己的，这也和我们的问题无关；因为情况可能是，在对象一贯注中的破坏性成分在这里胜过了性爱，只是以后才把性爱加进去。但我们知道神经症心理学中的几个例子，其中有更好的基础来假设的确发生了某种变化。在迫害妄想狂（persecutory pasanoia）中，病人采取一种特别的方式来防备自己对某人产生过分强烈的同性恋；结果，他曾最爱的那个人变成了一个迫害者，然后变成了对病人采取攻击性的、并常常是危险冲动的对象。这里我们有插入一个中间阶段的充分根据，在这个中间阶段，爱变成了恨。分析研究只是到了后来才揭示，同性恋的根源和失去性欲的社会情感的根源包括引起攻击欲望的非常强烈的敌对情感，在克服了这些情感之后，接着就爱上了以前恨过的对象，并以它自居。这就产生了一个问题，即是否在这些事例中我们打算假定恨直接转变成爱。显然这里的变化是纯内部的，对象行为上的变化对它们不起作用。

然而，通过对与妄想狂的变化有关的这一过程的分析研究，我们开始了解到，可能还有另一种机制。从一开始就表现出一种矛盾的态度，并且这种转变是依靠贯注的一种反应移置来起作用的，能量以此从性冲动中退缩回去而用来补充敌对的能量。

当克服了一种敌意的敌对态度并产生了同性恋的时候，就发生了一件不尽相同、但却有类似的事情。敌对态度没有任何令人满意的前景，因此——就是说，作为一种经济标准——它被一种爱的态度所取代，对此有更多的令人满意的希望，也就是发泄的可能性。所以我们发现，无论在什么情况下，我们都不满意把恨直接转变成爱的假设，这是和两类本能之间质的区别毫不相容的。

但是，看来在我们的分析中还应包括另外一个机制，借助于此就可以将爱变成恨，这样，我们就默默地做了另一个应该受到明确阐述的假设。我们已经推断，好像在心理上——不管是在自我中，还是在本我中——存在着一种可替换的能量，它本身虽然是中立的，却能要么和性的冲动，要么和破坏性冲动通力合作，这两种本能有质的不同，并能增加它的全部贯注。如果不假设存在这种可替换的能量，我们就无法取得进展。惟一的问题是它来自何方，属于什么，表示什么意思。

本能冲动的性质问题及其在整个变化中的持久性问题还是非常模糊的，直到现在还尚未得到解决。在性的成分本能中，这是特别易于为观察所理解的，可以把属于同一范畴的这些过程的工作看做是我们正在讨论的东西。例如，我们发现，在成分本能之间存在着某种程度的交往，还发现从某一特定的性欲来源中获得的一个本能，可以把它的强度转移到用来强化发自另一根源的另一个成分本能，我们还发现，一种本能的满足可以取代另一种本能的满足，以及更多具有同样性质的事实——所有这一切必将鼓动我们勇于提出某些假设。

再者，在目前的讨论中，我除了提出一种假定外别无它论，我也提不出什么证据。这个观点似乎是有道理的，即这个在自我及本我中，同样活跃的、中立的、可移置的能量，是从自恋的力比多的贮存库发出的——也就是说，这是个失去性能力的爱欲（总起来说，性本能看来比破坏性本能更有可塑性，更容易转移和移置）。由此，我们就能很容易地继续假设，这个可移置的力比多是受快乐原则支配，以避免能量积压和促进能量释放的。顺便说一句，显然，只要发生了能量释放，就不会计较释放借以发生的道路。我们知道这个特点，它是本我中精力贯注过程的特点。在性欲贯注中发现，那里表现了一种对象的特别冷淡，它在从分析所产生的移情（transferences）中表现得特别明显，不管分析者可能是谁，它都必然要表现出来。最近，兰克（一九一三）发表了一些很好的关于方法的实例，用这种方法能命名报复性的神经症活动指错人。这种潜意识方面的行为使人们想起了三个乡村裁缝的喜剧故事，其中有一个裁缝必须被处以绞刑，因为村里惟一的一个铁匠犯了死罪[①]。处罚必须实施，即使处罚的并不是犯罪者本人。正是在梦的工作的研究中，我们首先在移置作用中遇见了这种由初始过程所引起的放纵情况，在这种情况下，被下降到仅仅是次要地位的也正是这些对象，正如我们现在所讨论的这种情况一样，它是释放能量的道路。过分讲究对象的选择和能量释放的道路似乎成了自我的特点。

如果这个可移置的能量是失去性能力的力比多，就可以把它也描述为被升华了的能量；因为就它帮助建立了那种统一性，或统一的倾向而言，这是自我的特殊性质仍然保持着爱欲的主要目的——统一和结合的目的。例如在更广泛的意义上把思维过程在这些移置作用中加以分类，那么，思维活动的工作能量也要从被升华了的性动机力量中得到补充。

这里我们又到达了已经讨论过的那种可能性，即升华

① 这个故事是弗洛伊德在其《诙谐与潜意识的关系》（1905c）中的最后一章讲述的。——译注

作用可以通过自我的调解而有规律地发生。让我们回忆另一种情况，自我对付本我的第一次对象——贯注（当然也包括对付以后的贯注），是通过把从中接收的力比多纳入到自身之中，并把它结合到靠认同作用产生的自我矫正中实现的。（把性欲力比多）转变为自我力比多当然包括放弃性目的，即失性欲化。这在任何情况下，都表明了在自我和爱欲的关系中自我的一个重要功能。自我由此就从对象贯注中获得力比多，而把自身作为惟一的恋爱对象，和使本我的力比多失去性能力或使力比多升华。自我的工作和爱欲的目的相反，它使自身服务于相反的本能冲动。它只好默认另外一些本我的对象——贯注，可以说，它只好和它们携手并进。后面我们还将返回到自我的这种活动的另一个可能的结果上来。

这似乎表示自恋理论的一种重要的扩充。最初，所有的力比多都是在本我中积累起来的，而自我还在形成过程中，或者说它还很不健全。这个力比多的一部分被本我释放出来，成为性欲的对象——贯注，于是，现在日益强大的自我就试图获得这个对象力比多，并把自身作为恋爱对象强加给自我。自我的自恋因此就被看做是次要的，是由于力比多从恋爱对象身上撤回而获得的。

在追溯本能冲动时，我们一再发现它们是作为爱欲的派生物来表现自己的。要不是出于对《超越快乐原则》中所提出来的考虑，和最终为了依附于爱欲的施虐狂成分的缘故，我们就难以坚持我们基本的二元观点，但是，既然我们无法摆脱那种观点，我们便被迫得出结论，死亡本能在本质上是缄默的，生命的叫喊大部分是从爱欲发出的[1]。

生命的叫喊也是从和爱欲的斗争中发出的，毋庸置疑，快乐原则在同力比多——即把这种障碍引入生命过程的一种力量——的斗争中是作为一种指南来为本我服务的。如果生命真受费希纳（Fechner）的恒定原则（princi-ple of constancy）支配，它就会不断地向死亡滑去；但是水平的下降受到延误，新的紧张就像本能的需要所表明的那样，被爱欲的要求、性本能的要求所引进。这就是说，受快乐原则——受“痛苦”知觉——所支配的本我以各种方式来防止这些紧张。要做到这一点，首先要尽可能快地遵照非失性欲化力比多的要求去做，也就是说，努力满足直接的性倾向。但是，它进一步并且以一种更全面的形式这样做了。这种形式与一个把一切成分的要求都纳入其中的特殊的满足形式有关——也就是说，通过释放性欲的物质（sexual substances），这些物质可以说是性紧张的饱和的管理者。在性活动中，性欲物质的排放在某种程度上是和躯体及种质的分离一致的。这就说明了在死亡和追求完全的性满足之间的相似性，说明了死亡和某些低等动物的交配活动相一致这个事实。这些生物在再生产活动中死亡，因为当爱欲通过满足过程而被排除之后，死亡本能就可放手实现它的目的了。最后，如我们所知，自我通过使某些力比多为本身及其目的升华，在它对紧张加以控制的工作中帮助了本我。

① 事实上，按照我们的观点，正是通过爱欲这个代理人，指向外部世界的破坏性本能才从自身发生转向的。——原注

5. 群体心理的描述

不是从定义出发，而是从表明要加以讨论的现象的范围开始，并从中选择一些特别显著的、我们的探究能依附的实有特征的事实，这似乎是更有用的。我们可以通过引用勒邦理所当然的名作《群体心理学》（一八九五）来达到这两个目的。

让我们再次把这点说清楚。如果一门心理学，它致力于探讨个人的先天倾向、本能冲动、动机和目的，直到他的行动以及他与他最亲密的人的关系，如果这样一门心理学完全完成了它的任务，澄清了与其相互联系的所有问题，那么它会突然发现，自己面临着一个新的尚未解决的任务。它不得不解释这样一个惊人的事实：在某种条件下，它所要理解的这个个体，以完全不同于先前所预料的方式进行思想、感觉和行动。这种条件就是他介入了一个已获得“心理群体”（psychological group）这一特征的人的集合体。那么，“群体”是什么？它怎样获得对个体的心理生活施加如此决定性影响的能力？它强加于个体心理变化的性质是什么？

回答这三个问题是理论群体心理学的任务。探讨它们的最好方式显然是从第三个问题开始。观察个体反应的变化为群体心理学提供了材料；因为对被解释的事物进行描述，必须先于解释方面的每一尝试。

现在我要让勒邦发表个人意见。他说：

> 由心理群体[1]所表现的最惊人的特性如下：无论组成心理群体的个人是谁，不管他们的生活模式、职业、性格或智力是相似还是不相似，他们被转变成一个群体这一事实，使得他们拥有一种集体心理（collective mind）。这种集体心理使得他们以完全不同于他们每一个人在独处时的方式进行感觉、思维和行动。除个人形成一个群体的情况之外，某些观念和感情就不会产生，或者不把它们本身转变成行动。心理群体是由异质因素形成的暂时性存在——它们暂时被结合在一起，正像细胞通过它们的重新组合而构成一种生命体形式一样，这种新的存在物展示出非常不同于每一细胞单独时所具有的各种特征。

我们将自由地打断勒邦的叙说，插入我们自己的评注，并相应地在这个要点上插进观察材料。如果群体中的个体被结合成一个整体，那么必定有联结他们的某种东西，这种纽带可能正是构成群体的特征的东西。但是勒邦并没有回答这个问题。他继续考察个体在群体中时所经历的变化，并用完全与我们深蕴心理学的基本假设相融洽的术语描述这种变化。

> 要证明构成群体一部分的个体在多大程度上不同于孤立的个体，这是容易的，但是要发现这种差别的

① 这里以及下面的引文来自英译本。——译注

> 原因则不那么容易。
>
> 无论如何，要获得对这些原因的粗略认识，首先有必要想起近代心理学所确立的真理，潜意识现象不仅在有机体生命中而且在智慧运作中起头等支配作用。心灵的意识生活较之潜意识生活，其重要性并不大。最老练的分析者、最敏锐的观察者几乎都只能发现决定他行动的极少量的意识动机。我们意识行动是在心灵中主要由遗传影响所创造的潜意识基质的结果。这种基质由代代相传的无数共同特征所组成——构成了一个种族的天赋。在我们承认的行动的原因背后，无疑存在着我们不承认的秘密原因，而且在这些秘密原因背后，存在着许多我们自己不知的更秘密的其他原因我们很大部分的日常行动是逃避我们觉察的隐藏动机的结果。

勒邦认为，在群体中，个体的特定习性被湮没了，相应地，他们的个性也消失了。种族潜意识（racial unconscious）显现出来；异质的东西被淹没在同质的东西中。我们应该说，心理的表层结构——在个体中它的发展显示出如此不相似——被消除，而在每人身上都相似的潜意识基础则显露出来。

在这个意义上，处在群体中的个体开始显示出一种共有的性格。但是勒邦相信：他们也展示他们先前不具有的新特征。他在三种不同的因素中寻求这一点的理由。

> 第一种因素是，构成群体一个部分的个体——仅仅从数量上考虑——获得了致使他屈从于各种本能的强烈感受，要是在他单独情况下，他就会约束这些本能。他将会不那么有意地检点自己，因为他想：群体是无名的，因而可不负责任。这样，总是控制个体的责任感就完全消失了。

从我们的观点看，我们不必把重要性过多地归属于新特征的出现。对我们来说，只须指出，在群体中，个体被纳入允许他摆脱压抑他的潜意识本能冲动的条件。于是，他展示的貌似的新特征，事实上是这种潜意识的显现——人类心灵中一切罪恶作为一种倾向被包含在潜意识中。在这些环境中，我们不难理解良心或责任感的消失。长期以来，我们的论点是，“社会性焦虑”（social anxiety）是所谓良心的本质[1]。

> 第二个原因是感染，它也介入来决定群体中人们特殊性格的显现，同时也决定他们所持的倾向。感染是容易确立其存在的一种现象，但不易做出解释。它必定属于催眠一类的现象，我们不久将要对此做出研

① 在勒邦的观点和我们的观点之间存在着某些差别，因为他的潜意识概念与精神分析所采纳的概念不完全一致。勒邦的潜意识更特别地包含种族心灵最深隐藏的特征——事实上屑于精神分析的范围之外。我们的确认识到，自我的核心——它包含人类心灵的“远古遗产”——是潜意识的；但除此之外，我们还区分了“被压抑的潜意识”——它源起于那种远古遗产的一部分。这种被压抑的东西的概念在勒邦那里是看不到的。——原注

究。在群体中，每一种情感和行动都是感染的，这种感染达到这样的程度，以致个体易于让个人利益牺牲于集体利益。这是一种与他的本性非常矛盾的态度，除了当一个人是作为群体的成员之外，他几乎是不会这样的。

过一会我们将根据这后一观点做出一个重要的猜想。

第三个尤其最重要的原因，它决定了群体中个体的特殊性格——时常与单独的个体所显示出的性格完全相反。我是指暗示性，而且，上面叙及的感染仅仅是暗示性的一个结果。

为了理解这种现象，有必要记住近期生理学的某些发现。我们今天知道，通过各种过程，一个人可以被引入这样一种状态：他完全失去他的意识个性，服从于剥夺他个性的操纵者的所有暗示，而且他的行动与他的性格和习惯完全相矛盾。最仔细的研究似乎证明，沉浸于一个群体中活动了一段时间的个体，不久就会发现自己处于一种特殊状态——不是被该群体所施加的磁性影响的结果，就是来自某些我们所不知的其他原因。这种特殊状态酷似被催眠者觉得自己受催眠师操纵的“着迷”状态……意识的个性完全消失了；意志和分辨力也失去了。所有感情和思想都受制于催眠师所确定的方向。

作为心理群体一部分的个体，也大致如此。他不

> 再意识到他的行动。在他的情况中——正如在被催眠的情况中一样，在某些能力被摧毁的同时，其他能力可能得到高度的发展。在暗示的影响下，他将以不可遏制的冲动完成某些行动。这种冲动在群体情况中比在被催眠者的情况中更不可遏制，从暗示对群体中的所有个体都是同样的这一事实中，这种冲动通过交互影响而增加了强度。
>
> 于是，我们看到，意识个性消息，潜意识个性占支配地位，凭借情感和观念的暗示和感染向同一方向转变，倾向于把暗示得到的观念直接转换成行动；我们看到，这些就是作为群体一部分的个体的主要特征。他不再是他自己，而是成为一个不再被他的意志所指导的自动装置。

我这样详尽地援引这些段落是为了表明：勒邦把群体中个体状态解释为实际上是催眠状态，而不仅仅是在这两种状态之间做出比较。我们无意在这一点上提出任何反驳，而只希望强调一个事实：群体中改变个体的后两个原因（感染和高度的暗示性）显然不一样，因为感染实际上似乎是暗示性的表现形式。而且这两种因素的效应，在勒邦的评价语境中，似乎没有明显区分。如果我们把感染与群体中个体成员彼此相互作用联系起来，而我们把群体中暗示作用的那些表现形式——勒邦当做类似于催眠影响的现象——指向另一来源，我们也许就最好地解释了他的观点。但是指向什么来源？当我们注意到该比较的主要因素之一，即在群体情况下将取代催眠师的那个人没有被勒邦论及时，我们不禁感受到这种缺陷的涵义。但他还是在这种仍然是昏暗不清的“着迷”影响与个体彼此施加的、原初的暗示得以强化的感染效应之间，做了区分。

还有另一个重要的考虑有助于我们理解群体中的个体：“而且，根据他成为一个组织化群体的一部分这一纯粹事实，这个人在文明的阶梯上下降了几级。当他只身独处时，他可能是一个有教养的人；而在一个群体中，他是一个野蛮人——即按本能行事的动物。他拥有原始人的那种任性、残暴、凶狠以及豪爽与仗义。”勒邦于是特别详尽叙述了当一个人湮没在群体中时所体验到的理智能力的降低[1]现在让我们离开个体，而转向勒邦所已概括的群体心理。它所显示的不是单一的特征——精神分析家会在确立或追溯它的来源方面发现各种困难。勒邦本人则通过指出它与原始人和儿童心理生活的相似性而向我们表明了这一方面。

一个群体是冲动、易变且不安的。它几乎完全被潜意识所控制[2]。

一个群体所服从的那些冲动依情况可能是慷慨的或残忍的，勇猛的或懦弱的，但它们总是如此专横以致没有个人利益——甚至自我保存利益——能被感受到。就群体来

---

① 试比较席勒的两行诗：“独处的人还算机灵敏锐；而在群体中他简直就是个傻瓜。”——原注

② “潜意识”在这里被勒邦在描述的意义上正确地使用，它不只是意味着“被压抑的”。——原注

说，没有什么东西是预先谋划的。虽然它可能热切地欲求某些东西，然而决不会持久，因为它不能百折不挠。它不能在它的欲望和它所欲求的东西的满足之间容忍任何延迟。它具有一种全能感；对于群体中的个体来说，不可能这一观念消失了[1]。

一个群体是格外轻信和易受影响的，它没有批判的能力，对它来说不存 1 在不合适的事。它以意象的形式——凭联想彼此唤起——进行思维（正像个体在自由联想状态中出现的那样），从来不用任何理性的力量去检验这些思维与现实的一致。一个群体的感情总是非常单一且极为浮夸，以至于一个群体既不知道怀疑也不知道不确定性[2]。

群体直接走极端；如果表现出某种怀疑，它会即刻变成无可争辩的确定；一丝反感会转变成强烈的憎恨[3]。

正如一个群体本身完全倾向于走极端一样，它通过过

---

① 试比较我的《图腾与禁忌》（1912 ~ 1913）中的第三篇论文。——原注

② 在《梦的解析》——我们对潜意识心理生活最好的认识的确得益于它——中，我们遵循一条技术性的规则：不理会梦的叙述中的怀疑和不确定，而把显梦的每一元素当做是相当确定的。我们把怀疑和不确定归之于检查的影响——梦的工作亦受这种检查的支配。我们假定，原发的梦念不了解作为批判过程的怀疑和不确定。它们像任何别的东西一样，当然作为导致该梦的日间残迹内容的一部分而呈现出来。——原注

③ 这种每一情绪的同样极端和无限制的强化，也是儿童情感生活的一个特征，它也表现在梦生活中。由于在潜意识中单一情绪的分离，白天的稍微一点恼怒在梦中就会表现为希望冒犯者去死，或者诱惑的迹象在梦中可能会刺激一场犯罪行动的描绘。汉斯·萨克斯（Hans Sachs）就这点曾做过适当的评论："如果我们在意识中看由当下（真实）情境的梦所告诉我们的某些东西，我们应该不至于吃惊地发现，我们在放大的分析镜下所看见的庞然怪物业已证明是小小的纤毛虫。"（见《梦的解析》）——原注

度的刺激才能兴奋起来。任何一个希望对群体产生影响的人，在他的论证中不必要逻辑的规则；他必须危言耸听，必须夸大其辞，必须一再地重复同样的东西。

由于一个群体对构成真理或错误的东西不置疑虑，而且意识到自己的强大力量，它一面服从权威，一面又毫不宽容。它尊重力量，只是略微受仁慈的影响——它把这纯粹当做是一种软弱形式。它对它的英雄所要求的东西是武力，甚至是强暴。它想要被支配和被压制，并对它的主子感到恐怖。它从根本上说完全是保守的，它深深地厌恶所有革新和进步，无限地尊重传统。

为了对群体的道德做出正确判断，人们必须考虑这样的事实：当个体集合在一个群体中时，他们所有的个体抑制消失了，作为原始时代的遗迹而潜伏在个体中的所有残忍，兽性和毁灭性的本能躁动了，去寻找自由的满足。但是在暗示的影响下，群体也能在塑造克制、无私和对理想的奉献方面取得高度成就。尽管就独处的个体来说，个人利益几乎是惟一的驱动力，但就群体而言，这种个人利益几乎微不足道。说个体具有其由群体所确立的道德标准，这是可能的。而一个群体的理智能力总是远远低于个体的理智能力，集体的道德行为既可能大大高于也可能大大低于个体的道德行为。

勒邦描述的某些其他特征极为清晰地表明，群体心理与原始人心理的同一是多么富有根据。在群体中，多数矛盾的观念能比肩并存，彼此宽容，不存在任何源出于它们之间的逻辑矛盾的冲突。但是正如精神分析早就指出的那样，在个体、儿童和神经症患者的潜意识心理生活中，情况也是如此[①]。

再者，一个群体受制于语词的真正魔力。语词在群体心理中能唤起最可怕的骚动，也能使这种骚动平息。“理由和论证胜不过某些语词和公式。这些语词和公式是在群体面前庄重地吟诵出来的，一旦它们被发出声来，每人的脸上便会显露出崇敬的表情，所有人都顶礼膜拜。它们被许多人当作是自然力或超自然的力量。”在这方面，仅仅只要记起原始人中的名称禁忌以及他们给名称和语词所赋予的魔力就行了。

最后，群体决不渴求真理，它们需要的是幻觉，没有幻觉便不能行事。它们总是赋予不真实的东西优越于真实的东西；它们几乎被不真实的东西像真实的东西一样如此强烈地受其影响。它们具有不在二者之间做出区分的明显

---

① 例如，在幼儿那里，对他们最亲近的人的矛盾的情感态度长期并行存在，矛盾着的任一方不妨碍另一方，也不与之相对立。如果最终二者之间的冲突爆发了，它常常是通过儿童改变对象并且把矛盾着的情感的一方移置到一种替代物上而得以解决。成人神经症的发展史也表明，被压制的情绪可能经常长时间地存在潜意识甚或意识的幻想中——自然起作用的内容会直接与某种支配性倾向相抵触，然而这种对立并不导致自我反对它已否定的东西的任何行为。该幻想相当长时期地得到宽容，直到突然某一天，通常是由于幻想的情感贯注的增加，幻想与自我之间的冲突爆发了，随之带来所有通常的后果。在儿童发展成成熟成人过程中，他的人格愈益广泛地整合，分离的本能冲动与他独立地增长起来的目的性倾向愈益协调。性生活领域的类似过程早就为我们所知：所有的性本能协调成确定的生殖组织（见《性学三论》）。而且，自我的统一易于产生像由许多熟悉的例子——诸多科学家保持对《圣经》的信仰的例子；以及其他相似的情况所显示的力比多冲突——（1923 年增注）自我后来分裂的各种可能的方式构成心理病理学中特别的一章。——原注

倾向。

我们业已指出，幻想生活和出自于未被满足的愿望的幻觉占支配地位，是神经症心理学中的决定性因素。我们发现，指导神经症患者的东西，不是通常的客观实在，而是心理的实在。歇斯底里症症状以幻想而不是真实经验的重复为基础，强迫性神经症中的罪疚感以绝没有被执行的罪疚意向这一事实为基础。的确，正像在梦和神经症中一样，在一个群体的心理活动中，检验事物真实性的功能较之有其情感贯注（affective cathexis）的愿望冲动的力量，变得微乎其微了。

关于群体的领袖问题，勒邦所说的东西就不怎么详尽了，不能使我们如此清楚地分辨出一个潜在的原则。他认为，生物一旦以某些数量聚集在一起，不管它们是一群动物还是人的集合，它们都本能地把自己置于一个头领的权威之下。一个群体是一个顺从的动物群，没有首领就绝不能生存。它如此地渴求忠顺，以至于它本能地服从于自称为首领的任何人。

虽然一个群体的需要相应地迎合了领袖的产生，然而他在其个人素质方面也必须适应这一需要。为了唤起群体的信仰，他本人必须被（在观念中的）强烈信仰入迷地支配着；他必须拥有强烈并施加于人的意志，该群体——它没有自己的意志——能从他那里接受意志。然后，勒邦讨论了不同类型的领袖，以及他们对群体施加作用的手段。他总体上相信，领袖们是借助他们本人狂信的那些观念来使自己得以存在。

而且，他把某种神秘的和不可抗拒的力量既赋予这些观念也赋予领袖，他称之为“威信”。威信是被某一个体、一种作品或一种观念影响我们的一类支配性的东西。它直接麻痹我们的批判能力，使我们充满惊愕和崇敬。它似乎唤起像催眠中的“入迷”那样的感情。他将获得性或人为性威信和人格威信加以区分。某些人靠他们的名誉、财富和声望赢得前一种（某些意见、艺术品等靠传统）。由于在每一情况下这种威信都要追溯到过去，因而在理解这种令人迷惑的影响方面，它不能对我们有更多的帮助。人格威信则隶属于少数凭它而成为领袖的人，它的效果似乎是通过某种有吸引力的魔术作用使每个人服从领袖。然而，所有威信都依赖于成功，它在失败的场合下就会丧失。

勒邦给我们的印象是，他没有成功地将领袖的作用和威信的重要性与他对群体心理图景的卓越描绘完全融洽起来。

6. 群体心理的其他说明

我们通过介绍的方式利用了勒邦的描述，因为它在着重强调潜意识心理生活方面与我们自己的心理学十分一致。但此刻我们必须补充说，事实上，勒邦的论述并没有得出任何新东西。他对群体心理的各种表现所说的一切不利和贬低的东西，在他之前已经被其他人同样独特和同样敌意地说过了，并且自早期的文献以来已被思想家、政治家和著作家们用同样的调子重复过了。包含勒邦最重要观点的两个主题——在群体中理智功能的集体性抑制和情感的增强，不久前已被西盖勒（Sighele）系统阐述过。剩下的作为勒邦特有的东西，说到底就是潜意识以及与原始人心理生活做比较这两个概念，甚至这些东西在他之前也常常被人自然地提到了。

不过还要指出的是，勒邦和其他人对群体心理的描述和估价绝非毫无争议。无疑，刚才述及的群体心理的一切现象是正确观察的结果，但区分出群体构成的其他表现形式也是可能的。在这些表现形式中，会在；哈好相反的意义上起作用，并且必然对群体心理做出更高的评价。

勒邦本人也打算承认：在某些场合，群体的品格可以高于组成群体的个体的品格，只有集体能产生高度的无私和奉献精神。“就独处的个人来说，个人利益几乎是惟一的驱动力，而就群体而言，个人利益简直是微不足道的。”其他作者则列举这样的事实：只有社会才全然为个体规定任何伦理准则，而个体通常是不能以某种或其他的方式达到社会的高要求的。他们还指出，在某些例外的情况下，在团体中可以产生热情奔放的现象——使得最辉煌的群体成就成为可能。

就智力活动而言，事实仍然是，思想领域的伟大决策、重大的发现和问题的解决，只有独立工作的个体才是可能的。但是，甚至群体心理在智力领域也能有创造性的才能，正如尤其由语言本身，以及由民歌、民间传说等等所显示的那样。而且，个别思想家或著作家得益于他生活其中的群体的影响有多大，以及是否他比完善一项他人同时参与的精神产品所起的作用还要大一些，仍然是悬而未决的问题。

面对这些完全矛盾的说明，看起来似乎群体心理学的工作必然导致无效的结局。但是也不难找到逃离这种困境的希望。在“群体”一词下面，有可能出现非常不同的结构，需要把它们区分开来。西盖勒、勒邦和其他人论及的是短暂存在的群体——各种各样的个人由某种眼前利益而匆匆地聚集起来。革命群体的特征——特别是法国大革命的特征——无疑影响了他们的描述。与此相反的观点则来源于考察那些稳定的群体或社团——人们在它们中度过一生，它们则体现为社会的各种机构。第一种群体与第二种群体的关系就像滔滔海浪与海底地隆的关系。

麦独孤在他的《群体心理》（一九二〇 a）中，就是从刚才叙及的同样矛盾出发的，并且在组织的因素中寻求对这一矛盾的解决。他说，在最简单的情况下，这种“群体”全然不具有组织，或者不具有称得上组织的那种东西。他把这一类群体描述为“人群”（Crowd）。但是他也承认，无论如何，一个人群在不具有初步组织的情况下几乎不能聚集在一起。正是在这些简单群体中，特别容易观察到集体心理的某些基本事实（麦独孤，一九二〇 a，第二十二页）。在一个偶合人群的各个成员能构成像心理学意义上的群体那样的东西之前，必须满足的条件是：这些个体必须彼此间有某些共同的东西，对某一对象的共同兴趣，在某种或其他情境中相似的情绪倾向，以及（我想要插话说，“结果是”）“这些范围的交互影响”。“这种心理同质性”的程度愈高，个体形成一种心理群体就愈容易，并且群体心理的各种表现也就愈显著。

一个群体构成后最显著也最重要的结果，是在它的每一成员那里产生的“情绪的高涨或强烈”。依麦独孤之见，在群体中人们的情绪会激荡到在其他条件下很少或从没有达到的程度；对于那些有关的人们来说，使他们自己如此无节制地受其激情摆布，以至于被淹没在该群体中并失去他们个体性的局限感，乃是一种令人愉快的体验。麦独孤用他称之为“借助原始交感反应的情绪直接诱发原则”——即借助我们已熟悉的情绪感染，来解释个人被共同的冲动所左右的方式。事实是，对一种情感状态的讯号的知觉，在知觉它们的那些人中自动地累积而唤起同样的情感。能同时观察到具有同样情感的人愈多，则这种自动的强迫就增长得愈强烈。个人失去了他的差别能力、让自己陷入同样的情感。但在此过程中，他增加了其他人的兴奋——其他人在他身上也导致这种兴奋，因而个人的情感负荷被相互之间的作用所加剧。这种以强迫的性质去做与他人一样的事，并与别人保持和谐，无疑有某种东西在起作用。情绪冲动愈是粗陋和简单，则愈是相应地适于扩散至群体。

出自群体的某些其他影响有利于这种情感强化的机制，一个群体给个体的印象是作为无限的力量和不可抗拒的危险。群体暂时取代了整个人类社会。人类社会是权威的行使者，个人对它的惩罚感到恐惧，因此，个人甘受如此多的抑制。对他来说，把自己与社会对立起来显然是危险的，而追随他周围人的样板则更为安全，甚至也许“不惜与狼共舞”。在服从新权威的过程中，他可能会失去他先前的“良心”，如此听任从消除抑制而的确获得的极度快乐的吸引。因而从总体上看，我们应该看到，群体中的个人做或赞许他在正常的生活条件中已避免了的事情，这并不是特别异常的；我们甚至可能以这种方式希望澄清被“暗示”这谜一样的词常常掩盖的一些模糊东西。

麦独孤并不对群体中智力的集体性抑制这一论题提出质疑。他认为，智力较低者把高智力者降低到他们自己的水准上。高智力者的行动往往受阻，因为情感的强化，大体上会为正常的智力工作造成不利的条件；再者是因为个人受到群体的威吓，他们的精神活动是不自由的；最后是因为每个人为他自己行为的责任感下降了。

麦独孤总括简单的、“非组织化”群体的心理行为所作的论断，与勒邦的一样不友好。这样的群体“过于情绪化、冲动、暴戾、反复无常、不一致、犹豫不决，并且行为走极端，仅仅显示出粗糙的情绪和不细腻的情感；极易受暗示，不注意深思熟虑，匆匆做判断，只具有简单且不完善的推理形式；容易被人操纵，缺乏自我意识，缺乏自尊和责任感，易于被意识到它自己的力量而神魂颠倒，以致倾向于产生我们已学会预料到的任何不负责任和绝对的力量的所有表现形式。因而这种群体的行为就像顽皮的儿童或陌生环境中未开化易冲动的野蛮人的行为，而不像它的普通成员的行为；在最坏的情况下，它就像野兽的行为而不像人的行为。”

既然麦独孤将高度组织化的群体行为与刚才描述的东西加以对比，我们将特别有兴趣了解这种组织由什么组成，它通过什么因素得以产生。作者列举了将集体心理生活提高到更高水准的五个“基本条件”。

第一个也是根本的条件是，应该有某种程度的群体存在的连续性。这可能既是内容上的也是形式上的：如果同样一些人在该群体中持续存在一段时间，就是内容上的；如果在群体内部存在着被个人连续担任的固定的职务体系，则就是形式上的。

第二个条件是，群体的个别成员应该对该群体的性质、机构、作用和能力形成某些明确的认识，以便他可以由此发展与作为一个整体的群体的情感联系。

第三个条件是，该群体应该和与它类似而且在许多方面与它不同的其他群体发生相互作用——也许以竞争的形式。

第四个条件是，该群体应该具有传统、习俗和习惯，特别是诸如决定它的成员彼此之间的关系。

第五个条件是，该群体应该有确定的结构——体现在其成员的作用的专业化和分工上。

根据麦独孤的观点，如果满足了这些条件，则群体形成的心理缺陷便会得到消除。通过从该群体撤回行使智力任务并为其个体成员保留这个任务，则会避免集体智力能力的降低。

似乎在我们看来，麦独孤规定为一个群体的“组织”条件，可以更合理地以其他方式来描述。问题在于怎样为群体恰好获得那些本属于个人的特征并由于群体的形成而在他身上消失了的各种特征。对于在原始群体之外的个人来说，他具有自己的连续性，他的自我意识、传统和习俗，他自己的特定作用和位置，他与他的对手保持着距离。由于他进入了一种“非组织化的”群体，他暂时失去了这种独特性。如果我们这样认识：我们的目的是用个人的属性武装群体，那么我们将记起特罗特（Trotter）的有价值的评述，这就是：构成群体的倾向在生物学上是所有高级有机体的多细胞特性的延续。

7. 个体暗示与力比多

我们是从如下基本事实出发的：群体中的个体通过群体的影响而在他的心理活动方面发生常常是深刻的变化。他的情感倾向会变得格外强烈，而他的智力显著降低，这两个过程显然是以接近于该群体其他成员的方向发展的；只是通过取消对每一个人特有本能的抑制，并且通过他放弃他自己特有倾向的表现，才能达到这种结果。我们得知，这些常常不受欢迎的结果在某种程度上至少通过群体的更高“组织化”而得以避免；但这与群体心理的基本事实不相矛盾，即在原始群体中情感的强化和智力的抑制。现在我们的兴趣是指向为群体中的个体所经验到的这种心理变化做出心理学的解释。

虽然，理性的因素（诸如上面已经提到的个人的威胁，即他的自我保存本能的活动）并没有囊括可观察到的现象。

在此之外，被社会学和群体心理学权威给我们提供的解释总是同样的——虽然这些解释被赋予不同的名称，即魔力性的词“暗示”。塔尔德（Tarde，一八九O年）称它为“模仿”（imitation）。但我们不得不同意一位作者，他主张模仿是暗示概念的引申，事实上还是暗示的一个结昊（布鲁格尔斯 [Brugeilles），一九一三年）。勒邦把社会现象所有令人困惑的特征都追溯到两个因素：个人的相互暗示和领袖的威信。但是威信只是通过它唤起暗示的能力才被承认的。麦独孤暂且给我们这样的印象：他的“情绪的原始诱导”原则可能使我们不需要暗示的假设。但进一步的考虑迫使我们感到（contagion）的论点。毫无疑问，当我们意识到别人情绪的讯号时，我们身上所存在的东西往往使我们陷入同样的情绪；但是我们有多少次不成功地抵抗这一过程、抵制这种情绪并以完全相反的方式做出反应？当我们处于某一群体时，我们为什么因此而总是屈服于这种感染？我们只好再次说，迫使我们服从这种倾向的东西是模仿，在我们身上诱发这种情绪的东西是群体的暗示性影响。而且，完全除开这些，麦独孤不能使我们避开暗示；我们从他那里以及其他作者那里得知，群体的独特性在于其特定的暗示感受性。

所以，我们将接受这样的观点：暗示（或更正确地说是暗示感受性）实际上是一种不可还原的原始现象，是人的心理生活的一个基本事实。这也是伯恩海姆（H. Bemheim）的观点。我在一八八九年曾目睹过他的令人惊讶的技巧。但是我能记得甚至那时就对这种粗暴的暗示感到一种压抑的敌视。当一个表现出不服从的病人遭到呵斥："你在干吗？你在反暗示！"我就自言自语说，这是明显的不公正，是一种暴力行为。因为，如果人们试图用暗示使这个人就范，那么他肯定有反暗示（counter-suggestions）的权利。后来，我的抵抗集中在反对这样的观点上：解释一切的暗示本身将用不着解释[1]。想到此，我复述过古老的谜语[2]：

克利斯朵夫生出了耶稣基督；
耶稣基督又生出了整个世界；
可是克利斯朵夫当时何处立足？

在大约三十年回避暗示问题之后，如今我又再次探讨暗示之谜了。我觉得在这方面的境况没有发生什么变化（对这一观点只形成了一个例外，而这一例外正好为精神分析的影响提供了证据）。我注意到，所做出的特别努力正确地系统阐述了暗示这一概念，即固定在该名词的因袭用法上（例如，麦独孤，一九二O年b）。这绝非是多余的，因为这个词获得了愈益广泛的用法，并且〔在德语中〕的涵义也愈益模糊，不久将用来表示无论什么类型的影响，正像在英语中所表示的那样，"劝告"和"暗示"对应于我们德语 nahelegen（建议）和 Anregung（鼓励、激发）。

① 参见弗洛伊德《小汉斯》（1909）病历中的某些评论。——译注

② 康拉德·里希特（Konrad Richter）：《德国人 S· 克利斯朵夫》。——译注

但是一直没有对暗示的性质做出解释，即没有对在无适当的逻辑基础情况下发生影响的条件做出解释。如果我没意识到即将进行以完成这个特定任务为目的的详尽探究，我是不会回避通过分析近三十年的文献来支持这一陈述的任务的。

以阐明群体心理学的目的作为替代，我试图使用力比多的概念，这一概念在研究精神神经症中给予我们极好的帮助。

力比多是取自情绪理论的一种表述。我们用这一名词称呼那些与包含在“爱”（love）这一词之下的一切东西有关的本能能量——以量的大小来考虑这一能量（虽然目前实际上是不可测量的）。我们用爱一词所指的东西的核心，自然就是以性结合为目的的“性爱”（sexuallove，这就是通常所称的爱，或诗人们所歌颂的爱）。但是，我们并不把无论如何在“爱”这一名称中所共有的东西分离开来，例如“自爱”（self-love）以及对父母和儿童的爱、友爱和对整个人类的爱，还有对具体对象和抽象观念的奉献，我的根据在于这一事实：精神分析研究告诉我们，所有这些倾向是同样的本能冲动的表现；在两性之间的关系中，这些冲动迫切地趋向性的结合，但在其他场合中，它们离开了这一目标，或者避免实现这一目标，尽管它们总是保持着它们原初的本性，足以使得它们的身份成为可认识的（诸如在渴望亲近和自我牺牲〔self-sac-rifice〕那样的特性中）。

于是我们的意见是，语言在创造具有多种用法的“爱”

一词的过程中，已经行使着完全合理的部分统一。我们顶多不过是把它也当做我们科学讨论和解释的基础。当精神分析做出这一决定时，它引起了一场轩然大波，似乎它是荒谬绝伦的发明活动的罪过。然而它在这种“宽泛”的意义上看待爱并没有做出独创性的东西。在其起源、作用和与性爱的关系方面，哲学家柏拉图的“爱的本能”（Eros）恰好与“爱力”（love-force）即精神分析的力比多吻合，正如纳赫曼佐思（Nachmansohn，一九一五年）和普菲斯特尔（Pfister，一九二一年）已详细表明的那样；当使徒保罗在他著名的《哥林多书》中赞美爱至高无上时，他肯定是在同样“宽泛”的意义上理解它[1]。但这只是表明，人们不总是严肃地对待他们的伟大思想家，即使当他们极力声称尊崇伟大思想家的时候亦如此。

于是精神分析把这些“爱的本能”称做“性本能”（sexual instincts），并根据它们的起源称做占有（a potiori）。大多数“有教养的”人把这一术语当做是一种侮辱，并用“泛性论”（pansexualism）的责难作为报复来攻击精神分析。把性当做是对人性的抑制和耻辱的东西的任何人，将随意地使用更文雅的词“爱的本能”和“爱欲的”。我自己本可以从一开始就这样做，这样会使自己免遭更多的敌对。但我不想这样做，因为我不愿意向怯懦屈服。人们决不能说清楚这种屈服可能把你引向何方；人们首先在用词上屈服，然后一点点地在实质上也屈服。我看

---

① “虽然我用人和天使的语言说话，但我没有爱，我变成像只会发出响声的铜管，或者是一个丁零响的钗钹。”——原注

不出羞于谈性有何好处。希腊语“爱的本能”——就是为了婉转这种冒犯，最终不过是我们德语词“爱”的翻版；最后，谁知道怎样等待，他就不必让步。

于是，我仍用如下假定来试试我们的运气：爱的关系（或使用更中性的语词：情感联系）也构成群体心理的本质。让我们记着，权威们并没有论及任何这样的关系。与这种关系相一致的东西显然被隐藏在暗示的屏障（或银幕）后面。我们的假设一开始就从当下流行的两种思想那里得到支持。首先，一个群体显然被某种力量结合在一起：这种结合的本质除了归之于把世界上的一切结合在一起的爱的本能外，还能更好地归之于什么别的力量吗？其次，如果个人在一个群体中放弃他的独特性，让群体的其他成员通过暗示影响他，那么给人的印象是：他的确是这样，因为他感到有必要与其他成员融洽而不是对立——以至于他也许毕竟是“为了爱他们”。

8. 群居的本能

我们不能长久陶醉在这样的错觉中：我们用上述公式已解决了群体之谜。我们不可能回避此刻的且令人不安的回忆，即我们实际所做的一切已经把问题转换到催眠之谜上。关于催眠还有如此之多的问题有待澄清。现在，另一种反驳意见给我们展示了进一步的思路。

人们可能认为，我们在群体中观察到的强烈的情绪联系，完全足以解释它们的特征之一——其成员缺乏独立性和创造性，它们所有成员的反应具有相似性，可以说，它们降低到群体个人（group individuals）的水准。但是如果我们看待作为一个整体的群体，那么一个群体向我们显示的比这还要多。它的某些特征，如智力能力的微弱、缺乏情绪约束，不能节制和延迟，在表达情绪时倾向于越出每一限度，以及用动作把情绪完全发泄出来。这些以及相似的特征——我们在勒邦那里看到了如此给人印象深刻的描述，无误地展示出这样一幅图画：心理活动退行到正如我们毫不奇怪地在野蛮人或儿童那里发现的那种早期阶段。这种退行尤其是普通群体的本质特征，而正如我们所知，在组织化的和人为的群体中，在很大程度上能制止这种退行。

这样，个人隐秘的情绪冲动和智力行为太微弱以致靠它们本身则一事无成，就此要完全依赖于通过该群体的其他成员以相似方式进行重复而得到的强化，我们对这样的状态印象深刻。我们记起的是，这些依赖现象有多少是人类社会的正常组成部分，在这种社会中会发现创造性和个人勇气是多么的小，每个人是多么的被像种族特性、阶级偏见、公共舆论等形式显示出来的群体心理态度所支配。当我们承认暗示的影响不是仅仅被领袖而且也被每个人对其他人所施加的时候，对我们来说，这一影响就成为更大的谜了。我们必须指责自己曾不公正地强调了与领袖的关系，以及太多地把相互暗示的其他因素置于次要地位。

在这种谦虚精神的鼓舞之后，我们将倾向于听取另一种意见，它给我们允诺以更简单的理由为基础的解释。在特罗特（Trotter）关于群居本能的一本富有见地的书中可以看到这样一种解释（一九一六年）。我这本书而言，我惟一感到遗憾的是，它没有完全摆脱由最近的大战所发泄的反感情绪。

特罗特把上面描述的在群体中出现的心理现象追溯到一种群居本能（“群聚性”），这种群居本能就像其他动物种族中一样，也为人类所先天拥有。他说，这和群聚性从生物学上说类似于多细胞结构，并且仿佛是后者的延续（按照力比多理论，它是源自力比多的倾向的进一步表现，通过所有同类生物以愈益复杂的单位结合起来而得以体现）。如果个人独处，他会感到不安全。幼儿显示出来的恐怖似乎已是这种群居本能的表现。与人群对立事实上就等于与它分离，因而人们忧虑地避免这种对立。但人群轻蔑任何新的或不寻常的东西。群居本能似乎是某种原始的东西——某种不能被分解的东西。

特罗特提供了他认为是原始本能的清单，如自我保存本能、营养本能、性本能和群居本能。群居本能常常与其他本能相对立。罪恶感和责任感是群聚性动物的特有方面。特罗特也把精神分析揭示的、存在于自我中的压抑力源溯到群居本能，并相应地把医生在精神分析治疗中遇到的抵抗也追溯到这同样的根源。言语的重要性就在于人群中相互理解的自然倾向。个人彼此之间的认同主要依赖于这种倾向。

勒邦主要关心的是典型的短暂群体形式，麦独孤关心稳定的群体联系，而特罗特则选择最一般化的群体形式——“政治动物”①的人在这种群体中度过一生——作为他兴趣的中心，他为我们提供了这种群体形式的心理学根据。但是特罗特没有必要去追踪群居本能，因为他把它的特征描述为原始的和不可进一步还原的。他提到波里斯·萨迪斯（Boris Sidis）试图把群居本能追溯到暗示感受性，就他而言幸好是多余的。这是一种熟悉而又不令人满意的解释类型，而相反的命题——暗示感受性源出于群居本能——似乎在我看来则更进一步阐明了这一主题。

特罗特的叙述即使比其他人的更公正，但仍然面临这样的反驳：它几乎没有说明群体中领袖的作用，而我们反而倾向于相反的判断：如果忽视了领袖，则不可能把握住群体的性质。群居本能对于领袖全然不留有余地；他几乎纯粹是偶然被扔进人群中的。也由此得出，不存在从这种本能到需要上帝的通路；这个牧群是没有牧人的。但除此之外，还可以从心理学上削弱特罗特观点的基础。这就是说，无论如何可能的是，群居本能不是不可还原的。它不像自我保存本能和性本能那样原始的本能。

追溯群居本能的个体发生自然不是件容易的事情。当幼儿独处时所表现出的恐惧（特罗特宣称这已经是这种本能的显现），仍然更易于提出另一种解释。这种恐惧与儿童的母亲有关，往后则与其他熟悉的人有关，它是未满足的愿望的表达——儿童尚不知道除去把它转变成焦虑之外

① “政治动物”（亚里士多德《政治学》，1252b）。——译注

怎样以任何方式进行处理[①]。当儿童独处而感到恐惧时，看到任何任意的“人群成员”也不会感到安全，恰恰相反，这类“陌生人”的接近则会产生这种恐惧。于是，在儿童那里长时间没有什么群居本能或群体感情的性质会被观察到。在容纳许多儿童的幼稚园中，这类东西起初是在儿童与他们父母的关系之外产生的，它的产生也是作为大儿童对小儿童的最初嫉妒做出的反应。大儿童肯定是嫉妒地想把他的弟妹撇开，使其离开父母，并剥夺其所有特权；但在面临着这个小儿童（像后来出生的所有儿童）像他本人一样被父母所爱，结果是不可能在不损害他本人的情况下保持他的敌意态度时，他不得不把自己与其他儿童相认同。所以，在儿童群中就产生了共同的或群体的感情，然后在学校进一步发展。由这种反相形成所做出的第一个要求是为了公正，为了同样对待所有人。我们都知道，这种要求在学校是表现得多么响亮和不能改变。如果一个人自己不能成为受宠者，那么无论如何也没有别人会成为受宠者。这种转变即在幼稚园和教室里群体感情取代嫉妒心可能被认为是不大可能发生的——如果同样的过程往后在其他环境中不能再次被观察到的话。我们只需想到这样一群妇女和女孩，她们都以痴迷的方式爱着一位歌星或钢琴演奏家，当他表演结束后她们紧紧围着他。她们每人肯定容易嫉妒其他的人；但是当面对她们的成员以及结果不可能达到她们爱的目的时，她们放弃了这种嫉妒，不是去撕扯彼此的

① 参见我的《精神分析引论》（1916 ~ 1917）第二十五讲中关于焦虑的论述。——原注

头发，而是以联合的群体去行动，用她们共同的行动对她们崇拜的英雄表示敬意，还有可能高兴地分享他的几丝飘垂的头发。原先她们是竞争的对手，现在通过对同一对象相似的爱而成功把自己与其他人认同。当一种本能的情境像通常一样能达到各种结果时，我们会毫不奇怪：实际的结果是这样的结果：使这种结果产生某种程度的满足的可能性，而某种其他的结果——本身是更明显的，则由于生活环境阻止达到任何这样的满足而被放过了。

后来在社会中以“群体精神”（group spirit）等形式出现的东西，与它从原先的嫉妒衍生出来并不相背。没有人一定想要名列前茅，人人必定是同样的，并拥有同样的东西。社会公正意味着，我们自己否认了许多东西，以至于别人也同这些东西无关，或者也许不能要求这些东西——这都是一回事。这种对平等的要求是社会良心和责任感的根源。它也在梅毒患者担心传染给他人中出乎意料地显示出来，对此精神分析已教给我们怎样理解。这些可怜的不幸者表现出来的担心，与他们强烈抵抗要传染给他人的潜意识愿望是相一致的；因为，为什么单单他们被感染并如此这样地被隔离？为什么其他人不被感染这种病？在所罗门公正的有关故事中可发现这同样的萌芽。如果一个妇人的孩子死了，那么其他妇人的孩子也活不成。这个丧子的妇人显然具有这种愿望。

这样，社会感情的基础是，起初是敌意的感情反转成认同性质的肯定色彩的联系。在迄今我们能追踪各种事件的过程中，这种反转似乎在与群体外的一个人有共同的情感联系的影响下出现。我们自己并不认为我们对认同作用的分析是周全的，但就我们此刻的目的来说，我们只要回想这样一个特征就够了，即一致实行平等这一要求。我们在讨论两种人为的群体——教会和军队——中已经得知，它们必要的先决条件是，它们所有成员应该得到一个人即领袖的同样的爱。然而，我们不要忘记：群体中平等的要求只是适用于其成员，而不适用于领袖。所有成员必须是彼此平等的，但他们都是想到被一个人所统治。许多平等的人能使他们自己彼此认同，一个单个的人优越于他们所有的人——这就是我们在能持续存在的群体中所发现的境况。现在，让我们大胆地纠正特罗特的这一断言：人是群居动物，而坚持认为，人不过是个部落动物——由一个首领支配的部落中的个体生物。

9. 自我的等级

如果我们概览今日的个体生活，同时记住权威们为群体心理学提供的相互补充的说明，当面对揭示出来的各种复杂问题时，我们可能会失去尝试做出综合说明的勇气。每个人都是各种群体的一个组成部分，他在许多方面受到认同联系的束缚，他根据各种各样的模范，建立起他的自我理想。因而每一个体都享有多样的群体心理，如种族心理、阶级心理、宗派心理以及民族心理等等。他也能使自己超出这些群体心理之上，以致具有某种程度的独立性和创造性。这种稳定而继续存在的群体形式——连同它们始终如一的和不变的结果，比起迅速形成且短暂的群体形式——勒邦曾出色地概述过这种群体心理的心理学特征——来，对观察者来说就不怎么奇怪了。正是在这些过于短暂的仿佛置于其他群体之上的群体中，我们遇到了我们恰好确认为个体习性完全消失的奇迹，即使这种奇迹只是暂时的。

我们把这种奇迹解释为，它意味着个人放弃他的自我理想，用体现在领袖身上的群体理想代替它。我们必须校正地补充说，这种奇迹不是在每一场合都同样地大。在许多个人身上，自我和自我理想的分离不是特别明显，二者仍然容易相合；自我常常保持它早期自恋性的自我满足。这种情况使得选择领袖非常有利。领袖常常只是需要具有关涉特别显著和纯粹形式的典型的个人特性，只是需要给人以强而有力和更多力比多自由的印象。在这种情况下，人们对强而有力首领的需要，常常就会向他妥协，给他赋予在其他情况下他也许无法要求的支配权。而该群体的其他成员——他们的自我理想除此以外不会没做某种修正而体现在他这个人身上，则和其余人一起被“暗示”即凭认同作用所迷住。

我们意识到，我们对解释群体的力比多结构所能做出的贡献，回到了自我和自我理想之间的区分上，以及回到了使这种区分成为可能的双重联系上。即认同作用和把对象置于自我理想的地位上。这种在自我中区分等级的假定作为自我分析的第一步，必须逐渐在心理学的各个领域中确立其合理地位。在我《论自恋》的论文中，我综合了暂且能用来支持这种区分的所有病理学材料。不过可以期待的是当我们更深入地研究精神病心理学时，就会发现其更大的意义。现在，让我们反思一下，自我进入了对象与自我理想的关系之中，而这种关系是从自我中发展而来的，外部对象与作为一个整体的自我之间的所有相互作用——我们对神经症的研究使我们熟悉了这种相互作用，很可能在自我内部这种新的活动背景上得到重复。

在这里，我将只遵循从这种观点看来似乎是可能的后果之一，因而重新开始讨论我在别处[①]不得不搁置的一个问题。我们所熟悉的每一心理分化，都显示出心理功能活动的困难进一步加重，增加其不稳定性，也可能成为其崩溃的始点，亦即一种疾病的发作。从我们出生开始，我们就经历着从绝对自足的自恋到感知变化着的外部世界以及开始发现对象这样的阶段。与此相关联的事实是，我们不能长时间地忍受事物的新状态，我们在睡眠中经常地从事物的新状态回复到我们先前缺乏刺激和避开对象的状态。然而，我们的确是在这个过程中遵循着来自外部世界的启示，借助日夜周期性的变化，暂时抵消影响我们的一大部分刺激。这样一个阶段的第二个例子——病理学上讲是更重要的例子，却并不受制于这样的限定。在发展的过程中，我们致使我们的心理存在分离成连贯的自我，以及分离成位于这个自我之外的潜意识和被压抑的部分。我们知道，这种新获得物的稳定性还显示出不断的动摇。在梦和神经症中，这样被排除的东西便会叩门，要求进入，尽管有抵

①《悲伤与抑郁症》(1917e)。——原注

抗作用防卫着它们。在我们健康的清醒生活时，我们使用特别的技能允许被压抑的东西避免抵抗作用，暂时接受它进入我们的自我，以便增加我们的快乐。诙谐和幽默，以及某种程度上一般的喜剧，都可以根据这一点来考虑。每一个熟悉神经症心理学的人，将会想到类似的不怎么重要的例子。但是我关注的是我视野范围内的应用方面。

自我理想与自我的分离也不能长久地保持，不得不暂时打破，这是完全可以设想的。在施加给自我的所有否认和限制中，定期性地违反禁忌是一种常规。这的确被节日制度体现出来。这种节日制度从起源来看恰好是由法规所允许的越轨，而节日的欢乐气氛则是由于它们所导致的释放[①]。古罗马的农神节和我们现代的狂欢节在其本质特征上与原始人的节日是一致的，通常以各种类型的放荡不羁和对其他时候是最神圣的戒律的侵越而告终。但是自我理想包含自我不得不默认的所有一切限制，因为这种理由，取消这种理想对自我来说必然成为盛大的节日——于是自我可能再次感到满足[②]。

当自我中的某些东西与自我理想相符合时，总是出现狂喜的感情。而罪恶感（以及自卑感）也能被理解为自我和自我理想之间的紧张的表现。

众所周知，有这样的人，他们心境的一般状态周期性

①《图腾与禁忌》。——原注

② 特罗特把压抑追溯到群居本能。当我在《论自恋》的文章（1914c，接第三部分的开头）中说“对自我来说，一种典范的形成常常是压抑的条件性因素”时，这只是把他的观点转换成另一种表达形式而不是与之相矛盾。——原注

地从过于抑郁经过某种中间状态波动到高度的宁静感。这些波动以非常不同的幅度显示出来：从刚刚可觉察的波动到抑郁症和狂躁症形式的那些极端的例子，后者对有关人的生活造成了最大的苦恼或损害。在这种周期性抑郁的典型病例中，外部降临的原因似乎不起任何决定性的作用；而就内部动机而言，与所有其他人相比，在这些病人那里也没有发现更多或更少的东西。结果把这些病例看做不是心因性的已成为人们的习惯。此刻我们将论及那些十分相似的周期性抑郁的其他病例，这些病例能够容易地追回到精神创伤上。

这样，心境的这些自发波动的基础是不得而知的。我们无法洞见狂躁症取代抑郁症的机制。于是我们自由地假定，这些病人是我们的猜想可以找到实际应用的人——他们的自我典范在先前特别严格地支配自我后，可能暂时地融入到他们的自我中了。

让我们记住清楚了的东西：根据我们对自我的分析。无可怀疑的是，在狂躁症病例中，自我和自我理想融合在一起，以至于处于狂热和自我满足的心境并不被自我批评所困扰的这个人，可以享受他的抑制、他考虑别人的感情以及他的自责全部取消这样的欢乐了。不是如此明显但仍然非常可能的是，抑郁症的悲伤就是表示着他自我的两种动因之间的尖锐冲突——过于敏感的自我理想无情地谴责处于自卑和自贬错觉中的自我。惟一的问题是，我们是在对新秩序的周期性反抗中——我们上面已做出假定——寻求自我和自我理想之间这些变化了的关系的原因，还是认为其他环境因素对这种变化关系负有责任。

转变成躁狂症（mania）并不是抑郁症候群（symptomatol-ogy）不可缺少的特征。有一些单一的抑郁症（有些一次性发作，有些再发性发作），它们从没有表现转变成躁狂症。

另一方面，也有外部降临的原因明显起病因作用的抑郁症。它们出现在失去所受的对象之后，不是因为死亡，就是环境造成必然使力比多从该对象撤回。这类心因性的抑郁症能以狂躁症而告结束，这种循环能重复多次，正像似乎是自发出现的病例一样容易。因此，这类事态还有些模糊，特别是由于只有一些抑郁症的形式和病例得到了精神分析的研究。我们迄今只是理解那些对象被放弃的病例，因为该对象本身显得是不值得爱的。然后，凭借认同作用它在自我之内再次建立起来，并受到自我典范的严厉谴责。指向对象的责难和攻击以抑郁性自责的形式显露出来[1]。

这类抑郁症也可能以转变成躁狂症而告终，以至于发生这种事情的可能性显示出这样一种特性：它独立于临床描述的其他特征。

然而我认为，把两种抑郁症（心因性和自发性的）共同归因于自我周期性地反抗自我理想，这毫无问题。在自发性抑郁症中，可以假定是自我理想倾向于展示特别的束缚，然后自动地导致其暂时中止。在心因性抑郁症中，由

① 更确切地说，指向对象的责难和攻击把自己隐匿在指向主体自己的自我的责难后面，致使它们带上抑郁症患者的自责所特有的那种固执、顽强和迫切。——原注

于受到自我理想方面的虐待，自我被鼓动奋起反抗——这种虐待是当与被拒绝的对象认同时自我所遇到的。

二、性爱与文明

1. 人类的性生活

各位！关于“性的”一词究竟有何种涵义，你们必定会以为是无可置疑的。首先，也是最重要的，所谓“性”是猥亵的，应该避忌不说出于口。有人曾告诉我，以前有一个著名的精神科医生的几个学生努力要使他们的老师相信，歇斯底里精神官能症的症状常会有性的意味。为了达到这个目的，他们乃带他走到一个歇斯底里性精神官能症的病人床边。这个女人的症状显然是在模仿生产的动作。但是那老师说：“生孩子一事不见得便是性啊。”这诚然不错，生产不必然就是龌龊的事啊。

我知道你们不赞成我在这种重大的问题上也说笑话。但是这句话实在不是笑话。老实说，“性”一词究竟有何意义，那可是不易严正规定的。也许，只有和两性差别有关的事才可用来作为“性的”一词的定义；但是，你们要知道，那未免是太空泛而不确定了。假如你们以性的行为为一中心点，也许便会以为“性”的意思就是指由异性的身体（尤其是性的器官）上所得到的快感的满足；就最狭义的来说，意即指生殖器的接触和性的动作之完成。但是如果照这么说，你们几乎把“性”和“不正当的”、龌龊的视为同一的涵义，而生产一事就无关乎性了。假如你们把生产的功能当作性生活的根本意义，那么你们就不得不把自慰或甚至接吻等事摒拒于“性”的定义之外；但是自慰、接吻虽然不以生产为终点，但仍不免为性的，这点可毋庸置疑。我们早已知道要加以界说，总不免会引起困难；我们在此就别再作这种企图。我们可以怀疑，“性”这个概念的发展已导致了西伯雷（H. Silberer）所谓的“无所不错”（coveringerror）的结果，因而无完善的定义可言。但是，笼统地说，我们大家都相当明白“性”一词究竟有何意义。

根据一般的见识，“性”，意即指两性的差别、快感的刺激和满足、生殖的功能、龌龊而必须隐藏的观念等。这个见解虽尚适用在一般生活上，但在科学上却不然。因为由刻苦的研究（这种研究当然只有克己自制的精神才属可能），已足见有些人的性生活大异于一般人。这些人可称为“性心理变态”（perverts）者，他们之中有一部分的人似乎在生活里没有什么两性的差别。在他们看来，只有同性的人才可引起性欲；异性（尤其是异性的性器官）对于他们绝对没有性的刺激，甚至反而成为恐怖的对象。因此，他们完全没有生殖的机能。这种人可称为同性恋者，他们在心理的发展与成长上，无论是理智的或伦理的，多半——虽然并非全部——有极高的标准，这是无可訾议的，却只因为有此污点，而略感缺陷。科学家称他们为人类的一个特殊种族，即所谓的“第三性”（third sex）而与其他两性拥有相同的权利。这个主张，我们也许以后有机会可加以批判。他们自然不是他们所洋洋得意所自称的人类中的“选民或优异者”(elect)。他们里面至少也和其他两性一样，有同样多的低劣的及无价值、渣滓的个体。

这些性心理变态病人，至少与正常人一样，也因其情欲的对象而达到目的。但是他们之中有许多变态的类型，其所有的性活动和一般人所感兴趣者，相去甚远。这些人种类既多，而且又精彩又很奇怪，所以可以和布鲁杰[1]所画用以表现诱惑圣它东尼[2]的种种怪物，或者福楼拜[3]所描写在他的悔罪者面前走过的一大队衰老丑陋的神鬼及偶像崇拜者，互相比美。这乱七八糟的一群，如果不曾使我们完全迷惑，我们便可加以分类。因此，他们遂被分为二大类，其一是其“性的对象”(sexual object)已经改变，例如同性恋者。其二是其“性的目标”(sexual aim)已经改变。属于第一类者，都不愿意作生殖器的接合，而以对方的其他器官或身体代之(例如以嘴或肛门代替阴道)，他们既不管这有无妨碍，也不问是否可耻。另外有些人虽然仍以生殖器为对象，可是，并不因为它们的性机能，而因为其他在解剖上相似或其功能相近的功能。对这些人来说，连排泄的功能也能引起他们的整个性的兴趣，而这种排泄功能在孩童发展过程中，早已被视为不雅、污秽而避

① 布鲁杰(P. Breughel，1564 ~ 1638)，荷兰画家。——译注

② 圣安东尼(St. Anthony，251 ~ 356)，埃及出生的圣职者，被尊崇为基督教修道主义之父，他和魔鬼(官能)的诱惑作战的形象，成为许多画家的题材。——译注

③ 福楼拜(G. Flaubert，1821 ~ 1880)，法国名作家。作品有著名的“波法利夫人”、“圣安东尼的诱惑”。——译注

之惟恐不及。还有些人则完全不再以生殖器为对象，而以身体的其他部分，如女人的乳房、手脚或毛发等代之；更有些人对身体的部分也感无意义，反而是一件衣服、一只鞋子或一件衬衣能满足他们的情欲；这些人就是恋物症者。等而下之的，还有些人虽然也有性对象，然而他们要求于此者，乃用一种十分怪异而又性质可怕的特别方式——如求之于不能抵抗的死尸，再由于受犯罪的强迫观念所推动，而去杀人以满足其性欲。但是这种骇人听闻的事，不必再多说了！

属于第二类的性心理变态者，其性欲的目的为常人所做的一种性的预备动作。有些人或观看，或抚摸，或窥视对方所有秘密的行动，而从其中获得性欲的满足；或赤身裸体，暴露其不应赤裸的部分如私处等，模糊地希望对方也就类似的动作以为报。还有些不近人情的虐待狂者，专门以痛苦和刑罚加诸对方，轻一点的，只是使对方服从、屈顺，无论是实在的或象征的屈服。严重一点的，则甚至要使对方身体受重伤、流血。和虐待狂者相反的为被虐待狂者，他们只希望臣服于对方，或屈从对方，或接受惩罚，无论是实在的或象征的。还有些人，则兼有这两种病态的现象，虐人又被虐。最后，我们还知道，属于这两大类的性心理变态者尚可分为两种：第一种在实际上求其特殊方式的性欲满足，第二种仅在想像中求满足，不必有实在的对象，但运用幻想将它创造出来。

毫无可疑的，这些疯狂的，怪异的，骇人听闻的活动，确实是这些人的性生活的特质。不仅他们自己承认它们的代替的性质；而且我们也不得不承认，这些活动在他们的生活上所占的地位，正如正常的性欲满足在我们的生活上所占的地位一样；甚至要有同等的或更大的牺牲。除此之外，我们还可约略地或详尽地记述这些变态的现象，究竟和常态的有何混同或歧异之处。你们还要知道，性的活动所有不正当的性质，在这些方式中也仍然存在者，有时强度且增加至引起厌恶之感。

我们现在对于这些变态的性的满足方式，究竟应采取何种态度呢？如果我们表示愤怒厌恶，而且自信并没有这些欲望，那是没有多大助益的，这种现象和其他各种现象正好类似，你们如果以为这些现象古怪而不寻常，所以想逃避或掉头而去，乃是不对的，因为它们是很普通的，到处可见的。这些意见都不难驳倒。但是假如你们以为这些现象只不过是性本能的变态，所以大可不必因此修改我们对于人类的性生活的理论，那就不得不加以严正的答辩了。我们如果不能了解这些性的病态方式，而使它们和正常的性生活发生关系，那么也必定没有了解常态的性生活的可能。总之，我们在理论上必须圆满地解释一切性变态的存在，及其和常态的性生活的关系。

为达到这个目的，我们可佐以一个观点和两种新证据。此一观点应归功于布洛赫[1]。依他看来，“一切性变态都是退化的象征”（sign of degeneration）之说是不甚可靠的，因为无论在那一时代，从远古以至现代，无论何种民

① 布洛赫（Iwan Bloch，1872 ~ 1922），德国皮肤科医生，近代性科学之建立者之一。——译注

族，由最原始的以至于最文明的，却莫不有这种性的目标和对象的变态。而且它们有时也为一般人所容许，至于那两种证据，则得自精神分析对于精神病者的研究；它们在我们的性变态理论上，当然有决定性的影响，这是毋庸置疑的。

我们已经说过，精神官能症的症状是性的满足之代替物；也曾说过，要从症状的分析来证明这句话不免会遭遇许多困难。老实说，我们必须以那些所谓“变态的”性的需要为性的一种满足才对；因为症状的解释常须采用这句话为根据，而且其普遍的程度甚为惊人。同性恋者自夸是人类的优秀阶级，但是假使我们知道每一个精神官能症者都有同性恋的倾向，而大部分的症状又都是这个潜伏倾向的表现，便可见这种自夸实际上全无力量可言。那些公然自称为同性恋者的人们，其同性恋的倾向是意识的或明显的；这些人的数目，比诸仅有潜伏的同性恋倾向的人们，实属微乎其微。在事实上，我们须以选择同性为性爱对象这一回事，视为正常形态，如此始可逐渐明白这个事实的重要。不过，同性恋和常态之间仍有区别存在；而且这些区别亦属十分重要，但在学理上的价值则大为减轻。我们甚至作如下的一个结论，即妄想症[1]这种特殊的精神疾病，现在虽已不再被认为属于“转移性精神官能症”，却常常因为要压抑其强有力的同性恋倾向而产生。你们也许还记

① 妄想症（paranoia），又称偏执狂，为病人对于一件实际上发生的事件的误解，而逐渐发展出一套错综复杂、难以辩驳的妄想系统。此种妄想状态并不干扰病人之其他方面的人格与思想。在东方国家，纯粹的偏执狂较少。——原注

得我以前说过的一个病人，她在强迫的动作中，模仿一个男人——即和她已经分居的丈夫——的行为，患有精神官能症的女人常产生这种以女装男（impersonation of a man）的症状。这类在实际上纵使不能归因于同性恋，但确实和同性恋的起源有极密切的关系。

正如你可能明白的，歇斯底里性精神官能症可能在身体的各个系统（如循环系统，呼吸系统等）内发生症状，因此，可扰乱身体的一切功能。由分析的结果，我们明白那些以其他器官代替生殖器的所谓变态的冲动，都在这些症状里表示出来。因此，其他器官也可为生殖器的代替：我们正是由歇斯底里性精神官能症的研究，而知道身体器官，除了它们原有的功能之外，都兼有性的意味，而且性所要求于它们的若太强烈，则原有功能便受牵制。所以从和性无关的器官，及所有无数的歇斯底里性的感觉和冲动中，遂可发现其变态性欲的基本的满足，系借那取代生殖器之功能的其他器官。而以此方式，那些主司营养和排泄的器官，也大都能作为满足性的冲动之用，我们对此知之尤深。这在性心理变态中，也表现出同样的征象，只是性心理变态的症状较确定而且较易辨认；而歇斯底里性精神官能症的解释则煞费周折。此外，你们尚需把变态的性冲动归属于病人人格中潜意识的部分，而不属于意识。

在强迫性精神官能症症状之中，最严重的是虐待狂的性的倾向与目的之变态。依据强迫性精神官能症的构造，这些症状或用以抗拒那些变态的愿望，或表示其满足和拒绝间的冲突。然而满足是不走捷径的，它知道如何在病人的行为中，迂回曲折地，借转向自我惩罚的苦恼来达到目的。这种精神官能症的其他形式，还有过分的“烦恼”和深思等；又如过分地将常态中仅属性的满足之预备动作，加以夸大，视为性的满足：例如窥视、抚摸，及探索的欲望。在何以这种病人往往会对接触感的恐惧，或出现强迫的洗手行为等①这点实在占很重要的地位。毫无疑问的，我们从大多数的强迫动作中，皆可发现作为自慰行为的伪装反复行为及变化，而自慰则可视为各种性的幻想所共有的惟一惯常动作。

我本来可以更详尽地说明性心理变态和精神官能症的关系，但是我相信为了我们的目的，我已谈得够多了。然而我们也不可以因为性变态的倾向，在症状的解释上占一重要地位，遂过分地夸张人类这些倾向的发生频度及强度。你们已知道，一个人如果缺乏正常的性满足，便会产生精神官能症。实际上性满足之缺乏，会使性的需要不得不以性兴奋的变态方式发泄。这到底是如何发生的，你们后来就可明白。无论如何，你们都可以了解，这种“偶面”（collateral）的阻道②势必会增大变态冲动的力量，所以常态的性满足在实际上如果没有受到妨害，则变态冲动的力量必较为薄弱。此外还有一种类似的成因，在明显的变态

① 因为有强迫性的不洁恐怖，恐惧细菌感染，所以显示出不敢握门把手、公车拉环等症状。为逃避这种恐惧，强迫性的反复洗手等行为，即为强迫洗涤，属于强迫行为之一。——原注

② 血管的一部分闭锁或变窄时，血液只得通过连接其前后部分的细血管的侧支循环。表示这个小侧枝部分的血液循环逆流或停滞的意思。——原注

性状态中显而易见。在某些情形下，性本能如果由于暂时的阻碍限制，或由于永久的社会制度的限制，而很难得到正常的满足，则便可引起变态的状态。至于就其他例子而言，则变态的倾向和这些条件，完全没有关系。它们好像是个人所原有的自然正常的性生活。

你们也许会暂时产生一个印象，以为这些话不足以解释正常性生活和变态性生活的关系，只足以增加纠纷而已。但是你们要记得下面这一论点。假如性的满足在实际上的障碍或缺乏，确实足以使那些原来不流露变态倾向的人们表现出这种倾向，那么我们便不得不断定这些人较容易引起或萌生变态的症状；或者，他们必潜藏着变态的倾向。如此一来，就可以开始说明前文说过的第二种新证据了。由精神分析的研究，我们已知道儿童的性生活也有研究的必要，因为分析症状而引起的回忆和联想，常常可远溯至儿童期的初年。由此所发现的一切，几乎已一一为有关于儿童的直接观察所证实。因此我们乃知道，一切变态的倾向都起源于儿童期，儿童不仅有变态的倾向，而且也有变态的行为，和其尚未成熟的程度正相符合。简而言之，变态的性生活（perverted sexuality）意即婴儿的性生活，不过范围大小广狭稍有不同罢了。

现在你们可以用完全不同的眼光，来看待变态的观众，而不再忽略它和人类的性生活的关系了。然而，这些骇人听闻的发现，恐怕会引起你们不快的情绪！首先，你们一定会否认——一定会否认儿童也有所谓性生活，一定会否认我们观察的正确，一定会否认儿童的行为和后来变态的行为有任何关系的论证。现在，且让我说明你们抗议的动机，然后再略述我们由观察而得到的事实。你们如果说儿童没有性生活——如性的兴奋、性的需要、性的满足等，而到了十二岁至十四岁，才突然产生这些需求，则其不合生物原理或荒谬之处正无异于说他们生来本没有生殖器，只是到了青春期才突然出现。其实，青春期所产生的乃是生殖的功能，这个功能呈现作用之后，乃利用其身体和精神中所已有的材料，以达到其原有的目的。你们的错误在于分不清性生活和生殖作用，因此乃不能了解性生活及变态的症状和精神官能症。这个错误也有其他含义。奇怪得很，这个错误之所以引起，大抵由于你们都曾经是孩子，而且在孩提时代时，都曾受教育的影响，教育最重要的社会任务，在使那发为生殖功能的性本能，受个体的约束和控制（这便是社会的要求），所以，社会为了自己的幸福起见，往往使儿童的充分发展暂时予以延缓，等到他在理智上成熟至相当程度后再说，因为教育的可能性，在实际上是随性本能的完全发动而停止。反之，性本能失其控制，则必将溃决而不可收拾，那么苦心建设起来的文明构造，将被尽数摧毁而荡然无存。但是控制并不是一件容易的事；控制的成功是理应如此的，但它有时却又嫌太严厉了，社会的基本动机是属于经济的；因为社会的各分子若没有工作，社会便无法维持他们的生活，所以社会都希望不工作的成员能极端减少，而且他们的精力最好都离开性的活动而从事于工作——因此，这个永恒的原始的生存竞争，当然仍维持于今日。

教育家由于经验的缘故，已知道下一代的性意志的陶冶，必须及早开始，才会发生早年的影响力；此外，尚应控制儿童的性生活于其青春期之前，而不应迟延以至于其本能力量溃决之后。因此，儿童在教育的影响之下，对于幼年的性活动，都自觉受禁止或感到不快；教育的理想即要使儿童的生活化为“无性”（asexual），久而久之，连科学界也深信儿童是没有性生活的了。为了使已有的信仰和目的，不因事实而发生矛盾，于是儿童的性生活乃被忽视——这自然绝不是一件小成就——而科学也由于此项学说而自感满足。小孩乃被假设为纯洁的、天真的：谁要说一个“不”字，谁便是非圣侮法的叛徒。

只有孩子们才不赞同这个信仰，他们都顺其自然地暴露其兽性，可见所谓的“纯洁的天意”其实都由学习而获得。十分奇怪得很，那些否认儿童的性生活的人们，却最不愿意放松透过教育来控制儿童的性的工作，他们虽然不愿承认儿童有性生活的存在，但仍用十二分严重的态度处理儿童的每一项性的表示。尤有甚者，最足以和“儿童没有性生活”的偏见相冲突的是在孩童五、六岁的时候，但那时恰巧正被多数人所遗忘了；这遗忘的一段虽然只有由分析的研究，始可唤回至意识内，但也有成为梦境的可能。这在学理上都是极为引人入胜的。

我现在可要说明儿童之最显而易见的性的活动了。我想最好先请你们注意“原欲”（libido）这个名词。原欲和饥饿相同，是一种力量、本能——这里是指性的本能，饥饿时则为营养、维生本能——人即借这个力量以完成其目的。其他名词如性的兴奋和满足等，则不必加以定义。精神官能症的解释中多有关于婴儿的性活动者，这点你们是不难知道的；你们当然以此为力持异议的一个理由。这个解释奠基于分析的研究之上，由一指定的症状而回溯其起因。婴儿的第一次性的兴奋似乎和其他重要的生活功能有密切的关系。你们当知道小孩子的主要兴趣在于营养的吸收，当他心满意足地在母亲的怀抱内甜睡的时候，其舒服安逸的神情，正和成年时经验到性的满足之后的神情相仿佛。这点当然不能作为结论的根据。但是我们知道，婴孩们喜欢反复演练其吸收营养时所不可或缺的动作，但并没有真正地吸取任何营养；所以他们如此作，并非迫于饥饿。因此我们遂称这种动作为“快乐的吸吮”（pleasure-sucking，德文为 lutschen，这个字的意义是为吸吮而吸吮的快乐——如吸吮橡皮奶嘴或乳头），婴儿透过这种动作便可舒服地安睡，可见吸吮这个动作本身可以使婴儿满足。此外，婴儿有时甚至会不肯入睡，除非先有这种吸吮的动作。布达佩斯的儿科医生林德纳（Dr. Lindner）率先主张这个动作带有性的意味。保姆和顾育婴儿的人们虽然不谈学理，但对于这种为吸吮而吸吮的动作，似乎也作同样的主张。他们都信这个动作的目的在追求快感；而且称之为小孩子的恶作剧；因此假如小孩子不自动地取消这种动作，他们便用严厉的方法加以处置。如此，我们乃知道，婴儿的动作的目的除欲求之外无他。我们更且相信，这个快感本来在吸收营养时，才能发觉，但婴孩不久便知道，离开营养也可享受这种快乐。这种快感的享受系以嘴和嘴唇为重要的区域；由于我们称身体的这些部分为性感带或乐欲区，因而得自吸吮的快乐遂带有性的意味。至于这个名词的用法，我们尚需予以相当的理由。

假如婴儿也能自己表白，他一定会承认吸吮母亲的乳房的动作是其生命中最重要的事。因为小孩由此动作，同时满足其生命的两个最大欲望。由精神分析的研究，我们又格外惊异地知道，这个动作在精神上所占的重要地位，并且它是终身保留而不失。吸乳以求养分乃是整个性生活发展的出发点，也是后来各种性的满足的雏形，到了需要的时候，幻想即借此以自慰。吸乳的欲望，实含有追求母亲的胸乳的欲望；所以母亲的胸乳就是性欲的第一个对象。至于这第一对象，在后来各种对象的选择上究有如何重要性，对于其他不同的心理生活究系如何经由转化作用及取代作用，而产生相当重大的影响，那便不是我所能尽述了。但是婴孩一旦能为吸吮而吸吮，这个对象即被抛弃而代以自己身体的一部分；婴孩于是自此开始吸吮其拇指或口舌。因此，他不必乞助于外物也能得到快感，而且不但将兴奋的区域扩充至身体的第二种区域，甚至增加其快感的强度。性感带所能产生的快感，本来不能有同等的强度；所以正像林德纳博士所说的，婴孩在自己身体上四面抚摸，而发现生殖器的区域特别富于刺激，因此放弃吸吮，开始手淫，那是一个重要的经验。

对追求愉快的吸吮动作的研究和讨论，现在已使我们发现婴儿的性欲之两个决定性特征。婴孩为了满足其强大的身体需要，于是产生一种自淫的行为，那就是说，他在自身上追求其性的对象。既然营养的吸收显然充满了快感，那么排泄作用当然也不例外。我们断定，婴孩在大小便时都有快感的经验，而且他们不久便会故意从事这些动作，以期这些催情的黏膜所伴随而起的兴奋，可以给他们以最大可能的满足。但就像才智杰出的鲁·安德里斯·莎乐美[①]所曾指出的，外界的压力不但不允许小孩有追求这种快感的愿望，而且加以干涉——于是小孩首次约略地感觉到成人的时候所可能经验的内心及外界的冲突。他不可以随便大小便；排泄的时间必须由他人指定。成人们为了使他放弃这些快感，乃告诉他，有关大小便的一切都是“不登大雅之堂”的，必须加以隐讳。他才因此不得不放弃这一快乐，以换取他人心目中的价值。事实上，他自己本身对于排泄的态度最初本大异其趣。他自己的大便并不会引起他的厌恶；他原视大便为其身体的部分而不愿遗弃，而且还要把它当作赠送给敬爱的人的第一种“礼物”。纵使后来由于受教育的陶冶而放弃了这些倾向，他也依然视大便为“礼物”和“黄金”，而小便方式的成就，仍然似乎也是他足以傲视他人的东西。

我知道你们已经忍了许久要打断我的话，而喊道：“真是胡说八道！肠的蠕动竟被婴儿当作快感的性满足之来源。大便竟成为有很大价值的物品，而肛门竟成为生殖器的一种；我们怎能相信呢？但是，我们却因此了解小儿科

① 鲁·安德里斯·莎乐美（Lon Andreas Salomé，1861 ~ 1937），德国女精神分析家、女作家。以曾为尼采、里尔克、弗洛伊德等人之朋友，而著称于世。——译注

医生和教育家之所以对精神分析和其结论如此深痛恶绝的原因了！”一点也不然；你们只是暂时忘记了我刚才要告诉你们的是，婴孩的性生活的事实和性的变态的事实之间的关系罢了。你们难道不知道，有许多成人，无论其为同性恋或异性恋，在性交时确实是以肛门代替阴道吗？你们难道也不知道，有许多人终身保留其排泄时的快感，而视其为重要大事吗？你们也许听过年龄稍大而能讨论这些问题的儿童们；说自己对出恭有怎样的兴趣，而看人家出恭又有怎样的兴趣。假如你们预先告诫这些儿童，他们自然不肯再说这些话。至于你们所不愿意相信的其他各事，只要查阅精神分析，及对于儿童所有直接的各种证据观察的报告，你们就会知道，能不为成见所蔽，而用不同的观点来观察这个问题的，需要有很伟大才能的人才行。你们以为儿童的性活动和成人的性变态的关系，非常令人惊骇，我并不对此感到遗憾。其实这种关系本来就是自然而然的；因为儿童没有把自己的性生活化为生殖功能的能力，所以毫无疑问的，他们若有性生活，势必成为变态的。因为生殖目的之放弃，乃是一切性变态所共有的特点。性活动是否为变态的，便看它是否止于性的满足，而不以生殖为目的，这是我们实际判断的标准。因此你们可以了解，性生活发展的要点及转折点；即在于顺服于生产的目的。凡未发展至此，和凡不愿遵从这个目的而仅以求满足为止的一切性活动，都得到不名誉的“倒错”之称，而为世人所轻蔑。

因此，且让我回头来继续略述孩童的性生活。我曾对其他各种器官也作同样的研究，借以补充前述的两种器官的观察。儿童的性生活完全是种本能的活动，这些本能或者从本人的身体上求满足，或者由外界的对象上求满足，总之人都各自追求、不相为谋。在身体的器官中，自然是生殖器官最占力量；有些人自婴孩期开始，直到青春期或青春期以后，不断地手淫以求本身的生殖器之满足，而不假他人的生殖器或对象的帮助。但手淫的问题却不易细述，因为它可供我们讨论的材料的角度甚多。

我虽然想限制我这个讨论的范围，但却不得不就儿童对于性的窥探略加讨论这个窥探是儿童的性生活的特征，是造成精神官能症症状的重要因素，所以不能略而不述。儿童对于性的好奇心或窥探，起源很早，有时甚至在三岁之前即开始。性的好奇心并不必然以异性为对象，因为性的差异在儿童看来是没有什么关系的，毫无价值的，因为他们——至少就男孩而言——以为两性都有男性的生殖器。一个男孩如果偶然看见小妹妹或小朋友的阴户，便会感到十分惊奇，不相信他所看到的是真的，医为他不了解跟他一样的人，为什么竟没有这个重要的器官，后来他知道事实确实如此，但仍会感到惊奇不止；并会因此感到害怕，因为这也可能发生在他身上。于是从前对于这个小器官所产生的种种恐惧现在又开始感受到了；于是他开始受“去势情结”的控制；如果他身心健康，则这个情结就成为他的性格之形成因素；否则，这个情结就成为他的精神官能症的形成因素；如果他接受精神分析的治疗，这个情结就成为他的阻抗作用的形成因素。至于就小女孩来说，我们知道她们因为缺乏一有目共睹的阴茎，所以内心深感欠缺，而妒恨男孩之得天独厚；因此，乃有想成为男人的愿望，后来如果在女性的发展上适应不良，则这个愿望就又会出现于精神官能症中。还有一点，在儿童期内，女孩的阴核和男孩的阴茎有十分相同的地方，因为它也有一个特别富于刺激的区域，可用以自求其性的满足。女孩子如果想成长为妇人，就必须及早把这个刺激的感受性由阴核转移至阴道。在那些所谓性的冷感症（sexually anaesthetic）的妇女中，其阴核常仍保留其刺激的感受性。

儿童对性的兴趣，最初主要专注于生殖的问题——这个问题和提伯的狮身人面怪兽①的谜语之背后的问题相同。他们对于这个问题的好奇心，大多由于为了自我的利益，而害怕有其他小孩诞生所引起。婴儿室内对这个问题往往答以小孩乃由鹳鸟衔来，但是小孩对于这个话怀疑的程度，却超出我们的意料之外。儿童自觉受到成人谎语的欺骗，他因而感到孤立，此点对其独立性的发展颇有影响。他乃设法自求解决，但是这又谈何容易呢。他的性的构造尚未发育完成，所以了解这个问题的能力当然受到限制。他起初以为小孩系由某种特别的物体和消化的食物混合而成；他也不知道只有女人可以生下小孩。后来他又知道这是不对的，于是小孩由食物形成的观念遂被放弃，虽然神话中仍保留着这个观念。后来他又揣知其父亲和小孩之出

① 人面狮身怪兽（the riddle of the Theban Sphinx），按希腊神话传说，为一女头狮子身且有翅膀的怪物。提出“早晨四只脚，中午二只脚，晚上三只脚的东西是什么？”之谜语以难行人，答不出来者就杀死。后来伊底帕斯解答了这个谜底（人生），消灭人面狮身。——译注

生一定有关系，但是其关系如何，他却无法发觉。假如他偶然看见父母的性交行为，他也以为这是男人制服女人的企图，或者甚至是一种争吵打架。他总是以虐待来诠释性交，这当然大错特错；可是他最初并不知道这个动作和生育的关系；假如他看见母亲的床上或内裤上染有血迹，便以为这是母亲被父亲打伤的证明。再过若干年之后，他也许会推知男人的生殖器，在生育一事上占一重要地位，然而仍不知道这个器官尚有排尿以外的其他功能。

儿童们都相信，孩子的出生都是由大肠、肛门主司其事；换而言之，小孩的造成正和粪便相同。儿童要一直到对于肛门区的兴趣完全衰退之后，才会放弃这种想法，而代之以另一假定，即以肚脐或两乳之间为生产的区域。由此点逐渐发展，小孩对于性的事实乃略有所知，除非是由于没有知识的缘故，因而对这些事实不加注意，直到青春期之前，才接受了不完全且不正确的印象；这常常便是他后来生病的原因。

你们现在也许已明白，精神分析家们毫无保证地扩充“性”一词的意义，以期对于精神分析所有关于精神官能症之性方面的起因，以及症状的性的意义之理论，可因而维持不坠。这种扩充究竟有理无理，你们现在应该可以自由评判了。我们把性的概念加以扩充，目的只是要包括性心理变态者和儿童们的性生活；亦即，我们只恢复它原有的意义而已。至于精神分析以外所谓的“性”，则只能够用以称呼常态的，从事于生殖功能的狭义的性生活。

2. 原欲的发展与性爱组织

各位！我的印象是自己尚未能使你们深信，性的变态在性生活理论上的重要性。因此，我希望能尽最大能力，将我已经说过有关这个问题的话，加以修正和补充。

你们千万不要以为我们不惜引起激烈的反对，将“性”的意义加以改变只为了性心理变态的现象。其实，关于儿童的性的研究，在此更加显得息息相关；而性的心理变态和儿童的性爱之一致，更可供我们参考。婴孩的性的表现，在以后几年的儿童期内，虽属显而易见，但其最早的方式确实逐渐消逝，无从捉摸。假使你们对于进化的事实及分析的结果，不愿加以注意，则也许会否认儿童的那些表示含有性的意味，而仅以为他们有其他模糊不定的性质。你们要记得，一种现象是否有性的意味，至今尚没有公认的标准，除非孩子的功能也可视为标准之一——但是以生殖为性的定义，由于陈义太过褊狭，我们已不再采用了。佛理斯[①]所提议的生物学的标准，如二十三天和二十八天的周期性也引起很多的争论；也许性的历程有其特殊的化学

① 佛理斯（W. Fliess，1858 ~ 1928），奥地利耳鼻喉科医生。钟士将1887年到1902年的弗洛伊德时期称为佛理斯期。精神分析学的初期，尤其和布劳尔分手之后，佛理斯的支持和赞美、同感，几乎成为弗洛伊德思想发展的精神支柱。他从月经的周期性现象，发展出生命活动的周期性思想。很可能从月经周期想到二十八和二十三的两个数字是解决一切周期性问题的关键，可说是对数字有神秘思想之人。他也叙述人类两性的性格问题。可是到最后，他和弗洛伊德之间互生反感，除分手之外别无他途。——译注

性质，只是尚未为人所发现罢了[①]。至于成人们的性变态的现象，则十分明显而确定。它们之有性的意味，是毋庸置疑的；无论你们讥之为退化的现象或其他，可是绝没有人敢不以之为性的现象。纵使仅根据这种现象，也足见我们可借其主张性和生殖功能不同为一物，因为性的变态都足以妨碍生殖的目的。

这里有一平行的事实值得我们注意。人们大多数以为“心理的”（mental）意即为“意识的”（conscious），但是我们却扩充“心理的”一词的涵义，以包括心灵的非意识成分。就“性爱”一词而言，也是如此；大多数人以为此词和“生殖的”——或者更精确地说，和“性器的”——涵义相同，至于我们，则将不属于性器的，而无关生殖的各事，也认为系属于“性”的。这件事原仅有形式上相类似之点，但也不无较深湛的意义。

然而，假使性的倒错现象的存在，在这一点上，可作一有力的理由，那么为何不早有人提出以为解决本问题之帮助呢？这点我可无从回答了。在我看来，性的变态已为一般人所诅咒，因而形成一种理论，使我们对这个问题无法做科学的判断。一般人都似乎记得心理变态现象不光只是可厌，而且恐怖、可怕；甚至仿佛以它们为一种诱惑的力量；或者都似乎在根本上，对那些乐于性恋态的人们怀有隐秘的嫉妒之情，而欲置之于死地——这种情感及感受，

---

① 对性的过程在体内性腺产生的物质，也就是今天所谓的受性荷尔蒙影响之预测。性荷尔蒙的详细分类是属于极新的生化学成果，绝不似在此所说的情形。——译注

和有名的唐豪瑟[①]所作讽刺诗中的坐着接受审判的公爵的供状正相同：

> 因此，在爱神的山里，良心和义务统统都被遗忘了！——但是侥幸得很，这可不是我的命运。

在实际上，性变态的病人也不得不付出痛苦疾病的代价，以换取不易获得的满足。

性的变态虽然似乎有不自然的对象和目标，但是仍然显明地含有性的意味，原因乃是满足倒错欲望的动作，也往往可达到高潮，而至于射精出来。这自然是就成人来说；儿童既没有性高潮，也没有射精的可能；他们虽然有一种相似的行动以为代替，可是这种代替，并不一定确实是属于性爱。

还有几点，我也必须再加以说明，期使我们对于性的变态有更完全、更正确的了解。虽然一般人认为这些现象与正常的性活动大不相同而鄙视之，然而，纵使由简单的观察看来，也可以发现正常人的性生活，也偶尔有这种或那种变态的存在。例如接吻也许也可称为一种倒错的动作，因为那时是双方嘴唇上的性感带的接触，而不是生殖器的接触。然而从来没有人鄙视接吻，在戏剧里面，接吻甚至可以为性交之比较文雅的代表。不过接吻确实也难成为一种绝对的变态动作——例如其刺激的强度很大，而使高潮与射精随之直接而来。这种情形也屡见不鲜。又如对这一

① 唐豪瑟（Tannhäuser，1200 ~ 1270），德国吟游诗人。——译注

个人而言，要获得性的快乐，便不能不注视并抚摩其对方，但是就另一人而言，则在性的兴奋达最高度的时候，不能不有手捻口咬的行动。还有些人的色情之最大兴奋，不在于对方的生殖器，而是由身体其他部分引起；诸如此类不计其数。我们如果把只有这种特癖的人们，划归于正常人之外，而置于性变态人之列，乃是十分荒谬的。其实倒错的根本要点，本来不在于性的目标的转移，也不在于生殖器的有无；而且更不在于对象的变换，乃完全只在于以变态的现象为满足而排斥以生殖为目的的性交，这已是愈来愈明显的事实。若为了增进或预备正常性交的完成，而从事变态的行为，则其行为便不再是变态的。由这种事实看来，可见常态的性和变态的性之间的区别，殊难有存在的余地；而且更可见常态的性生活，乃由婴儿的性生活演化而成，而其演化的经过，则先删除了某些无用的成分，然后集合其他成分，以追求一种新目的或生殖目的的完成。

这个关于倒错现象的观点，现在可用以更清楚、更深入的研究或说明幼孩的性生活问题了，但在这之前，请先注意二者之间的一个重要区别。大概地说，变态的性生活是相当集中的，其整个活动都趋向于一个——大多数是惟一的——目标；有一特殊的部分冲动（compontenimpulse）占一重要的地位；也许只有这个冲动，也许可有其他冲动来帮助。就这一点说，变态的性生活和正常的性生活其实互相一致，只是其占优势的部分冲动和性目的目标彼此不同而已。二者都各自造成一个组织良好（well-organized）的专制政治（tyranny），惟支配统治的势力彼此互异。至于婴孩的性生活，则大致缺乏这种集中性和组织，其部分冲动仍然有效，各自独立地求其快乐。由这种集中的缺乏（儿童期中）和存在（成人期内）看来，足可见正常的性生活和变态性生活都起源于婴孩的性生活。还有许多倒错的现象更和婴儿的性生活相类似，因为其中有许多“部分本能”（component-instincts）及其目标，都各自独立地发展起来。不过就这些现象而言，与其称之为性生活的倒错，不如称之为性生活的幼稚病，反较正确。

有了这种准备后，我们现在便可以讨论一些迟早总要遭遇的疑问。例如：“你既承认成人的性生活所由起的儿童期的表现是不甚明确的，为什么又宣称其为性的呢？更为什么你不仅描写其生理的方面，而且说婴孩已早有为吸吮而吸吮，以及喜欢粪便等等活动，可见其已在器官中求快乐呢？因此，你实可不必主张这个婴孩也有其性生活的谬论。”我对于“求快乐于器官之内”这个话，自然只能说没有异议；我确实知道，性交的至高无上之乐，也只是一种肉体上的快乐，而它则得自生殖器官的活动。但是你们能否告诉我，这个原来无足轻重的肉体的快乐，究竟到什么时候才有其后来所应有的性的意味呢？我们对于这个“感官快乐”拥有的一切知识，岂不是甚于性的知识吗？你们的答案必定是以为生殖器活动的时候，便带有性的意味，性即为生殖器的。倒错的现象虽然会成为这个答案的障碍，但是你们将必以为它们虽不假手于生殖器的接触，毕竟多少可以得到高潮。假使你们因为有变态现象的存在，遂不再以生殖作用为性生活的基本性质，转而侧重于生殖器的活动，那么你们的主张自然是较有力量。然而，如此一来，我和你们的歧异，便不再非常大了，而只是生殖器官和其他器官之争而已。为求性的满足，其他器官本可为生殖器的代替，关于这一点的证据很多，例如正常的接吻。淫荡的倒错生活，或歇斯底里性精神官能症的症状，你们究竟如何处理呢？就歇斯底里性精神官能症而言，原本宜属于生殖器官的刺激现象、感觉、冲动，或者甚至于性器勃起的活动等，它常转移至身体上的其他器官（例如由下体向上转移至头部和脸部等），由此你们可以发现，本来被你们视为性的基本特征者，现在已完全不再存在；于是你们乃不得不决心依循我的成例，扩大“性爱”一词的涵义，使其包括早年幼儿期所有志在求“器官快乐满足”的一切活动。

现在且让我再提出两点来支持我的学说。你们知道我们将婴儿期早年所有求快感而不大明确的活动，都称之为“性爱”，因为在分析症状的过程中，我们回溯至这种活动的时候，所利用的材料都无疑地是属于“性”的。姑且假定它们本身并不必然会成为“性爱”；但是且让我们借用一个比喻。假设有两种不同的双子叶植物——如苹果树和豆科植物——可以回溯至种子发育、成长的经过以至于双子叶种子之植物。它们这两种植物，外表相似，殊难辨别；其所有的双子叶的外表完全互相一致。但我能否由此便断定苹果树和豆科植物原本完全相同，其种类的差异是后来植物发展时所产生的呢？或者在生物学上，究竟应否相信这个差异，虽然在双子叶里不能看出，但是原来已存在于种子植物呢？我们称婴孩求快感的活动为“性的”，也就是这个道理。究竟那种器官快感（Organ Pleasure）可以称为“性的”，或者不能称为“性的”，或者除了“性的”之外，是否存在着其他不称之为“性的”之快感，我无法在此讨论。对于器官快感和其诸条件，我所了解的太少了。而由于分析的保守性，终使我碰到目前无法加以明确分类的因素，我是一点也不感到惊讶的。

还有一件事。你们纵然能使我相信，最好不要以为婴孩的活动具有性的意味，但是大概地说，你们却没有多少证据来证明你们所主张的“婴孩无性生活”的说法。因为毫无疑问的，婴儿自三岁起，即显然有其性生活。到那时，其生殖器已有兴奋的表示。而且也许在一定时期内，有手淫或从生殖器中自求满足的活动。至于性生活的精神层面和社会层面，也不容忽视：对象的选择，如独爱某人或独钟情于某一特定人物，甚至独爱某一性别的人，及嫉妒之情等，皆在精神分析之前，而为公正的观察所独立证实，或独立地建立起结论。无论何人，只要运用双眼观察，都可以发现相同的现象。你们原本并不否认儿童之早有情感的表示，只是怀疑这种情感带有性的意味而已。三岁至八岁的儿童，确实已知道将其情感中的这个原素隐藏起来；然而你们如留意观察，便可收集充分的证据，来证明这个情感染有“肉欲的”（sensual）色彩，你们的注意力所仍然不能及的各点，则可由分析的研究而得到充分的补充。这个时期的儿童的性的目的，和以前曾说过的性的好奇心，有至为密切的关系。关于这点，我们以前曾给你们一些说明。儿童原本尚未知晓性交的目的，所以他们的性的目的之变态特征，也有若干是其未成熟的组织之自然结果。

儿童自六岁或八岁开始，性的发展便呈现停滞的或退化的现象；所以这个时期可称为“潜伏期”（latency period），然而这潜伏期有时也可能付诸阙如；此外，在这整个时期之中，性的活动也不必完全停止，性的兴趣也不会中断。在此时期以前，所有心理的经验和兴奋，或完全被遗忘，或进入“婴儿期的健忘”（infantile amnesia）——这是我们早已讨论过的。这便是前述的幼时记忆的消失，我们因此遂不再能回忆最幼年时经验。每一精神分析的目的，便在把这个生命中被遗忘的时期，重新召回记忆之中；我们不能不假定此时开始的性生活，乃是这个遗忘的动机；换言之，这种遗忘乃是潜抑作用的结果。

儿童从三岁开始，便在性生活上显示出许多与成人一样的地方。两者之不同处，正如我们早已知道的，乃是：①因生殖器尚未成熟，而没有稳定可靠的组织。②倒错现象的存在；还有③所有冲动的强度皆更为薄弱。然而性的发展，或者如我们所谓的原欲的发展（libido-development），在学理上最饶富趣味的地方，事实上都在这个时期之前。这个发展进行得很快，非直接的观察所能捉摸，故无法决定其形态。只有借精神分析对精神官能症的研究来帮助我们，才能远溯原欲发展的初期现象，而明了其性质。这些现象本来仅由理论上推想而得，但是透过精神分析的实施，你们便可知这些理论建构，实际上也有其需要及价值。你们很快就会了解，一种病理的条件究竟如何使我们明了那些在正常情境下容易被忽略的现象。

因此，我们乃可确定，儿童在生殖器支配其性冲动之前所有性生活的形式；这个支配势力，在早年的幼儿期内，亦即在潜伏期之前便已有其基础；而从青春期开始，遂有了永久性的组织。在初期阶段，其所有散漫的组织之存在，我们可称之为性前期的（pre-genital），因为此时最占优势的不是性的部分本能，而是虐待狂（sadistic）和肛门的本能。雄性和雌性的区别，那时尚未占重要地位。重要的反而是主动和被动两者间的区别。这个区别可视为性的两极性（sexual polarity）的前驱，将在以后呈现出来。这个时期所有雄性的表现，如果从性器期（genital phase）的立场来观照，则可证明为是支配冲动本能的表现，它很容易变成残酷的虐待行为。至于有被动目的的冲动，则多和肛门的性感带有关联，这肛门口在这个时期内非常重要；而好奇心与窥视（skoptophilia）的冲动本能也很占优势；生殖器则在性生活中仅掌理排尿的功能。此时的部分本能也不无对象，但这些对象并不一定是固定的或惟一的。这个虐待狂——肛门爱的组织（sadistic-analorganiza-tion）就刚好是在性器区支配时期之前的组织[1]。而如更详细深入的研究，还可以知道这个组织在后来成熟的结构里，究竟保

① 根据弗洛伊德的心性发展理论，原欲由幼童以至成人成熟过程的不同时期，其经验大大影响他后来的基本人格。这些时期依其自小至大可分：a. 口欲期，由出生至一岁，以口腔满足为主。b. 肛欲期：自一岁至三岁。此时对肛门和大便过程特别感兴趣，以其得到满足。c. 性蕾期：自两岁半至六岁，此时性兴趣集中于生殖器。d. 潜伏期：五岁至七岁，持续至青春期。e. 性器期：开始对异性感兴趣。——译注

留了多少，而这些部分又以何种方式而能在新的性器组织（genital organization）中占一相当的地位。在原欲发展中之虐待——肛门爱阶段的背后，我们可以约略看到一个更原始的、以口部的性感带为主要部分的发展期。为吸吮而吸吮的性的活动，便属于这个时期，这点你们可推想而知。同时你们也可以对古代埃及人的理解智慧大加赞美，在他们的艺术中，绘有儿童把手指放在口内的图像，连画神圣的霍鲁斯神①时也莫不如此。著名心理分析家亚伯拉罕②曾在最近几篇论文报告中指出，这发展之原始的以口部性感带为主要部分的性发展阶段，在后来的性生活中，依然保留着。

我确实可以想像出针对这种最后的关于性的组织的主张，你们宁可视之为胡说八道，而不愿以之为知识的启蒙。也许我已经讲得太详细了，然而，请你们多忍耐！你们刚刚所听到的话，到以后我们应用时会更有用处。目前，你们要记得，性生活的观念——或者我们所谓的原欲功能（libido-function）——并非一开始就以其最后的形式出现，甚至也不是依循其最早期的形式所有的状态而扩充，而是经过了许多种各不相同的一连串阶段；总之，其所经过的变化很多，和毛虫变为蝴蝶所历经的变化不相上下。这个

① 霍鲁斯神，埃及的贝夫德特市的神。年长的霍鲁斯神有鹰像或鹰脸人身形状，但幼儿的霍鲁斯神是以耳上垂着王者风貌的发辫、吸吮手指表现。在埃及，将其视为宿在国王身体内的保护者，受到各地崇拜。——译注

② 亚伯拉罕（Abraham，1877 ~ 1925），德国精神分析学家，对性爱的发达，抑郁结构，以精神分析学性解明，对初期精神分析学有极大贡献，亦为弗洛伊德的弟子。——译注

发展的关键即在使一切有关于性的部分本能，受性器区的统治势力的支配，而且同时使性生活从事于生殖的功能。在这个变化之前，性生活好像是各个部分冲动本能之各自独立的活动，而每一冲动都各自追求器官的快感（即求快感于身体的某一器官之内），这个无政府的状态，因为有“性前期”（pre-genital）的组织，而有所变化。这个性前期的主要组织，则为虐待——肛门爱的阶段；在这之前则是口腔的阶段，这也许是最原始的了。此外，尚有各种程序，惟我们所知道的尚很有限，不过因为有这些历程，所以一种组织的阶段乃得进展成为较高的阶段。当于原欲发展所经过的这许多时期，在精神官能症的了解上，究竟有何意义，我们由后文便可以知道。

今天我们还可进一步说明这个发展的另一面，即性的部分冲动和对象的关系；但是对于此点，我们仅能略作浏览，以便多留一点时间，来研究其较为后起的结果。性的本能所有部分的冲动中，有些一开始便存在着一个对象，而且始终坚持不变，例如支配的冲动（虐待心理）及窥视欲和好奇心。有些和身体的某一特殊的性感带有关，只在一开始依赖那些属于性以外的功能时，才有对象，等到脱离这些功能的时候，这对象便被遗弃了。例如性本能之口腔时期的第一个对象，乃是母亲的胸乳，因为它们可以满足婴儿滋养的需要。这个性爱的成分，在为了滋养而吸吮时本来也可以满足，但在为吸吮而吸吮的动作里，则可宣告独立，而放弃了以自己身体外之人为对象，代以小孩自己身体的一部分。于是口腔的冲动乃成为自体享乐的[①]；此与肛门及其他性感带的冲动，自始便为自体享乐的，正相类似。简而言之，自此以后的发展包含有两个目的：首先，是放弃了自体享乐，而再以体外的对象代替本身所有的对象；其次，是将各个冲动所有不同的对象组合起来，而形成一个单独的对象来代替它。这自然是可以完全照办的，只要这单独的对象是完整的，也和本人相同地有一身体即可；但假如自体享乐的冲动兴奋仍有若干部分未被放弃的话，有时也不易完成。

至于发现对象的过程，也颇复杂，至目前为止，尚未有人完全了解。为了我们的目的起见，我们须特别强调下面这个事实：这个历程在儿童期的潜伏期之前，如果已达到某一阶段，则其所采取的对象，几乎和其嘴部的快感冲动为滋养的原因而采取的第一个对象，正相一致。其理由乃在于儿童与它保存着独立的关系。换言之，它就是母亲，虽然不是母亲的胸乳。因此，我们称母亲为第一个爱的对象。我们此处所谓的“爱”，乃着重在性本能之精神方面，而暂时不问，或暂时忘掉，其冲动之基本身体的或“肉欲”方面的要求。大约在以母亲为爱的对象的时候，儿童已开始产生了潜抑作用之心理运作，并在其影响之下，而对他的性目标之某些部分的知识，加以隐藏。这个以母亲为爱的对象之抉择，与“弑父恋母情结”有密切关系，并在精神官能症的精神分析之解释中，占有极重要的地位，

① 自体享乐（auto-erotic），即肉体的自我满足，为早期情绪发展的特征之一，内容包括手淫、幻想等。——原注

此外它也同样的，成为大家反对精神分析的一个同等重要的原因。

在目前的欧战过程中，发生了一桩可在此附述的故事。在津兰的德国战场前线上，有一个信仰精神分析的战地军医。他对病人往往有出人意外的影响，所以颇引起同事的注意。有人问他何以如此，他承认自己使用精神分析的方法，并且毫不迟疑地允诺传授这项知识给同事。因此，军营里的医生及同事们，还有上级长官等，每都集合聆听他演讲精神分析的奥秘。起初，一切都十分顺利。但是当他讲到弑父恋母情结时，有一上级长官站起来，宣称他无法相信这点，而演讲者把这种事告诉那些为国捐躯的勇士及为人父者，未免过分下流，因此他下令禁止演讲继续进行。结果，这个分析家被调到前线的另一区域。但是依我的意见，假如德国军队的胜利[1]依靠的是这种科学的“组织”，那实在是非常不幸的现象；而在这种组织之下，德国的科学也绝没有繁荣进步的可能。

大家必都急于想听听这可怕的伊底帕斯情结之意含。他的命运注定要杀死父亲而娶母亲，虽然他竭尽所能，希望摆脱命中注定的事，避免犯下命中注定之事；然而仍在不知不觉间犯了这两种大罪，他受处罚以致自挖双目失明。

希腊名悲剧作者索福克利斯[2]即根据这故事撰写了一

① 这个讲义是在1917年完稿，而第一次世界大战是在1918年结束，因此不知道德国战败。——译注

② 索福克利斯（Sophocles，公元前496 ~ 406），古代希腊三大悲剧诗人之一。对他来说神是绝对的，人是无力的存在。其作品有“伊底帕斯王”、“克塔诺斯的伊底帕斯”。弗洛伊德在此提出的是前者。——译注

出悲剧，我相信你们必然深受此剧的感动。依据他的剧本，伊底帕斯犯下此两罪之后，因为长期受到巧妙、耐心的讯问调查，再加上新证据又不断地被发现，所以他的秘密罪恶乃逐渐暴露。其讯问调查的方式，和精神分析方法约略相似。其母约凯丝塔（Jocasta）由于被诱惑而成为其妻子，她在言语中颇不以持续讯问为然，她说有许多人都偶尔会梦见与母亲交合，但这只是梦，是无足轻重的。但在我们看来，梦却非常重要，尤其是许多人所共有的典型的梦；我们深信，约凯丝塔所说的梦和神话中可怕的故事，有至为密切的关系。

索福克利斯的悲剧竟然没有引起观众的怒骂及斥责，简直令人惊讶。但是他们发为怒骂的反应，实比那个迟钝的军医长官更有理由。因为这毕竟是一个不道德的戏剧，它描写神力规定了某人应犯某罪，某人注定该如何如何，纵有道德的本能以反抗犯罪的行为，也无济于事，无法逃避，结果是使个人不需对社会的法律负责任。我们也许可以相信，作者系借这个神话的故事，以表示其对命运和神明的怨恨。在反对神明而善于批判的尤利庇得[①]手中，也许确实有这种怨恨之情。然而，对虔敬笃信的索福克利斯而言，则绝不至怀有此意。他以为神明纵使预定我们应犯某罪，我们也必须顺从他们的意志，才算是最高尚的道德；这种宗教信念使他解决了人神之间的冲突困境。但我却不相信这个道德是本剧的优点之一，而且纵然如此，那也不

① 尤利庇得（Euripides，公元前 485 ~ 406），古代希腊三大悲剧诗人之一。他和索福克利斯不同，对神是批判性的。

足以减弱其剧本所产生的影响；观众最初并不是由于这一深刻的注意而感动；他们的反应并不在于此，而是在神话本身的隐义和内容，他们仿佛用自我的分析，而发现自己内心也早已有此弑父恋母的情结，也知道神和神谕的意志，就是他们自己的潜意识之高尚的伪装物；好像是他们记起了自己有驱逐父亲而娶母亲的欲望，而不得不害怕自己的此一想法。在他看来，索福克利斯的意思，好像是说："纵然你否认你曾有此念，或你自称曾如何地努力挣扎反抗这些恶念，结果都不免徒劳无功。因而你绝无法消除这些恶念；它们将一生留存于你的潜意识之内。"这真是包含了心理学的真理。一个人纵使已在抑其恶念，使它进入潜意识内，并自以为不再有这些观念，而沾沾自喜，洋洋自得，但是他仍不免会有罪恶感，只是他看不出这个罪恶的基础罢了。

精神官能症病人所常深自惭愧、苦恼的罪恶感，毫无疑问的是以弑父恋母情结为重要的原因之一。尤有进者，我在一九一三年所撰《图腾与禁忌》一书中，发表了一种关于原始宗教和道德的研究，那时我便怀疑，成为宗教及道德之起因的人类的整个罪恶感，也许得自伊底帕斯的情结。关于这一层，我原想再多说一些，但是目前最好暂时打住，因为这个问题一经提起，便无法再轻易搁置，所以我们还是回头来讲个人心理学。

儿童在其性的潜伏期之前选择对象的时候，他们的弑父恋母情结究竟会有何种表现呢？我们不妨对此加以直接的观察。我们很容易便能发现，小孩想独占其母，而深恨其父；看见父母拥抱则感到不安，看见父亲离去，则满心愉快。他常坦率地毫无忌讳地表达其情感，说要娶母亲为妻子。这点看似不足以和伊底帕斯的故事相比拟，实则绰绰有余；其主要的用意，二者皆相同。有时这同一个儿童，也会对父亲表示相当好感，这种情形常常使我们迷惑不解；然而这种相反的、或模棱两可的矛盾情感（am-bivalent），在成人也许会引起内心的冲突，但在小孩身上，则可并存不悖，和其后来永远存在于潜意识中的状态正好相同。你们也许可以提出抗议，以为孩童的行为系受自我动机的支配，不足以为伊底帕斯情结的证据；而母亲之职责在于照料孩子所有的一切需要，所以为了他的幸福，自然而然会心无旁骛，不为他事所分心。此话固然不错；然而，纵使就这种或其他类似情境而言，其自我的兴趣，亦足以给爱的本能冲动以相当的机会。当小孩公然对母亲表现出性的好奇心，或者想在晚上和母亲同睡，或坚持在室内看母亲更换衣服，或者竟表示出一种诱奸的行动——这是做母亲所经常见到而一笑置之，甚至引为笑谈的——时，他对于母亲之性爱的意味，就不再可疑了。还有一点我们也不能轻易放过，即母亲照料女儿的需要，也和照料儿子一样，没有偏爱，然而却没有产生相同的结果；而父亲对于儿子也常和母亲一般地无微不至，但却绝无法使孩子重视父亲，一如其之重视其母一样。总而言之，无论如何批评，都不足以消除这个情境所包含的性爱成分。由儿童的自我利益的观点看来，他如果只许一个人，而非两个人照料，岂非太愚妄了吗？

你们知道我只描述了男孩和父母的关系；反之，就女孩而言亦然。女孩常常迷恋父亲，想推翻母亲，取而代之，甚至在早年表现出撒娇之状，而流露出女性特有的诱人媚姿及艺术。我们也许觉得她只是一个可爱迷人的小女孩，而忽略了这种情境可以产生的严重后果。我们必须知道父母也相当足以使孩子萌生伊底帕斯情结，因为他们对于孩子的宠爱，也有性别的选择区分；例如父亲常溺爱女儿，而非儿子；反之，母亲则溺爱儿子。然而这种溺爱，并不足以使婴孩的弑父恋母情结的自发性，受到重大的影响。到了有新孩子出生的时候，伊底帕斯情结乃扩充而成为一种家庭的情结[1]。其自私的利益即因而受妨害，于是对新出生的孩子遂不免有一种厌恶之感，而有去之而后快的愿望。一般而言，这些怨恨敌对的情感，比诸和父母的情意结有关系的情感，更毫不隐讳地流露出来。假使这种愿望得到满足，而新孩子果然在不久之后便过世，那么由后来的分析可发现，此事在他看来，乃是一件重大的事实，惟不必留存于记忆中罢了。假使母亲又再生一孩子，而使他初尝隔离的滋味，那么他对于母亲便很难宽恕；在成人中可视为极端病态的怨恨情感，此时遂在他的内心萌生，而常成为永远隔膜的基础。至于性的好奇心和其结果，乃和这些经验有很大的关系，这是我们以前已说过的。当这些新弟妹稍微长大的时候，那孩子对于他们的态度便有了一种至

① 恋父情结或恋母情结是父母与子女之间由体验形成的关系，而相对的，家庭的情结用于包括同胞关系在内的父母与子女们复杂的家族全体性情结之意。——原注

为重要的变化。男孩子也许会以妹妹为爱的对象，而代替其不忠实的母亲；假使有几个哥哥争夺一个小妹妹的爱，那么敌对的情感便可见于兄弟之间，而在后来的生活上占一重要的地位。当父亲对于女孩，不再有和往日相同的柔情时，该女孩也许会以其兄作为代替；或者会把妹妹当做她内心所希望与父亲共生的孩子之代替物。

现在我们如果对儿童作直接的观察，并讨论他所清楚记得的事，而不使受心理分析的影响，则上述种种都显而易见。此外，你们尚可由此推想儿童在其兄弟姊妹中的排行次序，对于其后来的生活也有很重要的关联，凡作传记的时候，都必须考虑到这一成分。然而尤为重要者是：这些论点，随手可得，你们读了之后，只要回想科学上说明禁止近亲相奸的理论，便不免会哑然失笑了。为了解释这件事，几乎用尽了各种方法。据说，同一家庭中的异性成员，因为从小便住在一起，早已相互习惯，所以彼此间不会引起性的诱惑；或者在生物中，有反对纯种繁殖的趋向，所以在心理上有对近亲相奸的恐怖，殊不知道，人们如果确实有自然的隔离障碍，以抵抗近亲相奸的诱惑，那么法律和习俗便不必有严厉惩戒的规定之必要了。其实正好相反。人类对于性的对象之选择，第一个通常为近亲，如母亲或姐妹，要阻止这种幼年的倾向见诸实行，便不得不有最严厉的惩罚与禁忌。在现在仍存留的野蛮和原始民族之中，其近亲相奸的禁令，比我们更形严厉。雷克[1]最近

① 雷克（Theodor Reik，1888 ~ 1969），弗洛伊德初期弟子，医生及精神分析家，对原始文化及爱情的研究有许多贡献。——译注

在他的杰出大作中，曾说野蛮人以青春期为“再生”（rebirth）的象征，青春期所举行的仪式，意即表示那孩子已经摆脱了对于母亲的迷恋，而恢复了对母亲的情感。

从神话中，我们也可看见近亲相奸的事，人们虽然深觉恐怖，却不假思索地允许他们的神祇有此权利。你们从古代历史中可以知道，娶妹妹为妻乃是帝王们的神圣义务（例如埃及法老王和秘鲁的国王）；所以普通人便不能享有这一特权。

娶母弑父乃是伊底帕斯的两种罪恶。人类的第一个社会宗教制度，是图腾制度，而图腾制度便深以此二罪为戒。现在须让我由对儿童之直接观察，转而讨论成为精神官能症患者的成人之分析研究。这项分析的结果，对于伊底帕斯情结的知识，究竟有什么贡献呢？我们立即可以答复此一问题。由此而发现的情结，正和由神话中所发现的互相一致；这些精神官能症病人没有一个不是伊底帕斯，或者换言之，他们在反应这个情结时，都成为哈姆雷特王子。由分析而发现的成人的伊底帕斯情结，比诸幼儿所有的，更为扩大而显著，他们不再只是对父亲微有怨恨！甚至希望父亲死亡；而对于母亲的情感，也显然以娶母为妻为目的。儿童期的情感确实如此强烈浓厚吗？或者是我们在分析时，于无意中引入一个新成分而自欺欺人吗？其实这个新成分是不难发现的。无论何时，也无论何人，一旦要描写过去的一件事，纵使他是历史学家，也不免于无意中使过去的时代，混有现代和近代的色彩，因此，过去的事件难免会失其真相。至于针对精神官能症病人，以现在解释过去，是否系完全出于无意，毕竟也很可疑；我们将来还可以知道这其中也不乏动机，而这整个“回溯过去的幻想形成”（retro-gressive phantasy-making）问题——它也可回溯至遥远的过去——也不得不加以研究。我们也可以立即明白，对于父亲的怨恨，由于起源于其他关系的种种动机而变本加厉；对于母亲的性爱欲望，也取得了儿童所梦想不到的方式。然而我们如果要以“回溯过去的幻想形式”和人生后来所引起的动机，解释整个的伊底帕斯情结，那就一定会徒劳而无功。这个情结虽然不无后来加入的成分，但是其幼儿时期的根基则仍然保留无恙，这点可证以对儿童的直接观察。

因此，由分析伊底帕斯的情结而得到的临床事实，在实际上相当重要。我们知道，性的本能到了青春期乃开始力求其满足，并一再以近亲为对象，以发泄其原欲。幼孩对于对象的选择好像仅出于儿戏，然而青春期选择对象的方向都是由此而定。那时会有一种很强烈的感情朝向伊底帕斯情结，或者对它产生反感而流露出来，然而，由于他们的心理意识已对此产生防御，所以这些情感乃不得不停留于意识之外。从青春期开始起，一个人须努力设法摆脱父母的束缚；惟有在这种摆脱有了成果之后，他才不再是个孩子，而成为社会的一个成员。这个工作对一个儿子而言，主要在于使他的性欲望不再以其母为目标，而另求外界的一个实际的爱的对象；此外，假使他敌视父亲，那么他便须力求和解；假使他因反抗不成而一味顺从，那么他便须力求脱离他的控制。这是大家都须做的工作，然而，能达到理想，成功的人，却寥寥无几；至于能在心理上及社会上获得完满解决的，也寥寥无几：这真是一件十分值得吾人注意的事。就精神官能症病人来说，这种摆脱工作可说完全失败；做儿子的终身屈服于父亲的统治，而不能引导其原欲趋向一个新的性对象。反过来说，女孩的命运亦然。就这个意义而言，弑父恋母情结可顺理成章地为精神官能症的主因。

你们当知道，关于伊底帕斯情结，尚有许多在实际上和学理上甚为重要的事实，但我只能作一不完全的记载。关于其所有可能的种种变化及形式，我都略而不谈了。对于其之比较不直接的结果，我也只想指出一个，可是它对于文学的创作，却有十分深刻的影响。奥图·兰克（Otto Rank）在他的一本很有价值的著作里，曾指出各时代的戏剧作家，多取材于伊底帕斯及近亲相奸的情结和其不同形成及变化。我们尚可附带说明，早在精神分析诞生以前，伊底帕斯的两种罪恶，早已为人们认为系无法制止的本能的真正表现。在百科全书派学者狄德罗[①]的著作里，有一著名的对话，名为《拉摩的侄儿》（Le neveu de Rameau），由伟大诗人歌德译成德文。下面的几句话是你们要特别注意的：假使小孩不受人们的陶冶，而保持其所有的一切弱点，并于孩提所有的一点理性之外，又加以三十岁成人所具有的热情，则他不免要勒其父亲的颈项，而和母亲同睡了。

---

① 狄德罗（D. Diderot，1713 ~ 1784），法国哲学家、文学家。——译注

但是还有一件事，我不能不附带一述。伊底帕斯的母亲——妻子，我们实在可以用来解析梦。你们是否仍然记得，我们解析梦的结果，那形成梦的愿望，常常带有变态和近亲相奸、乱伦的意味，或者流露出对于至爱的亲属之意外的仇恨吗？那时我们尚未对这种恶念的起源加以解释。现在你们可以自己回答这个问题了。它们都是原欲的倾向，也就是原欲在其对象上的“投资”（investments），它起源于甚早的幼年时代，而在意识生活中也早已被放弃了，但在入夜之后，它便仍然存在，并且再有活动的能力。

可是这种变态的、乱伦的及杀人的梦，不仅是精神官能症患者所特有，而且为一般人所共有，所以我们可以推想那些现在正常的人们，也必然曾经有过变态的现象，以及弑父恋母情结的“对象投资”的时期。所不同的乃是，由正常人的梦的分析所发现的情欲，精神官能症病人将其变本加厉而已。我们之所以要以梦的研究，作为精神官能症症状的研究线索动机，这也是原因之一。

3. 爱情心理学

①男人的对象选择

造成“恋爱”的条件是什么？或者说，男人和女人根据什么选择自己的爱恋对象？当现实生活中找不到合乎自己理想的对象时，他们又是如何以幻想来满足自己的要求的，这一向是一个由诗人和想像力丰富的作家们描述和回答的问题。在这方面，文学家们的条件的确优越，他们来做这件事情是再合适不过了：他们有着敏锐的知觉，能对他人的潜在情感生活做出清晰的透视，而且更有勇气来揭示自己的无意识心灵。然而从探求真理的角度来看，他们作品的价值又往往因下面的原因而大受削弱，这就是：文学家们往往要受到某些条件的限制，他们不仅要影响读者的情绪，还要激起人们理智上的和审美的快感。有鉴于此，他们在发言时就不能直言不讳，例如，他们不得不把真实发生的事情的某些部分舍去，为的是防止无关紧要的东西干扰，然后再用别的材料去填补这些空隙，对整体的统一下一番粉饰功夫。对文学家的这种特权，我们可以称之为“诗的破格”（Poetic licence）[①]。文学家虽然描述生命，但对种种心理的起源、发生与发展等，却不太注意。因此，为了最终解决问题，我们还必须借助科学，对这些诗人们反复玩味和几千年来不断给人带来快乐的材料，作一番深入探讨。当然，科学在解决这些问题时，有时免不了笨手笨脚，其结果也恐怕不那么令人愉快，但这种不愉快的反应，却正从反面证明，我们对两性之爱或其他事情的研究，是完全合乎科学的（而不是艺术的）。科学研究愈深入，我们就愈加认识到，人心在容忍对“快乐原则”的违背方面达到了多么高的程度。

精神分析家在治疗病人时，常常能深入心理症患者的

① 诗人、文学家为了达到某种表现效果，常常不顾常识、风俗和一般的逻辑与分类标准，随意安排材料。在诗中是允许的，在科学中却不允许。诗人的这一特权，被称为“诗的破格”。——译注

情欲世界，获得深刻印象。有时候他们还注意到（或听说过），甚至某些身体健康、德智高超的人，也有着同病人一样的表现。假如他运气好，观察和收集到足够的材料，心中便可能得到一些明确的印象，促使他把人们的恋爱方式归纳为种种不同的类型。

有关男人对于性爱对象的选择，也有很多类型，我首先讨论的是其中的一种类型，因为这种人的“爱情事件”十分奇特，常使旁观者（或自己）感到大惑不解。然而当我们使用精神分析法去解释时，却可以得到较清晰的解答。

一、在这类人的爱情选择条件中，有一条最为明显，而且不可缺少（每一次当你在某人身上发现这一特征时，就可以把他归于这一类型。如果继续寻找，就可以发现这类人应具有其他一些特征）。对这一条件，我们可以这么表述：“他们任何情况下，都不能缺少被伤害的第三者”。换句话说，这种人绝对不会去爱那些无所属的女子，如少女或寡妇等。他们所爱的女人，永远是那些被别的男人爱过或占有着的，不管这些男人是丈夫、未婚夫还是情夫。在某些极端的病例中，那些无所属的女子永远激不起他们的爱欲，有时甚至会受到他们的鄙视，直到这些女子与别的男人发生了上述关系后，才突然变得可爱起来。

二、第二种条件可能不多见，然而也很引人注目。而且我们所讨论的这一类型，也正是第一种条件与这第二种条件以不同程度混合而成（也有时仅由第一种条件构成）。这第二种条件就是：凡纯洁善良的女子，对他们均没有爱情的魅力，情爱的诱惑力永远来自那些贞操可疑，性生活不太检点的女子。这种特征本身也差别悬殊，从爱上一个妖艳而稍有艳闻的有夫之妇，到情夫众多，有如妓女的“大众情人”，各个不等。他们要的就是这种味道，说的粗俗一点，这种条件可称为“非野鸡不爱”（或“青楼之恋”）。

这类人的爱情似乎总离不开这两个条件，前一种条件满足他的敌对情感，使他能够为了自己所爱的人而去与别的男子争斗；第二种条件则因女人的放荡而带来一种嫉妒情绪。对这种男人来说，只有当他们嫉妒的时候，其热情才升腾到沸点，与此同时，对象的价值也就急剧上升，甚至高的无法比拟。他们总是两眼盯着女方的行为，哪怕是小小的一点证据，也要借题发挥，欲火也就随之上升。奇怪的是，他嫉妒的对象从来就不是这个女人的合法占有者（丈夫等），而总是她结交的新朋友，甚至任何引起怀疑的陌生人。在很多时候，他并不想单独占有她，而以三角关系的保持为满足。我自己就碰上这样一个病人，他常为其情妇的放荡偷情而郁郁不乐，后来听说女方要结婚，他不但不反对，还极力支持。在以后若干年里，他对那个丈夫竟然一点也不嫉妒。在另一个典型的例子里，男方对自己初恋对象的丈夫十分嫉妒，一直坚持要女方与其丈夫离婚，但后来便渐渐改变了，他对其情妇的丈夫的态度，也像其他同类男子一样，渐渐习以为常和不以为意了。

对以上所描述的，是关于一个女人应该具备怎样的条件，才能成为这些男人的热恋对象。以下要谈的，则是他们如何对待自己的恋人，综合起来，也有以下两种情况。

一、正常人一般看不起放荡不规的妇女，他们敬重贞洁的女人。然而奇怪的是，这种人的态度却恰恰相反，对他们来说，女人越是轻浮淫荡，就越使他们爱得发狂。同这种女人相爱，往往使他们魂销骨酥，不能自拔。他们觉得，只有这样的女人，才是惟一值得爱的，但一旦爱上之后，又要求她们对自己忠实。这种爱情免不了经受一段奇特的磨折。我们知道，本来，不管哪一种热恋行为，多少都具备一种强迫的性质（Compulsion）①。但这类男人的强迫欲望却又进了一步，当他们爱上自己无法不爱的女人时，这种强迫冲动，就更是无法阻止。他们的恋情的确诚挚热烈，十分专一，但若以为他们一生只有这样一次热恋，那就错了。事实上，这类奇异的爱缘在他们一生中不断出现，每一次几乎都是上一次的翻版。随着这个人生活条件的变化，如迁居或改行，他们的情妇也会易人，到最后，他们的这种经验会愈积愈多。

二、在这类人的性格中，最使人惊奇的是那种渴望成为其爱恋对象的拯救者的欲望。他们坚信对方需要他，认为假如没有自己的支持，她们一定会出错，落到凄惨可悲的境地。因此，他觉得自己必须成为她的保护人，而要保护，就得管住她，不让她出去。如果女人的确浪荡惯了，不值得信赖，或者她的生活的确无所依靠、艰难备至，这种保护冲动还情有可原。但问题是，即使在没有上述情况时，他的这种保护冲动仍然十分强烈。我曾经遇到过这样

① 这是一种心理上的病症，即一种止不住去做某种事的倾向，在恋爱中，表现一种难以自禁的、或不顾一切的倾向。——译注

一个人，平时，他在女人面前总是花言巧语，温存备至，用尽一切巧计加以诱惑，一旦得到一个女子，就要想尽一切办法，说服她对自己“忠诚专一”。

现在还是让我们暂时回顾一下这种人的上述种种特征吧：他们所受的女人必须属于别的男子；她们必须是轻浮的，他也需要这种轻浮；他的强烈的嫉妒心，每次都渗入骨髓；尽管信誓旦旦，却又不能保持终生；他对爱恋对象总是具有一种特有的“保护”冲动等等。要想从这种种表现中寻觅到一个单一的根源，看来并不容易，但这并不是完全不可能。当我们运用精神分析法对这些人的性生活进行透视时，便可以得到较为令人满意的结果。我们发现，这些男人选择对象的条件和爱恋的奇特方式，其渊源与正常人的爱情大体是相同的，这就是他们幼儿时代对自己母亲的那种眷恋之情的固置①。这种固置可能表现为多种形式，而这只不过是其中之一罢了。对于正常人来说，他们选择的对象固然还保留着“母体原型”的痕迹（如年轻人对成熟妇女的爱恋），但他们的原欲脱离开母亲的意象还是相当容易的。这类人就不同了，他们的原欲在母亲身上倾注得过久，因而即使越过了青春期，其母亲的特征仍深深地影响着他们对爱人的选择——她们之间的相似使我们不难认出这一对象乃是他母亲的替身。对此我们可以用一个有趣的比喻加以说明：婴孩如果生产顺利，他们的头大都是圆的；如果不幸诞生时遇到困难，延续时间过久，他

① 或译作“停留”。这里是指当发展到应该离开父母而自立时，仍然固着于恋母之情，不能达到心理的成熟。——译注

们头部的形状，看上去简直就像是从母亲的骨盆中塑出来的。

这类人的爱情条件和爱恋方式的确源自恋母的情感，但仅这样说还不行，我们还必须提出一些合理的证据来。最容易论证的是第一个条件，即“所爱的女人必须属于别的男人”，或“不能缺少被伤害的第三者”。从这点我们即刻可以想到，在一个于家庭环境中长大的男孩子看来，母亲属于父亲所有，这是使母亲成为母亲的最根本性质。至于这类人在恋爱中表现的那种专一性，即感到他爱的人是他心上独一无二的人，不能被别人取代，这同幼小男孩的观念也有相似之处。在他看来，一个人只能有一个母亲，同母亲亲近是他求之不得的，也是不能由别人所取代的。

如果这类人选择的爱恋对象的确是母亲的替身，那么对另一个矛盾又作何解释呢？这个矛盾就是：他虽然每次总是狂热地爱着一个女子，似乎至死不渝，终身不二，但一生中却总免不了一次次地变换恋人。从其他方面的精神分析中，我们曾发现过这样一个铁定的规律：人的潜意识中对某种独一无二、不能替代的东西的热恋，会表现为一种永无休止的追寻活动。这是因为，替身终归是替身，它永远不能像真身那样满足他的渴求。小孩子在到达一定的年龄之后，会变得极好发问，对这种现象同样应做出这样的解释：他们本想只问那个他们最关切的问题，但这种话却无论如何也说不出口。同样，对那些整天唠叨不休的精神病人，也可以做出如此解释：他们心中承载着某种秘密的重压，极想一吐为快，但无论如何也不肯说出来。

至于这种爱情的第二个条件，即选择的对象须具有淫荡的性格。似乎与母亲的意象完全不合或根本就是冲突的，因而不可能有因果关系。在成年男子的内心深处，母亲总是被神化了的，有着贞洁的美德。假如同别人的交谈中自己母亲的这种德行受到些微怀疑，他就感到莫大的耻辱。如果自己也猜忌起来，则感到十分痛苦难堪。母亲与“妓女”间的这种极其鲜明的对照，启发我们去对这两种情结（恋母情结与恋淫荡女人的情结）的发展史作深入研究。我们只能从潜意识中去寻找这二者之间的关联。很久以来我们就已经发现，两种在意识（注意：与潜意识不同）中相互排斥的东西，可能在潜意识中正属于一体[①]。因此我们想到了孩子生活史中的一段，这就是差不多在其青春期到来之前的那一段。这时，他隐约知道了一些成人性生活的真实情况。这种对性生活秘密的了解，一般是通过某些流传于口头的粗俗语言达到的，在这些语言中使用的形容词当然都是恶意的或敌视的（把性生活贬为极低）。这种对成人性生活的了解，与长辈们在孩子心目中的威望是极不相容的。那些第一次了解这些事体的小孩，会马上想起自己的父母。多半情况下，他们会这样驳斥说：“你爸爸妈妈才是那样子的，我的父母决不会干这种事。”

随着这种“性的启蒙”，他们又进而得悉，世界上有很多女人是靠供人性交来维持生计的，这些人多半都为人唾骂。小男孩大约不能理解人们为什么会瞧不起她们。一旦他了解到，通过这种女人他自己也可以拥有成人们才有

① 在《图腾与禁忌》中，弗氏称之为“矛盾情感”。——译注

的特权，即进入的性生活领域时，便开始对这些女人怀有一种渴望而又畏惧的感情。其后，他便不再相信，这种人人差不多都有的“丑恶”性行为在他父母身上就没有，于是只能以嘲弄的态度对自己说，既然父母做的事与她们没有什么本质的不同，母亲与妓女之间便没有多大差别了。又加上他此时得到的见闻重新挑动了婴孩时代的印象，那时的欲望和情感于是得以复活。最后，他会在这些新知识的挑动下，再次欲求得到母亲和仇视妨事的父亲，这就是说，他再次陷入伊底帕斯情结里了。使他耿耿于怀的是，母亲只允许父亲有与她性交的特权，而他就不允许。在他看来，这真是一种不忠的行为。假如这样一种激情不能很快消失，那就只能通过某种方式将它发泄出来。这种方式只能是种种荒唐的幻想——在这种幻想中，母亲的意象总是以奇特的变形形象出现，幻想造成的性刺激迅速增强，最后只能以“自淫行为”为结束。由于恋母和仇父这两种倾向总是同时出现，他就很容易幻想着母亲的不贞。那些在幻想中与母亲有私情的情夫，又总是有着与男孩自己相同的性格，换句话说，就是他在理想中所希望的自己成长为能同父亲匹敌的样子。我在许多地方提到的“家庭浪漫史”，就是指这一时期的男孩通过种种奇特的幻想所交织成的一厢情愿的结局。我们一旦了解了儿童这一时期的心智发展状况，对女人的放荡性格为什么成为男人爱恋的条件，就很明白了。这种现象应追溯到恋母情结，追查到这一根源，它的奇特性和自我矛盾性便消除了。很明显，我们所讨论的这一类型的男人，其早年情欲在个体史上留下了难以消除的印象。我们不难发现，他日后所做的一切，正是他青春期之前童年幻想的固置。此外还应看到，青春期中过分的手淫也或多或少促成了这件事情。

在清晰的意识看来，“拯救”爱人的冲动与支配着这个人现实生活中的爱情的幻想之间，并没有必然的和确定的关系。即便有关系，也是一种松散的关系。这就是说，既然他所爱的人天性放荡、情爱不专一，就很容易使自己陷入窘地，所以他有责任尽自己的能力去保护她。这种帮助就是使她注意自己的贞节，不要继续做坏事。但通过对遮蔽性记忆[①]、幻想及夜梦的研究，我们便了解到，这种解释只是对潜意识动机的一种恰到好处的“合理化处理”（在羞于承认自己某种行为或思想的潜在动机时，便在无意中用其他一些貌似合理的理由来搪塞）。正如一个极成功的“梦的继发性加工过程”[②]常常可以瞒过我们一样。这种“拯救”的观念，自然也有其原因和特殊的重要性。实际上，它同样来自“恋母情结”，或者更正确地说，来自“双亲情结”。当一个儿童听说自己的生命来自双亲，或者听说是母亲生下了他，他的感恩戴德之情中便会夹杂着一种长大后独立自主的愿望，并期望自己有朝一日能以某种珍贵的礼物回报父母的恩惠。我们可以这样设想，一个小男

① 通过对某种症状的精神分析，可以追溯到引起这种症状的某一童年期经验。如一个怕见水的病人，童年也许有溺水的经验。但心理分析分析到这一步时，病人病状仍不见好转，弗洛伊德称这种记忆为“遮蔽记忆”，意思是它掩盖了真正的情欲根源。——译注

② 梦分显梦与隐梦。隐梦的梦的原意，不合社会道德规范，为瞒过“超我”的检查作用，就经过乔装打扮改变其形态，即从隐梦化为显梦。这一过程称为“继发性加工过程”。——译注

孩为维护自己的尊严，甚至会说出这样的话："我并不想从父亲那儿得到什么，他现在给我的东西，将来我一定还给他。"由此他可以编造出种种幻想，如从某些危难中救了父亲一命，大恩得报之后，他便坦然地离开了他，与他断绝了关系。在大多数情况下，这样的幻想需经过伪装以后才能进入意识，所以"拯救"的对象往往不是父亲，而变成皇帝、国王或某个大人物，这些幻想往往成为名诗的素材。在"拯救"仅仅是针对父亲时，其幻想中包含的意思主要是保持自尊；如果这种拯救是指向母亲，它包含的就主要是一种感恩的柔情。母亲给了他生命，这是不可能用任何别的礼物来报答的，然而只要在潜意识中稍稍变一变"拯救"母亲的含义（这在潜意识中是很容易的，即使在意识中，许多观念不是也有很多歧义吗？），感恩的欲望便可满足了。改变的方式只有一个，那就是给她一个孩子，或使她再生一个孩子。当然，这个孩子必须处处像自己。这样一种变化后的含义与原来的含义（'救了母亲的命"）相差并不太远。这种改变看上去还是合理的，因为二者有种种相似之处。母亲给了自己以生命，他报答时又还给她一个生命。而且是一个与自己相似的小孩。做儿子的力求让母亲生一个像他这样的孩子，以示感恩图报，这就是这种"拯救"的本质。在这样的拯救幻想里，他无意中已拿自己代替了父亲，在他期望着"自己做自己的父亲"的时候，他的所有的天性、爱悦、恩情、欲求、自尊、自重和自立等，统统都得到了满足。在这样一种"含义转换"里，就是连"拯救"中的危险意味也不曾失去。因为一个生命的出生本身就是一种危机，这个生命凭借了母亲的受苦而存活下来。所以人们常常说，在整个人生中，出生乃是人生第一危机。事实上，这第一次危机乃是日后人生旅途上遭遇到的各种危机的原型，这一原型经验在人内心深处有着深深的烙印，一再造成我们称之为“焦虑”的情绪表现。人们对这第一次危机有着一种莫名的恐惧感，所以在苏格兰的一个传说里，由于主人公马克多夫出生时不是从他母亲的阴道中生出来，而是从“她的子宫中直接窜出来”，因而始终不知恐惧为何物。

古代的释梦家阿特米多鲁斯曾说，同一种梦往往因做梦者不同而有不同的含义，因而要有不同的解释。这种说法是很有道理的。按照这种潜意识内思想表达的规律，“救某人一命”的含义同样应依幻想者男女性别的不同而有所区别，这就是：使人生个小孩并对其加以抚育（男人）和自己生个小孩（在女人）。

这种“拯救”冲动在梦中和幻想中占据重要地位，而当这种梦或幻想与水有关时，其重要性更为明显。在男人梦中，假如他把一个女人从水中救起，就意味着他使她成为母亲。根据以上的论述，这一点很容易得到说明。而当一个女人梦见从水中救出某个人（一个小孩）时，那就意味着自己是这个孩子的生身母亲，就像摩西神话中法老的女儿一样[①]。

① 见《旧约全书》中“出埃及”第二章。当摩西出生时，正值埃及法老搜杀以色列男婴，其生母遂将婴儿放到河边芦苇丛中，这时正好被法老的女儿看见，收养为自己的儿子，取名为摩西，意思是“我把他从水里拉出来”。——原注

拯救父亲的幻想偶尔也包含着感恩的柔情。在这种情况下它表达的意思就是把父亲置于儿子的地位，或者说，想有一个像父亲的儿子。在所有这些有关“拯救”的观念与双亲情结的关联当中，只有那种想“拯救”自己所爱的女人的冲动，才是我们所讨论的这类人的典型特征。

对这样一种通过观察而推演出的理论的过程，我不想在这儿做过多的描述。我在这儿的着眼点，也同讨论“肛门乐欲”一样，只放到那些有着鲜明特色的极端例子中。对于绝大多数人来说，他们只有一两个可观察到的特征，而且常常是偶发。我们如果不追查其根源，了解它的总体面貌，仅仅从偶然出现的反常现象出发，就无法理出一个清晰的头绪，从而陷入一片朦胧迷茫中。

②处女的禁忌

在原始民族的性生活中，有许多细节会使我们感到极为惊异。他们对处女（尚未有性经验的女子）的态度，便是一个很好的例子。我们知道，在我们生活的文明社会中，男人在追求女人时，对她是否是一个处女，总是十分关注的，这种观念已经深深植根于我们心中，似乎是一种十分自然的和勿需证明的事情，所以一旦被问到此事的原因时，便瞠目结舌，不知如何回答是好。其实，人们这种想全部占有一个女人的愿望，实乃是一夫一妻制造成的一种习惯观念，也是这种制度的本质所致。所以我们总是去要求女孩子婚前不得与其他男性发生关系，以免在她们心中留下不灭的回忆，这实际上只不过是将这种垄断女人的行为延伸到过去的时间罢了。

按照上述观点来推论女人爱情生活的某些特征，就会发现，有些看上去好像是奇怪的现象，实则很正常。人们普遍看重处女，这种态度是不无道理的。我们知道，环境和教育会造成一定的阻力，使少女处处小心留意，不去与男子发生关系，这就使得她们对爱欲的渴望受到阻止。所以一旦她冲破阻力，选择了一个男人来满足她的爱欲时，她便终身委付于他，对他信誓旦旦，不再与别的男人有如此深情了。由婚前的长期孤寂所造成的女人的这种“臣服”态度，十分有利于男人放纵地永远占有她，使她在婚后能抗拒外来的新印象和新诱惑。

由克拉夫特·伊宾在一八九二年首先创立的“性之臣服”一词，意思是指某些人一旦与别人发生了性关系，便对这个人产生了高度倚赖与顺服的心理。这种“臣服”心理有时会达到极端程度，它会使人完全不能独立自主，甚至情愿为对方牺牲自己的最大利益。在我看来，想要使男女间的性关系维持长久，某种程度的依赖或臣服心理还是必要的。再者，为了维护文明的婚姻制度，对那些不时威胁着社会安定和现行婚姻体制的一夫多偶倾向进行压制，就应当适应鼓励这种性的臣服态度。

这种“性的臣服”态度究竟是怎样造成的？克拉夫特·伊宾认为，这是由于“一个十分软弱和多情善感的个性”爱上了一个十足地以自我中心的人的必然结果。但我们运用精神分析法研究的结果与此不符。很明显，这里的决定性因素不是别的，而是克服性阻力所需要的力量，换句话说，取决于这种阻力的突破是否靠一次的冲击而达到。假如经过那“致命的一跃”之后，便完全改变了自己的受阻状态，“臣服”态度便形成了。在这方面，女人要比男人更为多见。她们在性臣服方面要容易得多。但现代社会中的男人却大为不同了，他们比往昔更容易陷入这种境况。男人为什么会接受性对象的奴役？我们的研究证明，那是因为当他在面对某一个女人时，忽然发现自己竟能摆脱心理性阳痿的苦恼，从此之后，他便在她面前言听计从，与她一直好下去，人类中有许许多多姻缘和悲剧的收场（有些似乎造成重大的结局），似乎都可以用以上的道理来解释。

下面我所要讨论的，是原始民族对处女之价值的看法。或许有人认为，既然原始民族中的女孩子多半在婚前便已经被夺去童贞，而且这件事也不影响其出嫁，这说明一个女子是否是一个处女，对他们并无多大妨碍。在我看来，这种夺去女孩子童贞的仪式，对这些原始民族的意义是相当重大的，它已成为原始民族中的一种“禁忌”的对象。这是一种类似宗教性的禁忌。正因为如此，习俗不容许她的新郎去做这件事，以免他违背这个禁忌。

我并不想在这儿详细列举所有论述这种禁忌的文献，也不想说明它在世界各地的分布情况和列举出它的种种表现形式，我们要做的，只是要说清楚，这种不在结婚时弄破处女膜的行为，乃是普遍存在于原始民族中的一种习俗。正如卡洛雷所说：“在这种婚前举行的特别仪式中，由新郎之外的某个人来穿破处女膜，这种习惯常见于低级文明中，特别是在澳大利亚。”

这是很自然的，因为如果想要使这种穿破处女膜的行为不在结婚后的第一次性交中发生，就必须在事先由某个人以某种方式来做。卡洛雷在其《神秘的玫瑰》一书中，对此有较详细的论述，但有些地方他交待的不太清楚。在这里我想引用下列几段：

第一百九十一页：“在迪雷部落以及其邻近的部落中，广泛流行着这样一种习惯：女孩子一到青春期，就弄破她的处女膜”。“在波特兰和格莱尼格族中，常常由年老的妇女给新娘动这个手术，有时甚至请白人奸污其少女，以完成这个使命。”

第三百零七页：“处女膜有时在婴孩期便弄破了，但大多是在青春期……在澳洲，它常与性交仪式合并举行。”

第三百八十四页（这段话引自斯宾塞与吉伦关于澳洲各个部落情况的通信。他们在信中讨论了这些部落中极为流行的族外婚姻风俗）：“首先要人为地将处女膜穿破，然后是让做这件事的男人们依次亲近（公开的和仪式的）这个女孩……整个仪式分为两部分，先是穿破，然后性交。”

第三百四十九页：“在赤道非洲的玛塞（Masai）地区，女孩子在结婚前必须经过一次手术。在沙克斯族（Sakais，属马来亚）、巴塔斯族（Battas，在苏门答腊）和阿尔福尔族（Alfoers，属西里伯岛）中，这种穿破处女膜的工作多半由新娘的父亲来做。在菲律宾群岛，甚至有一批人专门以穿破少女的处女膜为业，不过有些女孩子早在婴孩时代就已由老年妇女做过这种手术，长大后就不必再做了。在爱斯基摩族的某些部落里，穿破新娘处女膜乃是僧侣们的特权。”

以上的论述有两大缺点：一、它们大部分都没有把“穿破处女膜”说清楚，究竟是通过性交来弄破它？还是以非性交的方式弄破它？只有一个地方将这个过程清楚地划分成两个阶段，也就是说，先是用手持器具将处女膜弄破，随后举行性交仪式。至于巴特莱期（Bartels）收集的那些资料，虽然在其他方面较详尽，在这个问题上仍没有说清楚，更何况他对“穿破处女膜”这一行为的心理学兴趣，又完全归结为解剖学的结果。二、我们还不太清楚，在这种场合中，那仪式的（郑重其事的祭奠）性交与平常的性交有什么不同。就我手头掌握的材料来看，这些作者也许是由于害羞，或由于根本不了解交待这个问题的重要性，所以始终没有描述这些性行为的详情。我多么希望能从旅行家或传教士那里得到更详细和更准确的第一手资料，但这类国外杂志现在根本就得不到。所以我在这儿还不能做出肯定的结论。但不管怎样，这第二个疑问即使没有详情描述，仍然容易想像出来。因为不管这种仪式的性交活动多么缺乏真实效果，仍然象征着完全的性交，而且他们的祖先就是那么做的。

我现在想讨论一下可用来解释这种处女禁忌的因素。我们知道，穿破处女膜意味着流血，由于原始民族把血视为生命的源泉，自然十分畏惧流血。这一点可以作为我们对这种禁忌的第一个解释。这种流血禁忌（blood-taboo），在性交之外的其他方面也保留着种种社会规范。事实上，它乃是“不可杀人”这样一个禁令的基础，代表着对原始人的喝血情操和杀人狂欲的禁止和防备。处女禁忌，还有处处可见的月经禁忌，都受这样一种观念的支配。原始人面对着这种月月必来的神秘流血现象，免不了会怀疑有什么东西在残害她们，所以他们把行经（尤其是初次来经）解释成是由于某种精灵鬼怪的撕咬所致，有些干脆就认为是与某种精灵性交的结果。有些资料中提到，许多原始人认为这个精灵就是她的某个祖先。还有些资料提到，经期中的女孩常常被人认为身上附着祖先的灵魂，所以令人敬畏，被作为“禁忌”对待。

我想，如果我们对于这种恐惧流血的现象再深入思考，就不会把它看得那么重要了。举例说，对男孩子作包皮割礼，以及比这更加残酷的对女孩子的阴蒂及小阴唇的割除礼，都在某些种族中程度不同地实行着。除此之外，还有许多各式各样的以流血为目的的仪式，很明显，这些现象都与“原始人恐惧流血”的解释恰好抵触。既然如此，有些人婚后为丈夫的方便而废除了这项禁忌（月经禁忌），也就不足为怪了。

第二种解释同样与性无关，它比第一种解释牵扯面更广一些，而且更具普遍性。按照这种解释，原始人似乎永远处在一种“焦躁的期待”里。他们的忧心忡忡，就像我们在精神分析学中对心理症做分类时划分出的焦虑型心理症。每当遭遇到新奇、神秘、怪诞和不合常情的事物时，这种焦躁的期待便愈加强烈。它还造就了许多牺牲或奉献的祭奠和仪式，它们大半保留在种种宗教仪式里，流传至今。我们知道，当人们刚刚开创一种新的事业，当人们刚刚跨入人生的新里程，如家畜要下崽，果实与庄稼要成熟，儿子要诞生等，这时人们就会有一种特有的期待心情，在期待中透着焦虑，成功与危险的结局会同时闪现在脑海里，使人如坐针毡。在这样的关键时刻，人们便想到用某种仪式或祭奠来获得神人的保佑。婚事同样如此，结婚时的第一次交合在他们是十分重要的，事先更要用某种仪式去保护它。在这里，人们既有对新奇的希冀，又有对流血的恐惧，这两个方面并不相互抵消，而是相互加强的补足，使这第一次性交成为人生路程上的一大难关，要冲破它还要流血，这就使这种期待的紧张有增无减。

第三种解释则如卡洛雷斯所说，认为处女禁忌乃是性生活中最大禁忌中的一个小的组成部分。同女人性交，并不是只有第一次是禁忌，其实每一次都是禁忌，或者更进一步说，女人本身就是禁忌。我们这样说，并不是指女人性生活中总是充满着种种特异的需要避讳的时刻，如月经来潮、怀孕、生产、坐月子等等，而是说每次与女人做爱都不得不通过重重限制和难关。所谓野蛮人性生活很自由的说法，我是极其怀疑的。虽然原始人偶尔也会无视这些禁忌，但绝大多数情况下都不是这样的。他们在做这类事情时，往往有着文明人无法想像的繁文缛节。男人每做一件大事，如远足、狩猎、出征等，就必须远离女人，尤其不得与她们行房事，否则他们将因精力衰竭而在做这些大事时遇难。即使在日常生活中，他们也习惯与女人分居。在这里，我们常常看到的是女人同女人在一起，男人同男人在一起，文明社会中常见的那种小家庭生活这里很少见到。有时候男女之间分离得如此彻底，以至于不能相互叫出名字，女人们总是使用着另一套特殊的语汇。这种分居或隔离状态会时时因性的需要而被打破，但在很多部落里，即使夫妇之间的交合，也只能在户外某个隐蔽的地方进行。

每当原始人设立一种禁忌，就标明他害怕一种危险。一般说来，上面提到的所有规则和逃避女人的形式，显然都是恐惧女人的结果。或许，这种恐惧是由于他们觉得女人与自己有很大的差别，女人总是神秘的、奇特的和出人意料的。在他们眼里，这种差异只能给自己造成危害。他们总是害怕自己的力量会被女人吸走，他们担心自己会受女人的感染而具有女性的特征，最后成为一个废人。他们亲身感受到性交之后情绪突然低落，周身软弱无力的状态，这恰好印证了他所恐惧的事情。再加上现实生活中女人往往用性的关系来支配和敲诈男人，所以就更加深了这种恐惧。上述种种心理，在我们的文明社会中似乎已经绝迹，其实却仍然活跃在每个男人的心灵深处。

当代不少研究原始民族的人都相信，原始人的情欲本能是相当弱的，它从未达到文明人的强度。这样一种说法自然会遭到很多人的反对，但不管怎样，既然在我们上面提到的禁忌里，原始人总把妇女当作异己的有害力量来排斥，他们与这些女人之间的爱情究竟有多少，那就很值得怀疑了。

卡洛雷在这方面的论述与精神分析家的看法如出一辙。他进一步指出，个人与个人之间也有“人身隔离禁忌”。虽然别的人与我绝大部分都相似，不同点只有很少几个地方，但恰恰是这少数几个相异点造成了人与人之间的孤立和敌对情绪。我们可以由此而继续追溯到人对于自己与别人之间那些微小不同之处的“自恋”，由此可以解释为什么人们不容易做到同别人情同手足或做到爱每一个人。这样的心理分析工作，的确是十分有趣的。心理分析还指出，男人之所以会因自恋而摒弃女人和轻视女人，其源盖出于过去经历的“阉割情结”①，正是这个情结深深地影响着他对女人的看法。

论述到这里，我们似乎离本题更远了。女人所普遍具有的“禁忌特征”仍不能使我们完全理解，为什么要以处女第一次性行为加以特别的限制和规定。对于这一点，我们只能用前面提到的两点理由（即畏惧流血和对新奇事物恐惧）来解释。但这两点理由事实上并没有触动这种禁忌仪式的要害。原始民族之所以举行这种禁忌仪式，完全是为了不使未来的丈夫免遭随着第一次性交而发生的那件事。我们对这件事已在本文前几段里有所交待，我们还证明了，这件事情的发生其实可以使女人更加牢固地依附这个男人（即臣服）。

我们目前并不想研究这些一般性禁忌仪式的起源和意义，因为我在《图腾与禁忌》一书里已对这个问题论述过了。我在该书中得出的结论是：凡禁忌必涉及一种矛盾情

① 恋母情结中的一种，他因为恋母仇父或其他过失，常常被威胁说：“如果不听话，就割去你的小鸡”，再加上他见女孩没有阳具，便以为她们的阳具被阉割了。——原注

感（ambiance）[①]。至于禁忌的起源，则来自史前人类某一次导致家庭制度建立的大事件。但是，如果我们留心观察今天原始部族的仪式时，禁忌的原始含义在这里已不复见，如果我们想在这些部落人身上看到我们祖先的丝毫不差的影子，那就会犯严重的错误。我们知道，即使这些原始部落，也经历了无数次沧海桑田，其发展路线虽与文明人有所不同，却不见得单纯多少。

正如心理症病人会建立起多种恐惧对象一样，今日原始部族的“禁忌”，在经过了苦心经营之后发展成为复杂的系统。禁忌的原始动机已为新的动机所取代，以便与新的环境相谐调。但是，我们也可以暂时先不谈这些新的发展，而回到原始的起点：每当原始人惧怕一种危险时，他就建立起一种禁忌。总体上说来，他所害怕的总是精神上的而非实际的危险，原始人并不像我们这样重视精神的与实际的这二者之间的区别，因为他们还分不清哪些是精神的危险，哪些是实际的危险，也分不清什么是真实的危险，什么是想像的危险。他对世界持一种泛灵论的看法，他相信，不管危险来自天灾人祸，还是来自洪水猛兽，都是由一种像自己一样具有灵魂的精灵恶意相向的结果。另一方面，由于他总是习惯于把自己内心的敌意情绪投射到他不喜欢的或不熟悉的外物上面，既然女人被当作危险的来源，便成为恐惧的对象，夺取其童贞就更加危险了。

论述到此，我们渐渐明白了这种危险究竟是什么，为

① 这种情感的特征是同时又爱又恨，又喜欢又讨厌，又好奇又畏惧。这是一种很普遍的现象，在原始人和心理症患者中更多见。——原注

什么单单威胁着自己的未婚夫。对这个问题的明确回答，还有待于对于生活在当今文明社会中那些与原始妇女处境相同的妇女的行为作进一步分析研究。对这种研究的结果，我可以预先告诉读者：分析证明，上述危险的确是存在的。由此可知，原始人的禁忌并不是无的放矢，他们的这种社会风俗的确为他们排除了一种精神上的危机。

一般说来，正常的女人在做爱到达高潮时，双手总是紧紧地抱住男人，这似乎是一种感恩的表示，表示自己此身已永久属于这个男人。但我们还不知道，女孩子初次做爱时，并不是那么美好的，她兴奋不起来，她感到不满足，她失望极了。想尝到做爱的愉悦，她还得经过相当一段时间，有些人则会一直冷下去，不管丈夫如何温柔体贴、热情备至，事情仍然一成不变。据我所知，女人的这种性冷感常被忽视，认为无妨大局。我认为，如果这种冷感不是因为丈夫的性能力有问题，就得从别的地方找答案，而且应该像分析男性性无能那样，对它作出仔细的研究。

女人常常逃避第一次性行为，但我的分析并不想从这里找开缺口，导致这种现象的原因太复杂了，更何况还可以解释为一般女性“洁身自好”的表现。我认为，假如从某些病态案例着手分析，就更容易解开女人性冷感的谜。我们知道，有些女人在第一次性交之后（有些甚至在每一次做爱之后），便对男人愤愤不已，恶言相向，有时甚至百般威胁，拳打脚踢。我曾经分析过这样一个患者，她十分爱自己的丈夫，常常主动向他求欢，而且每次都能获得做爱的愉悦，但事后却忍不住会憎恨起来。我相信，这样一种自相矛盾的行为，本是性冷感的一个变种。它与一般女人性冷感的不同之处在于：一般女人纯粹是一种性冷感，她们胸中那股憎恨力量只是不自觉地压抑着她们对性爱的激情，但从来不曾公开表示出来。病态的女人却把爱和恨两种因素分得十分清楚，而且按照时间把这矛盾的两方面先后表现出来。这同我们多年前在强迫性心理症中发现的“两元运动”（two-movement）的发生在原理上十分相似。既然破坏一个女人的童贞必定会惹起她的长期敌视，她未来的丈夫自然有理由避免成为她的童贞的破坏者。

通过分析，我们在女人心灵深处窥见到造成这种矛盾性表现的某种冲动，我认为也可以用它们来解释性冷感。第一次性交往往会激起很多不属于女人本性的激情，其中某些激情在以后的做爱中也许再也不会出现。最引起我们注意的当然是女人初承雨露的那种难以忍受的痛苦，或许有人认为这样一种因素已经足够了，不用再找别的因素了，但事情决不如此简单，仅仅是肉体的痛苦怎么会造成如此严重的后果呢？其实，在这种肉体的痛苦背后，还有“自恋”心理受到冲击之后的心灵创伤。这种痛苦常常表现为高贵的童贞失去之后的哀怨惆怅的情绪。然而从原始民族的祭奠仪式中还可以看出另一种东西，这些东西使我们认识到，这种痛苦或惆怅对性冷感并不那么重要。我们知道，他们的仪式经常分成两个阶段，先是弄破处女膜（用手或工具），继之以正式的性交或种种象征性交的姿势。但这里的性对象都是别人而不是自己的丈夫。由此可知，这种禁忌仪式的目的并不仅仅是避免新婚之夜的肉体和精神痛苦，丈夫所要避免的除了妻子的肉体痛苦之外，还有点别的什么东西。

对文明世界的女人的分析表明，由于第一次性行为往往不像她们长久以来所渴望的那样令人愉悦，所以会造成一种强烈的失望情绪。由于在这一关键时刻之前性行为曾受到屡屡抑制和顾虑的阻碍，所以一旦面对着正式的和合法的交合，仍难免羞愧和担忧。许多年青女子面对着即将来临的佳期，常表现出一些可笑的举止，把做爱时的微妙的感受当成一种神秘的东西，甚至不敢对自己慈善的双亲提及此事。女孩子常说，如果爱情被别人知道，爱情的价值便荡然无存了。这种感情一旦畸形发展，势必压制其他成分，从而阻碍了婚后情欲的强度。这样的女人往往对公开了的夫妻关系感到不够味，而对那些冒着危险的秘密偷偷，反而觉得充满浪漫气息，从而激起狂烈的激情。

但是，这样一种动机仍然处于心理的浅层。它只存在于文明社会，不能用来解释原始文明现象。我们认为，影响这一“禁忌”的最重要因素，仍然需要到心理深层，即原欲自身的发展过程中去寻找。分析学的研究业已实现，人们的原欲总是强烈地附着于原始的对象，儿童时代的性爱目标，始终不曾消失。对于女人来说，她的原欲最初的固置于父亲身上（或代替父亲的兄长），这种恋情通常并不直接导向交合，在最严重的情况下也不过是在内心深处模糊地描绘出它的远景轮廓。这样一来，丈夫最多也只能成为这种原始对象的替身，不是她真正的恋情对象，她的恋情永远指向别的人，在典型情况下，是指向其父亲。至于对丈夫的爱，只不过是在没有办法的情况下，退而求次罢了。丈夫究竟能否得到满足，究竟是遭到她的冷落还是拒绝，这完全由固置（恋父情结）力量的强弱与持续性而定。这就是说，导致性冷感的最终原因与形成心理症的宿因本是相同的。当然，在一个女人的性生活里，其理智成分愈多，其原欲之力就愈能抗拒那初夜交合带来的震惊，男人对她肉体的占有也就愈容易抵挡。这样的女人，其心理症是被压制了，性冷感却代之而起。如果这种性冷感的女人恰好遇上一个性无能的男人，这种冷感倾向就更加严重，甚至会诱发出别的心理症状。

原始习俗显然相当地了解而且默许了女人的这种早期恋情（恋父情结）的存在。所以他们往往让那些能作为父亲之替身的老者、僧侣或其他贤达之士担任首次破坏其处女膜的职责，这与备受指责的中世纪领主的"初夜权"恰恰遥相呼应。对此，斯多尔福（A·J·Storefr）也持同样的见解，他还进一步揭示了这样一个事实：在那分布十分普遍的所谓"托白亚之夜"习俗里，第一次交合的特权，常常只有父辈才能享有。这与荣格（Jung）的调查是相符的。按照这些调查，在许多民族中，往往由那种代表着父亲意象的神祇雕像来完成这一初次交合的使命。在印度的不少地区，新娘必须由一个木制的类似生殖器一样的神像来戳破处女膜。据圣·奥古斯丁的记载，这样一种习俗也在罗马的婚仪中流行过（不知是否是他那个时代的事？），不过在这里已大大地象征化了，新娘只需在那被称为普莱柏斯神①的巨大的石制男性生殖器上坐一下便可以了。

在更深的心理层次上，我们还发现了另一种动机，女人之所以会对男人有一种既爱又恨的矛盾情感，大体应归之于这种动机。女人的性冷感同样与此有关。我们的分析揭示出，女人在初次做爱时，除了上面所说的各种感情外，还有另一种冲动，这是一种完全违背女性机能与职责的东西。

从许多女性心理症患者身上可以看到，她们早年曾有一段时期特别羡慕其兄弟们有一个阳具，并为自己缺少这样一个器官而沮丧（其实并不真的缺少，只是比较小一些），觉得自己是因为受了某种虐待才导致了这种残缺不全的状态。我们可以把这种"阳具艳羡"看做"阉割情结"的一部分。如果说在这种艳羡中包含了一种"希望成为雄性"的含义，"阉割情结"所包含的就是"雄性发出的抗议"。"阳具艳羡"这个词原为阿德勒（Adler）所首创，不幸地是他却误入歧途，声称这一因素可以对一切心理症作出解释。但不管怎样，下述事实是不可否认的：这一发育期的小女孩常常天真地表现着对兄弟那小阳具的羡慕，随之产生了一种嫉妒情绪。她们有时甚至学着哥哥的样子，站着小便，想在这方面与他们平等。我们在前面的例子中曾提到一个女人，每次性交后都对她丈夫愤恨不已，经我分析之后，原来在她的对象②确定之前一直都陷入在

① 希腊的男性生殖之神，医学中则指"持久的勃起"。——译注

② 这里的对象指原始对象，即父亲，女孩的"恋父仇母情结"往往发生在"阉割情结"之后，因为只有这时她才知道自己是个女孩，在这之前，她处在所谓"雄性期"内。——译注

这种嫉妒状态里。在正常情况下，小女孩能渐渐将原欲移置到父亲身上，这之后她所要得到的便不再是阳具，而是生出一个小孩。

在某些个别的例子里，发展的程序也许会颠倒过来，“阉割情结”往往落在“对象选择”之后，其实这并不奇怪。女子在其“雄性期”里对男孩子阳具的羡慕，并不是一种“对象之爱”（Object-Core），而是一种十分原始的自恋。

不久之前我有幸分析过一个少妇的梦，发现这个梦乃是她对失去童贞一事的一种反应。这个梦呈现出这个女人的一种愿望——想阉割其丈夫，夺取他的阳具。这样的梦本可解释为幼年欲望的延续和重复，但不幸的是，梦中的某些细节揭示出这是一种超越了常态的反应。这个梦的性质以及梦者以后的举止都预示着这一婚姻的悲剧结局。我们还是再回过头来谈“阳具羡慕”吧，女人特有的那种敌视男人的矛盾倾向，总是多少与两性关系有关，但只有在那些男子气十足的巾帼英雄里，我们才能找到明显的例证。弗伦克兹（Frenciz）曾以古生物学的眼光，去探索这种存在于女性中的敌意之根源，认为这种敌意在混沌初开，两性初分时便已经存在了①。他坚信，性行为最早发生于两个完全相同的单细胞之间，渐渐地，有些较为强大的个体便开始强迫那些较弱小者行性的交合，而这样一种屈服于强制之淫威下的不情愿倾向正是导致今天女人的性冷感的原因之一。我认为，如果我们不过分夸大这种说法的价值，

① 也许他并不是第一个这样说的人，我说不大清了。——原注

这样的说法就没有什么不好的地方。

对于女人初次性交时那种矛盾性反应的动因，我们已进行了详尽的讨论。总的来说，可以作出这样的概括：处女因为性心理尚未成熟，所以一旦面对着将引诱她进入性生活的男人，就觉得不堪忍受。这样一来，处女禁忌倒成了人类高度智慧的结晶，因为这样的规定可以使这个将来与她一起生活的男人，不至于触犯这个危险。在高级的文明里，由于种种复杂的理由和因素，人们十分重视女人进入“性之臣服”之后所带来的好处，因而不再躲避这种危险，女人的童贞便成为男人誓死不愿放弃的财产。但即使如此，也并不是说女人的那种仇视情绪就不存在了。通过对许多不美满的婚姻的分析之后，我们发现，那驱使丧失童贞的女人去报复的种种动机，在文明妇女的心灵中并没有销声匿迹。现在仍有数不清的妇女，在第一次婚姻里从头到尾冷若冰霜，对男人的热情无动于衷，最后终于离异。然而一旦再婚，情况顿然改观，那种阴郁的情绪竟一扫而光，备尝做爱的欢乐，使旁观者惊奇不已。毫无疑问，原先的不良反应已随着第一次结合的结束而消失了。

事实上，在我们的文明生活中，处女禁忌并没有绝迹。每个人的心灵深处都隐隐地知道此事，诗人们就常常拿它当素材。安孙鲁贝[①]（Anzengruber）在一篇喜剧中曾写了一位朴实的农民不愿娶他所爱的女子的故事，他总觉得“像她这样的女孩，要不了多久便将消耗他的生命”，因此他十分赞成她嫁给另一个男子，等她变成寡妇，不再

① 安孙鲁贝（1833 ~ 1889）。奥地利剧作家兼小说家。

有什么危险时，他才肯娶她。这个剧本的名字叫《处女之毒》。这不禁使人想起养蛇人的行为，他们总是先拿一小块布片让蛇咬过，然后就能安全地摆布它。在海拜尔[①]所写的《朱蒂斯与何洛弗尼斯》一剧里，有名的朱蒂斯这一角色鲜明地展示出处女禁忌及其部分动机。朱蒂斯同样是那种童贞受着禁忌保护的女人之一。她的第一个丈夫在新婚之夜无缘无故地惧怕起来，从此之后竟不敢动她。她这样说："我的美有如颠茄，谁若享用它，不死即疯。"当亚述将军率军围攻她所在的城池时，她想到用自己的美色去诱惑他，把他置之死地，很明显，这个想法在爱国面具下面潜藏着性的欲求。当那个当时以残暴粗野而闻名的将领奸污了她时，她竟在狂怒之下，力比参孙，竟一掌劈下了他的头，而变成了民族的救星。按照心理分析，破头原象征着阉割，因此这一行为其实象征着朱蒂斯阉割了奸污她的童贞的男人，正如那位新婚少妇在梦中所做的那样。海拜尔用一种极美妙的语言，使伪圣经[②]中这种对爱国行为的记载染上了一层浓厚的性的色彩。我们知道，在伪圣经的记载里，朱蒂斯回城时仍然自夸清白。即使查遍所有真伪圣经，也找不到任何关于她这次怪诞婚姻的记载。海拜尔很可能以他那诗人特有的敏感天赋，看穿了经文的有意

① 海拜尔（Ferieclrish Hebbel，1813 ~ 1863）。德国诗人兼剧作家。——译注

② 伪圣经（Apocrypha）。在公元初年，基督徒是非法的，其经书也只有偷偷传抄，至二、三世纪编集《新约全书》时，许多传抄的经文被认为不可靠，遂被罗马教廷放弃，这些以后不断出现的伪经，统称为Apocrypha。——译注

造作，重新揭示出故事后面隐藏的真相与内涵。

萨德格尔（Sodger）曾对此作过绝妙的分析，这一分析使我们认识到，海拜尔之所以对这样一个素材感兴趣，乃是由于他的“双亲情结”在作怪。由于他在童年期两性倾向的挣扎中总是倾向于女性，所以很自然地理解埋藏于女性心中最深层的隐秘[①]。他还引用了诗人们对于自己为什么改变故事内容所作的解释，他们都十分正确地指出，故事本身是浮浅的、虚饰的，意在为潜意识中的动机寻找披露的借口。圣经中仅仅提到朱蒂斯是一个寡妇，为什么在剧中却变成童贞女。萨德格尔也有一段详论，我引用于下：这里的动机原在于诗人那婴儿式的幻想，意在否认父母间有性交关系，所以母亲成为童贞的少女。对这种分析，我想再补充一点：诗人既然已确定主角是一个童贞，他的幻想便深入到处女膜一旦破裂后她可能有的愤怒与悔恨，从而使他在这一方面做了不少文章。

总起来说，初婚时献身与童贞的夺取，一方面固然是社会用来促使一个女人固定地依附于一个男人的手段，另一方面又十分不幸地激发了她对男人的原始之恨。这种矛盾偶尔会导致病症，但绝大多数情况下只是或多或少地抑制了性交之乐。许多女人的第二次婚姻远比第一次美满，也可以用这个道理说明。至此，这一初看上去令人迷惑的处女禁忌——原始氏族对处女的恐惧，要求丈夫不可触破妻子的处女膜——便真相大白了。

十分有趣的是，精神分析学家还常常遇到这样的女人：

① 见萨德格尔（Sodger）《从病象描述到心像描述》。——译注

在她们心中同时持有两种态度——臣服和敌视。这两种态度常互相纠结，有时同时出现，有时同时消失。不少这种女人对自己的丈夫冷若冰霜，但无论如何又离不开他，每一次当她试图去爱别人时，眼前便闪出丈夫的影子。但她们实际上一点也不爱其丈夫。分析中还发现，这种女人对其丈夫的热情虽消失，但臣服的态度仍照旧。她们不愿脱出这种束缚，因为她们的报复尚未完成。当然，即使在那些此种情绪十分明显和强烈的案例中，女人也从不了解自己内心深处有这样一种报复的冲动。

③论自恋

自恋（narcissism），由临床描述引申而来，于一八九九年首次被纳克（Paul Nacke）使用，指个体像对待性对象（sexual object）一样的对待自体的一种态度（attitude）。自恋者自我欣赏、自我抚摸、自我玩弄，直至获得彻底的满足。达到这种程度后，自恋便具有了性倒错的性质，因为个体性生活的全部都为它所独占，所以具有我们所研究的性倒错的特点。

观察的结果常令精神分析者为之震惊，具有自恋态度的许多人还遭遇了其他障碍，譬如，赛哲（Sodger）所指出的同性恋（homosexuals）。此外，自恋应得到的力比多或许有更广泛的表现，它也许会在人类性发展的正常过程中，为自己保有一席之地。精神分析之于神经症者的困难导致了同样的设想，因为这种自恋态度似乎可以限制自恋者使之不易受到影响。就此而言，自恋不会是性倒错，而是对自我保护本能的自我中心（egoism）的补充，可以作为适于所有生物体的标志。

如果我们将“早发性痴呆”（dementia praecox，克勒佩林〔Kraepelin〕）或“精神分裂症”（schizophrenia，布洛伊勒〔Bleuler〕）纳入力比多理论的假设之中，我们就会产生研究原生与正常自恋概念的迫切动机。被我称为“精神偏执症”的病人（paraphrenics）表现出了两个基本特征：妄自尊大和转移对外部世界的兴趣——对人和物的兴趣。由于后一原因，使得他们难以接受精神分析的影响，我们的治疗努力当然也便付诸东流。不过，精神偏执狂者对外部世界兴趣的转移尚需做更精确的描述。同样，歇斯底里症患者或强迫性神经症者，也会视其病情放弃与现实的关系。分析表明，他们绝不会中断与人、物的性欲关系，仍在幻想中保持这种关系。譬如，一方面，要么用记忆中想像的东西代替现实客体，要么把想像的东西与现实的客体相混淆；另一方面，他放弃运动神经的初始活动而去实现与其他客体建立联系的目的。只是在力比多的这种情形下，我们也许才可以合乎逻辑地使用被荣格（jung）混杂使用的“力比多内向”（introversion of the libido）。否则，就会是“精神偏执症”。病人似乎将其力比多从外部世界的人和物中撤回，而在幻想中不用他物加以替代。而一旦病人用幻想加以替代，整个过程就变成了第二位的，并成了试图恢复的一部分——将力比多带回到客体[1]。

这样，新的问题又出现了：在精神分裂症中，从外部客体撤回的力比多会发生什么变化呢？这些情形中的妄自尊大特征为我们指点了迷津。毫无疑问，妄自尊大是以牺牲“对象力比多”（object-libido）为前提的。从外部世界撤回的力比多转向了自我（ego），并产生了可以称之为自恋的态度。然而，妄自尊大本身全无创新可言，相反，诚如我们所知，它是曾经存在着的条件的更清楚的表现。这使得我们把从“对象贯注”（object-cathexes）中撤回的自恋看做为一个“继发过程”（seconday process），在此之上叠置着许多不同的影响。

请允许我申明，在此我并不试图解释或对精神分裂症问题作更深的探讨，我仅仅是把别处已经表述的观点集中起来，以为自恋的导论提供辩解。

□

在我看来，这种力比多理论合乎逻辑的扩展还受到了第三种资料的支持，即我们对儿童与原始人心理生活的观察与观点。我们可以把原始人的特征概括为一个方面：妄自尊大。表现为对自己愿望与心理活动能量的高估，思想是全能的，相信语词的魔力，具有对付外部世界的技巧——“魔术”（magic），它好像是这些浮夸的前提的逻

① 与此有关的讨论可参见我在“Senatsprasident Schreber”第三部分中的“世界的末日”（1911c），还可见“阿亚伯拉罕”（1908）及下文。——原注

辑应用。① 今日儿童的发展更令我们费解，我们期望发现他们与原始人完全类似的态度。于是我们便形成了关于自我（ego）的原始力比多贯注（original libidinal cathexis）的观念，以后由此生出一部分指向客体并坚持下去，它与“对象贯注”的关系如同身体中的变形虫（amoeba）与其伸出的伪足（pseudopodia）的关系。由我们的研究可以看出，作为神经症症状的起点，力比多的这种分配对我们而言却是隐蔽的。我们所注意到的仅是力比多的散发（emana-tion）——对象贯注，既可发出，又可收回。广而言之，我们同样看到了“自我力比多”（ego-libido）与“对象力比多”之间的对立。一方面用得愈多，另一方面则用得愈少。对象力比多发展的最高方面可在爱情中看到：为了对象贯注，个体似乎放弃了自己的人格。同样，偏执狂关于“世界末日”（end of the world）的幻想或“自我知觉”，则是相反的情形。最后，考虑到心理能量的分化，我们可以初步得出这样的结论，在自恋的情形中，心理能量本是聚集在一起的，我们的分析粗糙得尚不能将它们区别开来，在将性能力——力比多——从“自我本能”（ego-in-stincts）能量中区分出来之前，这种对象贯注的区分是不可能的。

在做更进一步的分析之前，我必须触及到两个问题，这是该专题的中心困难所在，其一，我们所说的“自体性欲”（auto-erotism）的自恋，与作为力比多早期形态的自

① 在《图腾与禁忌》（1912 ~ 1913）的第三篇论文中，专门探讨了这一问题。——原注

恋之间是什么关系；其二，如果将自我（ego）视为力比多的原始贯注，还有什么必要在自我本能中对性力比多与非性力比多做出区分。是否有一种单一的心理能量可以将自我本能能量从“自我力比多”中区分出来，将自我力比多从对象力比多中区分出来呢？

关于第一个问题，我可以指出，我们一定会认为，与自我相提并论的整体性（unity）不可能一开始就存在于个体之中，因为自我需要发展。而自体性欲本能却一开始就有，那么要实现自恋，在自体性欲之上一定还会有新的心理行为。

要对第二个问题作出确切的回答，对每一个精神分析者而言，显然是不容易的。有人出于对无效的理论争执的反对，讨厌放弃观察，但澄清事实都是必须的。的确，关于自我力比多、自我本能能量等观念，既不容易掌握，内容也不丰富。关于这些关系的纯理论必须建立在清晰限定的概念之上。然而，我认为纯理论与建立在经验之上的科学是有区别的。其实，后者不会嫉羡纯理论具有通畅逻辑的无可反驳的基础，而满足于自身具有模糊，几乎无想像性的基本概念，这些概念在自身的发展过程中会变得愈来愈清楚，有些则可以被其他概念所替换。当然，这些观念不是任何事件都可依据的科学基础：基础只能是观察（observation）。它们不是整个结构的基础，而是顶端，可以在不受损害的前提下被替换、被抛弃。这种现象在物理学中也一样，基本的概念如物质、引力等，并不比精神分析中的相应概念争议更少。

作为概念，“自我力比多”与“对象力比多”的价值，事实上在于它们源自对神经症与精神病（psychotic）过程基本特征的研究。将力比多分化为适于自我与依附于对象的两个方面，是区分性本能与自我本能假设的必然结果。无论如何，对纯粹移情性神经症（歇斯底里症与强迫神经症）的分析促使我作出这种区分，据我所知，用其他方式对于这些现象作出解释的企图均彻底失败了。

在全然缺乏任何本能理论的情况下，我们会发现自己的位置，我们会允诺或义不容辞地通过研究提出能够导致逻辑性结论的假设，直到这种假设要么崩溃，要么确定无疑。将性本能与其他本能如自我本能从一开始就作出区分的假设具有多种特点，不单是有助于对移情性神经症的分析。我承认，就后者而言可以做到十分清楚，因为这可能是一种中性的心理能量，通过对对象的攫取行为变成了力比多。然而，首先这一概念区分相当于饥饿与爱这种共同的、普遍化的现象的区分。其次，有必要从生物学角度进行考虑。个体的确是一种双重存在物：一面为自己的目的服务，另一面则是联结点，用于对抗自己的愿望（或至少是不情愿的）。个体将性视为目的之一，然而从另一种观点看，他又是“种质”（germplasm）的“附属物”（appendage），其目的在于用能量获得快乐“红利”。人是“永生物质”（可能的）的非永久性工具——如同限嗣财产的继承者，只能对该财产暂时地拥有。性本能与自我本能的分离，也许基本上反映了个体的这种双重功能。再次，我们必须记住我们这些有关心理学的暂时观点，总有一日会建立在“机体基质”之上。正是某些特殊的物质及化学过程操纵了性活动，并使个体的生活扩展为种族的。考虑到这种可能性，我们将用特殊的心理力量取代特殊的化学物质。

总体上看，我试图保持心理学的纯洁性，以便使它与本质不同的现象甚至生物学的思想区别开来。有鉴于此，我乐意就这一点追加我的想法如下，关于自我本能与性本能的分化假设（即力比多理论），并非全部建立在心理学的基础之上，主要衍生于生物学。然而，如果精神分析的工作本身产生出关于本能的其他更加适用的假设，我会一如既往地（根据我的一般原则）放弃这一假设的。可惜的是，迄今尚未有这样的假设产生。性能量——力比多——从最基本的和长远的观点上看，是心理中一般活动能量分化的结果。不过这样的结论并无实用意义，因为它远离我们所观察到的问题，我们对它的认识如此之少，以至于反对它或支持它都是毫无根据的。如同为了建立遗传的合法权利，人类所有的种族必须找到原始的亲属关系作为证据一样，这种基本的同一性（identity）似与我们的分析兴趣相距甚远。所有的推断都令我们无路可行。既然我们不能等待另一种科学为我们提供本能理论的最后结论，所以最好的办法是我们应试图通过综合对心理现象的分析，去探讨和发现这一生物学的基本问题。当然，我们必须面对犯错的可能性。不过，这不应阻碍我们关于自我本能与性本能假设的逻辑应用（这种假设源于对移情性神经症的分析），也不应阻碍我们看到这种假设是否无矛盾且富有成效，和这种假设是否适用于其他障碍，如精神分裂症。

如果力比多理论被证明在解释精神分裂症时是失败的，那情形当然就不同了。荣格（一九一二）已论述过这一点，故我不得不再讨论一番，否则我不会乐意再费笔墨的。如果不是荣格的原因，我会按照对一个偏执狂病人（Schreber）的分析顺序进行，而不必讨论其前提。然而，荣格的推断至少是不成熟的，他所提供的基础是贫乏的。首先，由于对这一病人分析上的困难，他似乎接受了我已经明示的扩展力比多概念（即放弃性内容）的观点，总体上将它等同于心理兴趣，费伦茨在对荣格的详尽批评中已经说道，对荣格的错误解释加以更正是必要的。我仅能论证费伦茨的批评，并重申我从未撤回力比多理论。荣格的另一观点，即力比多的撤回本身足以导致正常的功能的丧失，这真难以想像。与其说这是论证，不如说是声明。它“用假定去争辩”而不进行讨论，因为它究竟如何？必须建立在准确的调查研究之上。在荣格的另一部重要作品中（一九一三），他对我早就明确的结论视而不见。他写道：“与此同时，还需更进一步探讨的是，‘性力比多’的内倾（introversion）导致了对‘自我’的贯注，其结果便可能是‘现实的丧失’。当然，用这种方式对现实的丧失做出心理学的解释是不乏诱惑的。”然而荣格并未对这种可能性作出更深的探讨。在后来的行文中，他又舍弃了他的想法，为这种结果“会导致禁欲的隐士心理学，而不会是精神分裂症（dementia praecox）”。这种笨拙的类比对问题解决犹如杯水车薪：“这种试图根除性兴趣（就普遍意义的性而言）所有痕迹的隐士，根本不存在由于力比多的分配而成为病人的问题，他也许将对人的性兴趣彻底转移，也许将它升华（sublimated）为对神、自然或动物王国的更高兴趣，根本用不着将力比多内倾为幻想或返回到自我中，这种类比似乎预先已取消了兴趣分化的可能性：源于性欲的和源于其他的。让我们进一步分析一下瑞士学校的研究，尽管它很有价值，但不过仅阐明了精神分裂症的两个特点：我们所知道的健康人与神经症者都有的情结，和指向普遍神话的幻想的相似性。然而这并未给疾病的机制增添任何新知。我们可以对荣格的推断予以否定，力比多理论既无法对精神分裂症作出解释，当然注定对其他神经症也无能为力。

在我看来，对自恋的直接研究，导致了我们所面临的特定困难。我们涉入自恋的主要手段，仍停留在对精神偏执症的分析之上。如同移情性神经症，可使我们追溯到力比多的本能冲动，精神分裂症与偏执狂则可以使我们悟出自我心理学。进而言之，为了能够理解正常现象中的简单性，我们将转向病理学（pathology）来研究一些扭曲的或夸张的现象。同样，我们并不对其他手段弃之如敝屣。只有这样，才能形成对自恋的更好认识。下面我将按顺序予以讨论：器质性疾病的研究（organic disease）、疑病（hypochondria）的研究与性欲生活的研究。

为估测器质性疾病对力比多分配的影响，我将按费伦茨给我的口头建议进行。众所周知，而且我们视其为现实，受器官疼痛和不适困扰的人，连自己的痛苦都不在意，怎么对外部世界的事物再有兴趣呢？缜密的观察表明，他甚至会撤回对“性爱对象”（love-object）的“力比多”兴趣：只要继续痛苦，就会停止爱。我们没有理由将这一事实的共同本质转译为力比多的理论术语。因此，我们会说：病人将他的力比多贯注撤回到自我，而一旦恢复又会将它送出。“在他臼齿的小孔中，全神贯注是他的灵魂”，遭受牙痛痛苦的诗人布克（W. Busch）如是说。在这里，力比多与自我兴趣命运相同，无法区分。病人所熟悉的“自我中心”将两者涵盖其中。我们发现这极为自然，因为在相同的情形下我们会有同样的表现。不管一个人爱的情感多么强烈，都会因身体疾病而放弃，强烈的情感突然被全然的冷漠所代替。可以说喜剧作家对此作了极尽细致的探索。

睡眠，在将力比多自恋式地撤回到自我身上时，与疾病也是相似的。或者更确切地讲。此时只有一种愿望，即睡眠。梦的自我中心很适于这种情景。在这两种条件下，我们都发现了自我中力比多分配上的变化。

疑病，像器质性疾病一样，也有痛苦的身体感觉，并同样地影响到力比多的分配，疑病患者将对外部世界对象的兴趣与力比多全部撤回（力比多的撤回更为明显），仅专注于引起他注意的器官。这样，疑病与器质性疾病的区别已昭然若揭：后者的痛苦感觉建立在明显的（器官的）变化之上，而前者就不同了。然而，如果我们要坚持疑病是对的，即疑病患者也需有器质性变化，那我们关于神经症过程的一般概念就丝毫不能动摇。

究竟该发生什么样的变化呢？经验将为我们显示这一

点，与疑病者相比，在各种神经症者身上都会出现不愉快的身体感觉。前已述及，我会将伴有神经衰弱和焦虑性神经症的疑病当做第三种“真正”神经症。同样，在其他神经症中一定程度的疑病现象也会同时规律地形成，这种设想也非离题太远的想像。我想，这方面的最好例证可从歇斯底里症上部结构（superstruacture）的焦虑性神经症中看到。现在让我们分析一个熟悉的器官原型——生殖器（genital organ），它曾经令人不快的柔软，然后产生了某种程度的变化，然而这却不是一般意义上的疾病，而是一种兴奋状态。在这种情况下，它充血、膨胀、湿润，形成一种复合感觉。让我们以身体的任何部位为例，描述一下它怎样将性兴奋刺激作为“性感性”（erotogenicity）送至大脑。同时，我们的性理论早就使我们习惯于认为，身体的特定部位——性感区（erotogenic zones）——会作为生殖器的替代进行类似于生殖器的活动。这样，我们离问题解决就只有一步之遥了。我们决定将“性感性”视为所有器官的共同特征，其增强或减弱视特定的器官而定。器官动情性的任何变化都会导致自我中力比多贯注的相应变化。这些因素便构成了我们相信潜藏于疑病背后的活动，并对力比多的分配产生了类似于器官疾病产生的作用。

我们发现，如果按照这种思路考虑，我们不仅突然地碰到了疑病问题，而且还碰到了其他“真正”神经症——神经衰弱和焦虑神经症。让我们不妨暂停一下，因为，在生理学研究前沿曾进行这种深入的探索，这已超越了纯心理学（purepsychological）的研究范围。我仅要指出的是，从这种观点看，我们似乎可以认为，疑病与精神偏执症的关系类似于其他“真正”神经症与歇斯底里症和强迫神经症的关系，也就是说，疑病对自我力比多的依赖如同其他神经症对对象力比多的依赖一样，而疑病性焦虑（hypochondriacal anxiety）正好相反，因为它来自自我力比多。此外，既然我们已熟悉了生病的机制及移情性神经症的症状形成——从内倾到压抑——与对象力比多淤积（damming-up of object-libido）有关，那么我们就会进一步地认识到，自我力比多同样会受到淤积，我们就会将这一点带入对疑病现象与精神偏执症关系的探讨。

就此而言，我们的好奇当然会提出如下的问题，即经历自我中力比多淤积，为什么是不愉快的。我认为较满意的答复是，不愉快总是较高强度的紧张的表现，因此，能量的一部分作了转移，变成了心理性质的不愉快。然而，倒不是纯粹的物质性对不愉快产生决定作用，而是这种物质性的特定功能。在此我们已触及了以下问题：什么使我们的心理生活对自恋的超越与力比多对对象的附着成为必须的？按我们的思路，对这一问题的回答是：当力比多的自我贯注超过一定量时，对自恋的超越便成为必须，强烈的自我中心防止患病，而欲阻止患病，最后的手段便是开始爱；若不能爱，挫折便必导致患病。这颇符合海因（Heine）关于创造（Creation）的心理发生学（Psychogenesis）的描述：

我们想像着上帝会说：“疾病无疑是整个创造冲动的最后原因。只有创造，我才得以康复；只有创造，我才会变得健康。”

我们已确认，我们的心理器官，首要的和最重要的目的在于控制兴奋，否则，就会感到痛苦或导致疾病。控制兴奋肯定会招致内在兴奋的消失，使之无法指向外部，或使释放暂时变得令人不快。不过，首要的问题是，这种内在过程究竟指向真实的还是想像的对象是否毫无区别。这种区别直到后来才会出现，即当力比多对不真实的对象释放（内倾）导致自身受阻时。精神偏执症的妄自尊大，具有力比多内在释放的相似性，即返回到自我。也许只有在妄自尊大毫无效果时，自我的力比多受阻才会招致疾病，并开始了恢复过程，给我们造成了患病的印象。

我试图对精神偏执症的病理机制做更进一步的探讨，并将我认为值得考虑的观点集结在一起。在我看来，精神偏执症的情感和移情性神经症的区别在于，由挫折所释放的力比多，在精神偏执症中并未以幻想的形式附着于对象，而是撤回到自我，对移情性神经症而言，妄自尊大恰恰是对这部分力比多的心理控制，成为内倾于幻想的对立物。这种心理功能的失败便导致了精神偏执狂的疑病和移情性神经症的焦虑。我们知道，克服焦虑可借助更多的心理释放，如转换（conversion）、反向形成（reaction）或自我保护的构建（construction of protections,〔恐怖症〕）。在精神偏执狂中，其相应过程的目的在于修复（restoration），故疾病有着明显的症状。既然精神偏执症时而会（即使不总是）招致力比多从对象撤回，我们便可对临床情形做出三种分类：（一）保持正常状态或神经症状态（残留现象）；

（二）表现出病变过程（力比多与对象分离，进一步表现为妄自尊大、疑病、情感障碍及各种压抑）；（三）在歇斯底里症（精神分裂症或精神偏执症）或强迫神经症（如偏执狂[1]）后，表现出修复现象，即力比多再次附着于对象。这种新的力比多贯注不同于起初，因为它开始于另一水准之上，并在某些条件下才可以。移情性神经症的这种不同导致了力比多贯注的新类型及相应过程的形成，这种自我的正常性使我们获得了我们心理器官结构的最深刻知识。

研究自恋的第三种方式，便是对男女两性多种多样的性生活进行观察。正像对象力比多起初影响了我们对自我力比多的观察一样，我们对婴儿（及成长中的孩子）对象选择的观察，最初表现为他们的性目标源于经验的满足。最初的自体性性欲满足对于自我保护（self-preservation）具有必不可少的作用。性本能外在地表现为对自我本能满足的附着，此后性本能才变得独立起来，即便如此，仍有迹象表明，最初的附着事实上仍然是孩子将喂养、照料、保护自己的人作为最早的性对象：即母亲或母亲的替代者。在这种可称之为“依恋”（anaclitic）或“附着”（attachment）的类型和对象选择的条件下，精神分析研究已经发现了尚未准备发现的第二种类型。我们已经发现，尤其在力比多发展遭遇障碍者身上，如性倒错者和同性恋者，在他们对性爱对象的以后选择中，不是以母亲为模型，而

① 偏执狂（paranoia），又译妄想狂，弗洛伊德当时使用此词时较宽泛，不符合临床精神病学的严格规定。如将带有病理妄想的精神病或精神分裂症也称为偏执狂。——译注

是以自我为模型。他们明显地将自我作为性爱对象，其对象选择类型可称做“自恋的”。观察使我们有最充分的理由选择关于自恋的假设。

然而，我们尚不能得出结论，即根据对象选择是“依恋”的或“自恋”的，而将人分为截然不同的两组。我们认为，对象选择的两种类型适于每个人，虽然个体可表现为对某一类型的偏爱。我们可以说，人最初具有两个性对象——自己及养育自己的女人，就此而言，我们假定每个人都有原始自恋（primary narcissism）在某些条件下，有些人的对象选择是以自恋为主导特征的。

关于男女两性的性比较研究表明，就对象选择的类型而言，两性间存在着根本的差异。当然这种差异未必普遍存在。严格地讲，完全的依恋型是男性的特征。他们对性的估价过高，这显然源于童年期的原始自恋，然后将其转移到性目标上。对性的高估是爱的根源，在这种状态下出现的是神经症的冲动，由此可追溯由于力比多指向性爱对象而使自我变得贫瘠起来。在女性中，这种类型的过程就不同了，这也许是最纯和最真的类型，随着青春期的到来，女性的性器官达到了成熟，但一切都是隐蔽的，此时原始自恋开始加强，然而，伴随着对性的高估，这种原始自恋却不利于真正对象选择的发展。女性，尤其长相俱佳者，发展为一定的自鸣得意（selfcontentment），补偿了强加于她们对象选择的社会限制。严格地讲，这样的女性只爱自己，与男性爱女性的强烈感情形成了明显的对比。女性的需要此时不是爱，而是被爱，满足了女性这一条件的男人便往往取悦了她们。就女性的性生活而言，这类女性的重要性是应当高估的。因为这类女性对男人魅力最大，这不仅因为她们俊美（尽管她们是最美的），而且还有一些令人陶醉的心理原因，显而易见，对一个部分恢复了自恋并寻找性爱对象的人，别人的自恋却有极大的吸引力。儿童的魅力在很大程度上是他的自恋，他的自鸣得意和不可理解，如同有些动物的魅力在于根本不在乎我们如何，像猫及食肉猛禽。的确，即使是文学作品中所描写的很大的罪犯和怪人，也是因为他的自恋持续性吸引了我们，他们借自恋将任何可能毁掉自我的东西远远抛开，我们似乎惊羡他们心灵的极乐状态——一种我们早已放弃了的无懈可击的力比多状态。当然，自恋型女性的巨大魅力还有相反的方面。爱她的男人相当程度地不满意，对她的爱的怀疑及对她神秘特性的怨言，在很大程度上种下了对象选择类型间不和谐的种子。

也许在此指出这一点是恰如其分的，就我而言，关于女性类型的性欲生活的描述，丝毫没有贬低女性的意图，不仅如此，任何偏见对我都是格格不入的。我知道，发展中的这些差异是和由更复杂的生物性功能差异相对应的。此外，我仍然承认，有相当多的女性依据“男性”类型去恋爱，并也具有适合此类型的性高估。

尽管自恋型女性对男性的态度是冷淡的，但仍可找到实现完全对象选择的途径。怀孕的孩子本为身体的一部分，但可视为“外在对象”从自恋出发，完全可以帮其变为性爱对象。还有一些女性，不必等待孩子帮其实现从自恋（第二次）到性爱对象的转化。在青春期前，她们感到自己是男性的，并发展了一些男性特征。青春期后加快了女性成熟的步伐，她们仍保持渴望成为男性的理想——事实上这是她们曾经有过的男孩特征的再生。

以上所言也许可以得出导致对象选择的简短结论：

一、对自恋型的人而言，所爱的可能是：

（一）现在的自己；

（二）过去的自己；

（三）未来的自己；

（四）曾经属于过他的人。

二、对依恋型的人而言，所爱的可能是：

（一）养育过他的女性；

（二）保护过他的男性（此处也包括替代者）。

关于自恋型的人可能爱的第三种人（未来的自己）要到后面的讨论才能证明。

对男性同性恋而言，这种自恋的对象选择的意义还需作其他的思考。

尽管我们假定儿童具有原始自恋，并构成了力比多理论的一部分，但对这种自恋的直接观察却远不如对其他材料的引申更为容易。如果留意充满感情的父母对其子女的态度，我们便不得不承认这是他们早已抛弃的自恋的复活与再生。正如我们所知道的，对象选择中的自恋特征由于高估而成为可相信的要点，它主导了父母的情绪态度。这样他们便有了使孩子变得完善的冲动——掩盖、忘却孩子的缺点。冷静的观察绝不会如此（对孩子性活动的否定也恰与此有关）。此外为了孩子的利益，倾向于中止那些他们的自恋被迫尊敬的文化习得的行为，同时他们为了自己倾向于重新唤起他们早已放弃的特权。孩子将会有比父母更好的时光，父母不会再让孩子屈从于他们曾认为至高无上的东西。疾病、死亡、享乐克制与意志控制将远离孩子，自然与社会法则将以孩子之嗜好予以取舍，孩子将再次真正成为创造的中心——孩子陛下，如同我们幻想的自己一样。孩子将实现父母不曾实现的所有梦想——男孩成为伟人和英雄，以替代父亲；女孩与王子联姻，作为对母亲“迟到”的补偿。在自恋系统最棘手之点上，现实强加于父母自我的不朽性在孩子身上找到了避风港。父母之爱——动人而天真的——不过是父母自恋的再生，虽然将其转化为对象爱（object love），但却明白无误地显露了它的原本质。

□

我建议将下列问题暂置一旁，因为尚需更进一步的探讨。这些问题是，儿童的原始自恋遇到的障碍，儿童为保护自我对付障碍的反应及其不得不采取的方式。不过，最重要的问题可归结为“阉割情结”（男孩对阴毛的焦虑及女孩对阴毛的嫉羡），并将它视为性活动早期受阻的结果予以分析。精神分析的研究使我们能够追溯到，从自我本能中分化出来的力比多本能的变化。但在阉割情结的特殊情形下，我们可以推断存在着一种“新时代”和一种心理情境，在它们的存在中，这两种本能依然相互融合地联合活动，以自恋兴趣的形式表现出来。正是在这种条件下，阿德勒（一九一〇）发展了他的“男性抗议”（masculine protest）概念，他几乎将它视为性格及神经症形成的惟一动机力量（motive force）。不过，这不是建立在自恋基础上，而是建立在社会价值的基础上，并且仍然具有力比多倾向。精神分析的研究从一开始便确定了“男性抗议”的存在及其重要性，与阿德勒不同的是，我们认为它本质上是自恋的，并源于阉割情结。在性格形成方面，“男性抗议”与其他许多因素共起作用，根本不适于对神经症问题的解释，而阿德勒仅考虑了它服务于自我本能的方式。我发现，将神经症的形成建立在阉割情结狭窄的基础之上是根本不可能的，虽然在抵抗神经症的医治方面它随时力量十足。在我遇到的几例神经症中，“男性抗议”或我们视做的阉割情结，根本不是致病的原因，甚至压根儿就未出现过。

对正常成人的观察表明，他们早先的妄自尊大已经消除，而我们欲从其心理特征中引申的婴儿自恋也不复存在。他们的自我力比多变成了什么呢？我们可以设想它的全部均变成了对象贯注吗？显然，这种可能性与我们论证的总趋势背道而驰。但在对压抑的心理分析中，我们也许会找到回答这一问题的其他思路。

我们知道，如果力比多本能冲动与一个人的文化和伦理观念发生冲突，那么，这些冲动便会出现病理性的压抑变化，就此而言，我们绝无意认为个体具有这些观念存在的知识，而是认为人能将这些观念作为自己的标准，并服从于这种标准的要求。我们说过，压抑来自自我，不过更确切地讲，压抑来自自我中的自尊。同样的印象、经验、冲动和欲望，一个人可以沉溺难拔或至少能通过意识的检查，另一个人则由于强烈的尊严而拒绝接受。甚至在未进入意识前就被扼杀了。两者压抑条件的不同可以用力比多理论加以描述。可以说，一个人为自己确立了一种理想（idel），他以理想检验自己实际的自我；而另一个人根本就是没有这样的理想。对自我而言，理想的形成可成为压抑的生成因素。

理想自我此时成了自爱（self-love）的目标，童年时曾为真实的自我所陶醉。个体的自恋将自身展示给这种新的理想自我，理想自我像早期自我（infantile ego）一样，发现自己占有有价值的所有成就。就力比多的经常表现而言，个体再次表现出不能放弃曾经有过的满足，他不愿弃绝童年的自恋成就（narcissistic perfection），随着年龄的增长，他为别人的告诫及自己评判力的唤醒而烦恼，于是，他再也不能保持原来的成就，并寻求自我理想的新形式将其恢复，他为自己树立的理想不过是童年失却的自恋的替代，在那种自恋中他就是自己的理想。

我们自然而然地到了检验理想的形成与升华的关系的时候。升华是一个与对象力比多有关的过程，它将本能指向远离于性满足（sexual satisfaction）的其他目标。在这一过程中，重点强调的是性的转移。理想化是一个关系到“对象”的过程，通过理想化，个体在不改变对象的条件下，在心目中将对象聚集和夸大。理想化既可产生于对象力比多中，亦可产生于自我力比多中，譬如，对某一对象性的高估便是对它的理想化。既然我们一直将升华与本能相联系，将理想化与对象相联系，这两个概念当然是相互区别的。

将自我理想的形成与本能升华混淆会有损我们对事实的理解。一个将自恋敬献给很高的自我理想的人未必导致力比多本能的升华。的确，自我理想要求这样的升华，然而它却不能强加于升华。升华是一种特殊的过程，理想也许能促动它，但其过程却是完全独立于这种促动的。正是在神经症者中，我们发现了在自我理想的发展与原始力比多本能的升华量之间存在着潜能的最大区别：要说服一个理想家力比多的不明智的分布，远比说服一个虚荣心保持更适当的一般人更为困难。此外，在神经症的病因方面，自我理想的形成与升华也是极其不同的。正如我们所知，理想的形成增强了自我的要求，是导致压抑的最强大因素；升华则是一种出路，可以在无压抑的条件下满足自我的这些要求。

如果我们能发现一种特殊的心理器官，它负责观察自我理想怎样实现了自恋满足，并为了这一目标用理想检验真实的自我，那么就不必大惊小怪了。如果这样的器官真的存在，那我们遇见它就不是“发现”的结果。——我们只能确认它，因为我们称之为“良心”（conscience）的便具有我们所要求的特征。对这一器官的确认使我们能够理解“被视妄想”（delusions of being noticed），或确切地讲是“被观察”（being watched）。这是偏执狂疾病的显著症状，或作为一种独立的疾病出现，或在移情性神经症中夹带出现。这类病人抱怨他们所有的思想都为别人所知，他们的行为被别人所观察和监视，好像有第三个人告诉了他们这一器官的功能（“现在她又想那个了”，“现在他走了”）。这一抱怨是被证实了的，它描述了真实。观察、发现和批评我们所有意图的力量的确存在。在我们每个人的正常生活中它确实存在。

由于“被视妄想”以退行（regressive）的形式展示了其能量，故病人试图抵抗它的过程与原因也便显露了出来。譬如，是什么促成了病人自我理想的形成？监视其行为的良心是代表谁的？是父母的批评性影响（通过声音的传递）？还是随着时间的进展增加了训练者、教育者及环境中无法计量的人的影响（同伴及舆论）？

通过这种方式，同性恋力比多的大部分便形成了自恋的自我理想，并找到了保持该理想的途径及获得该理想的满足。良心的建立基本上是一个体现外在影响的过程——首先是父母的批评，其次便是社会的批评。这一过程会重复出现在下列情形中：来自外界的禁止或阻碍使个体出现了压抑的趋势。于是疾病便将无法确定的人群、声音带到了跟前，良心以退行的方式重新构建。然而，病人对“稽查器”（censoring agency）的反叛源于自身的愿望（与病的基本特征相适应）：免受所有这些影响的束缚，从父母开始，将同性恋力比多从他们身上撤回。这样，病人的良心便进入了在外界的敌对影响下的退行状态。

偏执狂病人的抱怨还表明，良心的自我批评与建立在此之上的自我观察基本上是共生的。这样，具有良心功能的心理活动还负责“内心探索”（internal research），从而在物质上增强了其智慧活动能力，这也许有助于偏执狂病人的特征趋向（characteristic tendency）构建思辨系统[1]。

如果这种富有批评性的观察器活动（变成了良心和哲学性内省），可在其他领域中发现，那对我们来讲肯定是非常重要的。在此我将提到西尔伯瑞（Herbert Silberer）称为的“功能现象”（functional phenomenon），这是对梦理论少有的无可争辩的有价值的补充。众所周知，西尔伯瑞认为，在睡眠与清醒之间的状态，我们可直接观察思想向视觉表象的转化。不过，在这种情况下，我们常见的表象（representation）却不是思想内容的，而是反抗睡眠的人的实际状态（愿望、疲劳等）。西尔伯瑞同样指出，梦的结论或某些片断的内容，不过是梦者对自己睡眠与清醒知觉的象征而已。这样，西尔伯瑞便明确了观察在梦的形成中的作用（从偏执狂病人被视妄想的意义上讲）。这一作用并不是持久不变的。我所以忽视它。也许因为在我自己的梦中它从未起过任何重要作用，对于天才的哲学家或习惯于内省的人，观察的作用也许是非常显然的。

在此，我们可以回忆已经发现的事实，梦形成于“检查”主导之时（强迫对梦的思想进行歪曲）。然而，我们并没有将这种检查描述为一种特殊力量，而是用该术语表明控制自我的压抑倾向的一个方面，即指向梦的思想的方

① 对此我将建议增加一些观点，这种观察器的发展与增强也许包含记忆（主观的）的相应形成及时间因素。而时间因素对潜意识过程无用。关于这两点可参见《论潜意识》第 187 ~ 189 页。——原注

面。如果更进一步地探讨自我的结构，我们就会发现，在自我理想及良心的动力学言辞之中还有“梦检查”（dream-censor）。即使在睡眠中若这种检查警觉到一定程度，我们也会理解自我观察和自我批评何以会有这样的活动。譬如，“他困得实在不能思考了”，“他现在已经醒了”。这些活动为梦的内容做出了贡献[①]。

说到此，我们便可以讨论正常人与神经症者的自尊问题了。

首先，在我们看来，自尊是自我规格（size of ego）的一种表达，而决定规格的因素是什么倒是无关紧要的。一个人占有的任何方面，所取得的所有成就，他的经验所确定的任何原始全能感（primitive feeling of omnipotence）的残余，都可以增强他的自尊。

在注意到性本能与自我本能的区别时，我们必须明确，自尊对自恋力比多有特殊的依赖性。支持这一点的有两个基本事实：精神偏执症的自尊是增强的，而移情性神经症的自尊却降低了。在爱情关系中，不被爱降低了自尊情感，而被爱增强了自尊。如我们已指出的，自恋对象选择的目的与满足恰恰在于被爱。

此外，很容易察觉，力比多的对象贯注并不会增强自尊，对所爱对象的依赖结果降低了自尊情感：恋爱中的人是低劣的。也就是说，爱别人者失去了自恋的一部分，只有被爱才能将其替代。在所有的条件下，自尊似乎总与爱

① 在此我无法确定，自我中其他的检查器是否有区别，这种区别是否构成了意识与自我意识哲学分界的基础。——原注

的自恋因素有关。

由于心理或生理障碍而不能爱的人，一旦意识到丧失了爱的能力，便强烈地挫伤了自尊。以我之见，我们必须找到是什么原因，导致了移情性神经症者随时都告知于人的自卑情感（feelings of inferiority）。最主要的恐怕就是自我的剥夺（inpoverishment），它源于大量的力比多贯注从自我中撤出。也就是说，由于自我的性趋向再也不被控制而使自我受到伤害。

阿德勒（一九〇七）在这一点上是对的，即当一个人活跃的心理生活，使他意识到自己某一器官的缺陷时，他就会产生一种动力，产生一种更高水准的活动，以实现过度补偿（overcompensation）。然而，如果我们遵照阿德勒的例证，将任何成功的成就都归结为器官的原始缺陷，那无疑是言过其实的。并非所有的艺术家都视力不好，所有的演说家也并非先天的口吃者。倒是有足够的例子证明，杰出成就的取得源于"优越"（superior）的器质性天资。神经症的病因学（aetiology）研究表明，器官缺陷及不完善的发展并不起什么作用，正像当前主动知觉到的物质对梦的形成不起作用一样。神经症者倒是以缺陷为借口，这如同用任何其他适宜的因素做借口一样。我们或许可以相信一个女神经症病人的话，她说她肯定会得病，只因为她长相丑陋，缺乏魅力，于是没有人会爱她。但她的神经症会更清楚地告诉我们，她会坚持其神经症及对性的厌恶，尽管与一般的女性相比，她的欲望更强或更为别人所爱。大部分女歇斯底里症患者都是富有吸引力，甚至是漂亮的，而在社会较低的阶层中，女性的丑陋、器官缺陷及疾病（体弱）却并未导致神经症的增加。

自尊与性欲的关系，亦即自尊与力比多对象贯注的关系，可用下列方式清晰地予以表达。有两种情形必须分清，即性欲贯注（erotic cathexes）是自我和谐的（ego-syntonic）还是受到压制的。在第一种情形下（力比多的活动表现为自我和谐），对爱的估价像对待自我中的其他活动一样，因为爱本身总与渴求和剥夺相连，故降低了自尊。但若被爱，爱被归还，占有所爱的对象，自尊则会再度增强。力比多一旦受压抑，性欲贯注使体现为自我的严重枯竭，爱的满足毫无希望，自我的重新丰满只有通过力比多从对象的撤回才能实现。对象力比多对自我的重归及向自恋的转移，标志着（本应该的）幸福之爱的重现。当然，从另一方面看，真正的幸福之爱与原始条件是相符的：对象力比多与自我力比多根本无法区分。

为证实该主题的重要性及广泛性，我还必须再强调几点，因为在此之前这些方面总是松散地拼在一块的。

自我发展的目标之一，就是以离开原始自恋为始然后再拼命地恢复。这种分离是由外力之下的力比多移置于自我理想造成的，而满足则源于理想的实现。

与此同时，自我又使力比多进行对象贯注。由于这些贯注而使自我贫乏不堪，如同它为了实现自我理想一样。同样，自我的丰满还必须再通过对象贯注的满足，如同它通过理想的实现一样。

自尊的一部分是原始的，即婴儿自恋的残余，另一部分源于个体经验证实了的“全能”（自我理想的实现），再一部分来自对象力比多的满足。

自我理想通过对象对力比多满足施加了严格限制，因为它使某些不相容的力比多通过稽查遭到拒绝。若这种自我理想没有形成，那么性趋向将以性倒错的人格形式表现出来。相对于其他趋向，性趋向再次成为他们的理想，如同在童年期一样：这就是人们极力争取的幸福。

爱包括自我力比多向对象的移动，它具有驱除压抑和改变性倒错的能量，它可以使性对象升级为性理想。既然对“对象型”（或依恋型）而言，爱产生婴儿期爱的实现条件之下，那么我们可以说，不管是什么满足了这一条件，都是理想的。

性理想可以一种有趣的从属关系进入自我理想（ego ideal）。当自恋满足遇到真正的障碍时，性理想可以成为替代满足。如果一个人的爱与其对象选择的自恋型相一致，就会爱过去之我（尽管现在已不复存在），或爱自己从不曾有过的任何优秀品质。与此平行的公理可表述为：凡能成为理想而自我又缺乏的优秀品质均可以爱。这种权宜之计对神经症具有特殊的重要性，因为神经症者的过分对象贯注导致了自我的贫瘠，以致无法实现自我理想，于是，他们便通过性理想的选择（作为自恋型者不可能具备这些优秀品质），将力比多指向对象的挥霍过程拉回至自恋。这便是爱的治疗（cure by love），一种他们通常偏爱的分析性治疗。的确，他们无法信任治疗的任何其他机制。他们通常带着这种期望对待治疗，并将这种期望指向医生、病人由于过分压抑而导致的不能爱实际上阻碍了这样的治疗计划。在治疗过程中经常出现的不情愿的结果是，病人部分地解除了压抑：为了得到所爱的对象，病人拒绝继续治疗，一种爱着某人的生活持续了原来的治疗。如果病人不会留下对帮助他的人的极有害的依赖，我们对这样的结果当然应满意。

自我理想为理解群体心理学（group psychology）打开了一条重要管道。这种理想除了具有个体性的一面之外，还具有社会性的一面，它同时还是一个家庭、一个阶层或一个民族的共同理想。它不仅限制了个人的自恋力比多，而且在很大程度上约束了同性恋力比多，从而使力比多返回至自我。若这种理想不能实现，便会产生试图满足的愿望，从而解放了同性恋力比多，使之转化为罪恶感（社会焦虑）。这种罪恶感起初是害怕父母的惩罚，或更正确地讲，是害怕失去父母的爱。此后父母将被无数的同伴所替代。这样，在自我理想的范围内，对自我的伤害、满足的受挫，便成了精神偏执症的常见原因。并且这种原因也变得更加明白易懂，既同于理想形成和自我理想升华的会聚，又同于精神偏执症中升华与理想可能转变的复归（involution）。

4. 性道德与现代人的不安

艾伦费尔斯（Von Ehrenfels）在新近出版的那本有关性伦理学的书中，指出了“自然的”性道德与“文明的”

（文化的）性道德之间的区别。在他看来，“自然的”性道德乃是一个种族为保持该种族健康的发展和旺盛的活力而对其成员施行的控制系统，而“文明的”性道德则意在激发人们更加辛勤、更加孜孜不倦地从事文化活动。他强调说，如果把人类的天性与他取得的文化成就相比较，就更容易认清这两种性道德之间的强烈对比。为了说明艾伦费尔斯的这一重要想法，我想多少引用他在这方面的一篇论文[①]，同时也作为我对这一问题之看法的依据。

可以设想，当“文明的”性道德占压倒优势的时候，个人生命的健康发展与活动就可能受到损害。而这种牺牲个人、伤害个人以照顾文明的倾向一旦超出了某一界限，必将反转过来，有害于原来的目的。艾伦费尔斯已经在他的论文中列举了一系列这类恶果。认为我们西方社会目前流行的性道德法规应对此负完全的责任。虽然他完全承认这种性道德在推动文明发展上的高度价值，但他最后仍然认定它需要加以改造。今日性道德的特征，是把往昔仅对妇女的那些要求扩大到男子的性生活中，并对夫妻之外的任何其他性生活加以禁止。虽则如此，但由于考虑到两性间在性需要方面的天然差别，对男性在性方面的偶尔越轨并不苛责，这实际上等于承认男子在性道德上的双重标准。但是，一个允许双重道德标准存在的社会，便势必不能做到“热爱真理、诚实和人道”，因而只能使其成员堕落到

① 本文首次发表在《性的问题》杂志上，为期刊《母亲保护》的新版。1908 年第四期。原著的名称是:《性道德、神经系统和内心生活的交叉》。——译注

不顾真理、虚伪和自欺欺人的地步。文明性道德的恶果实际上还不止如此，它鼓励一夫一妻制，却因而减小了“性择”的可能。既然在文明社会中生存竞争已因人道与卫生的考虑降至最低限度，那惟一能使种族品质得以改进（或发展）的因素，便剩下了“性择”[①]。

关于性道德造成的种种恶果，这位医生（指艾伦费尔斯）漏掉了一种，我们下面就来讨论它的意义。这就是它加速了（或滋长了）现代人的神经质或紧张不安，这种现象在现今的社会状况下蔓延得尤为迅速。有时一个神经病患者会主动请求医生注意他自己的性情素质与社会要求之间的对立，讯问这是否就是致病的根源。他会问这个医生说：“我们全家都变得精神失常了，我们总想使自己过得更好，也不管自己有没有能力达到。”医生们也常常发现，神经病往往袭击这样一些人，他们的祖父原本生活在纯朴而健康的乡间，是那些粗犷而富有活力的种族的后代，然后骤然来到大城市并在事业上获得了成功，于是乎想到培养自己的孩子，恨不能在短时间内就把他的文化造诣提高到最高水平。这一现象引起医生们的深思。但最有说服力的，是精神病专家们理直气壮地提出的证据，这些证据均证明，精神病人的日益增加与现代人的文明生活有关。只要引述几个有名的观察者的看法，我们便能清楚地看到这种说法的可靠性。

W·艾尔（Erb）说：“对于这一根本的问题，我们可以概括如下：是否由于以前所列举的种种造成神经质的原

① 以上文字，是从艾伦费尔斯的论文中摘出的。——原注

因在现代生活条件下有增无减，就应把责任归之于现代生活？对这样一个问题，只要你随意扫描一下现代生活的种种特征，就可以毫不迟疑地做出肯定的回答。

“只要看一看下列事实，事情便已经很清楚了：现代文明的每一次杰出成就，每一个领域的创造和发明，它在日益增加的竞争中所取得的每一进步，都只能以巨大的心智努力来换取和保持。在这种生存竞争中，对个人能力的要求大大提高了，个人只有将全部心智力量施展出来，才勉强应付这一要求。与此同时，个人对享乐的欲求，也扩展到每个阶层。暴发户们过上了前所未有的奢侈生活（他们过去对这种生活根本不习惯），漠视宗教、不易满足和贪得无厌等现象扩展到社会的各个角落和阶层。环绕全球的电话和电报网使通讯事业无止境地膨胀起来，商业和旅行方式得到全然改观，人们一天到晚都匆匆忙忙，生活处于高度紧张状态。人们夜晚旅行，白天做生意，即使假日的远足，人们的神经系统也得不到放松。严重的政治、工业和经济危机风起云涌，波及到前所未有的范围。人人都想过问政治。政治、宗教、社会斗争、党派利益、竞选活动，凡此种种，都使人思绪纷繁，永远得不到歇息，就连娱乐、休息和睡觉的时间也不得安宁。大城市的生活变得愈来愈纷繁紧张了。那衰竭的神经全靠强烈的刺激和纵情狂欢，才能振作一点，而每当这样做过之后，又变得更加衰竭和劳累。即使是文学作品，也不再给人以享受，现代文学所关心的都是一些最能引起争论和最能挑惹起各种激情的问题。它挑动肉感，促使人追求快乐，让人蔑视一切基本的道德准则和所有理想的需求。它描述病态行为，描述性心理变态者，把有关革命，反叛的种种古怪的问题塞到人们的脑子里。我们的耳朵也不清闲，各种嘈杂的音乐不时地震动着我们的耳膜。剧院的节目也使出浑身解数，以最为刺激的表现形式刺激着人们的感官。创造性艺术也发生了一百八十度的大转折，开始偏向那些丑陋的，讨厌的和暗示性的东西，它抗拒现实，毫不迟疑地将生活中最丑陋的方面呈现于我们面前。

“这样一幅简略的图画已足以展示现代文化变迁中的种种危机，至于其细节部分，不用费多大的劲就可以想到。”

宾斯枉格[①]（Bins Wanger）说：“特别是神经衰弱症，它已被人们描述为一种最有代表性的现代病症。第一位对这种病做出总体描述的人是贝尔德（Beard），他坚信自己发现的是一种只有在美国才能见到的新的神经疾患。这样一种假设当然是错误的。但是，既然这种病是由一个十分有经验的美国医生首先发现和提出的，这本身就足以表明它与现代生活方式之间的密切关系——在这里，那些放任不羁的欲情，对黄金和财产的追求，以及技术领域的巨大发展，已使人们的交流打破了空间与时间的限制。”

冯·克拉夫特·伊宾（Von Kraft-Ebing）说：“今天，在无数文明人的生活方式中充满了种种不合卫生的因素，这些有害的因素最直接和最严重地作用于大脑，无怪乎精神病患者会可悲地增加。仅仅用了十年时间，文明人在政

① 见其《神经衰弱症的病理和治疗》。——原注

治、社会，尤其是商业、工业和农业等方面的状况已大大改变，这种改变突然间改善了人们的职业生活、公民权利和财产收入，但却牺牲了自己神经系统的健康，因为这些东西的取得必然增加了他们家庭和社会方面的需要，而这就要付出更大的精力，而这些精力的耗损是无论如何也恢复不了的。”

对上述言论以及其他一些零星的论述，我需要在此做出自己的评论，这倒不是因为它们是错误的，而是因为它们尚未详尽地描述这种神经质的具体状况，而且遗漏了对它的最重要的病因的解释。如果我们越过这种不太确定的“神经质形式”，而考察神经病患者的具体表现，文化的有害影响便不难集中于一点上，这就是在文明社会中那占压倒优势的性道德对文明人（或文明阶级）的性生活施行了不恰当压制的结果。

对上述观点的证明，我已在一系列技术性论文中作了详细叙述，这儿不再加以重复。当然，我研究中得到的那些最重要的论据，在这儿仍然要提到。

临床的观察，使我们区分出两种精神疾患，一种是真正的神经（机能）病，另一种是心理症（或精神病）。前一种病症，不管是身体的还是心智上的症状，看上去都具有中毒的症候。这就是说，这种症候是由某种神经毒质的过剩或缺乏所引起的。这样的神经症统称为“神经衰弱症”，其发病原因不能从遗传方面的因素查到，大多数是因性生活失调而造成的恶果。这种病发病形式与毒性性质之间的确有着密切关系。多半情况下，仅凭对这种病的临床症状的观察，就可以测知其性生活是如何失调的。反过来说，我们在前面所引证的关于文明造成的种种有害影响，在刚才提到的神经疾患中却见不到蛛丝马迹。因此，我们大体上可以这样说，造成这种真正的神经性疾病的原因，主要是性方面的因素。

至于心理症，其遗传因素似乎较为明显，但真正病因并不太清楚。然而，有种奇特的研究方法，即精神分析法，却使我们认识到，这些疾患的症状（歇斯底里，强迫心理症）均是心因性的（心理性的），来自潜意识（压抑了的）活动中各种观念化情结的作用。这种方法还告诉我们，这些情结从广义上说来，的确有着性的内容或意味。它们源自人的未满足的性的需要，代表着一种使人满足的替代性力量。因此，我们必须把一切伤害性生活、压制性活动、改变性对象的因素，统统视为造成心理症的病理成因。

我们在理论上把毒性的与心因性神经疾患区分开来，是有一定的价值的，这种价值决不会因为在多数患者身上能同时观察到上述两种病因而减少多少。

每一个同意我的观点，从而把性生活的不满足当作神经疾患的成因的人，都会同意我对这一问题作进一步论述，即在一个更广的范围内讨论为什么现代生活中神经疾患会增加的问题。

一般说来，我们的文明乃是建基于对本能的压制上的。每一个人都要做出一部分牺牲——他人格中的支配欲、好胜心、侵略性以及报复心等等倾向。从这种牺牲中积累起文明的素材和精神财富，供公众所有。促使个人做出这种牺牲的主要原因是家庭的情感（连同它的性的根源）大大超出了或凌驾于生存竞争之上的结果。在文明的进展中，这种放弃是循序进行的，并且一步步被宗教神圣化了。个人牺牲其本能的满足，将之奉献于神明，由此而得到的公众利益则被宣布为“神圣的”。那些因为本能冲动十分强烈，最终压抑不住的人，便不能适应社会的要求，变成一个罪犯，除非他的显赫的社会地位或出众的才华使他成为一个伟大的人物或英雄。

性本能，或者更确切地说，性的各种本能（心理分析的研究告诉我们，性本能中包括许许多多种冲动），在人身上要比绝大多数动物身上强大得多，持续得也更长久，它已经完全逾越了动物的那种周期性限制。它的绝大多数精力都供“文化活动”作用，这一点主要取决于它具有的一种典型特征——不管目的如何改变，其强度却仍然保持下来。对这样一种转换能力（即把原本的“性目的”转变为一种与性目的有心理关系的“非性目的”的能力），我们称之为升华作用。这种转移作用，当然大大有利于文明。但性本能又有与此种转移作用相对抗的一面，这就是它的那种顽强的固置倾向，这种倾向使得它宁可退化，宁可变态，也不愿意因受到阻止而改道。既然性本能的原始力量有可能因人而异，升华作用的能力也就人各不同。我们可以想像，一个人到底有多少性欲升华而作他用，恐怕早已由其体质和遗传因素决定了。此外，环境的力量和知识对心理官能的影响，也可以使本能升华得更多一些。然而，正如发动机器时热能不可能百分之百地化为动力一样，本能中能转移（或升华）的成分也不能无限制地增加，不管做出多大努力也是如此。要想使其他绝大部分自然本能顺畅和谐，某种程度的性的直接满足仍然是完全必要的；反过来，这一需要的任何挫折，都将伤害个人的生活能力，带来无限的痛苦，甚至使之成为病态的。

假如我们想到，在人类发展的早期，性本能并不是仅仅为了生育，而是为了得到某种快感，我们便能从一个更广阔的视野去观察这个问题，在婴儿期里，人在达到快乐的目的因而得到满足时，这种满足感并不仅仅来自性器官，而且还来自身体其他部分的快感区，所以儿童常有一种执著于这样一些容易取得快感的区域，而不顾身外其他目标。我们称这一期为自体享乐期，认为从事儿童培育的任务就是限定这一时期，因为如果它延续过久，就会使性本能在以后愈发不好控制，甚至变得一无用处。随着性本能的发展，它会从自体享乐走向“对象爱”；从各个快乐区的独立感受发展到附属于性器官快感之下的次要感受。直到此时，快感方与生育直接挂钩。在这一发展过程中，那种在自体之内引发起的性兴奋的方式被压抑了。因为它们与生育功能无多大关系，在适宜时，它们就被升华掉了。这就是说，文化发展的动力，绝大部分是靠对性兴奋中所谓的“错乱”成分的压抑获取的。

与性本能的发展过程相对应，整个文化的发展过程也可以划分为三个时期。在第一期里，种种不导致生育的性行为，能够自由自在地进行。在第二期里，除了能导致生育的那一种性行为之外，其他各种全部被压制。在第三期中，只有“合法的”生育，才能作为性的目标。我们目前所流行的“性道德”，便是第三文化期的代表。

在所设想的这三个时期中，如果我们以第二期为性道德的标准，我们就必须承认，有相当一部分人，由于天性的关系，仍然不能适应这样的要求。在所有的人中，还没有一个人能把上面所说的性欲的整个发展过程（从自体享乐到对象之爱，再到性器官的结合）全部地和准确地完成过。这就是说，任何的性欲发展都会受到干扰和阻碍。这样的障碍，必将导致两种有害的结果，或者说，与正常的或文明的性爱相背悖的两种偏离方式，这两种方式之间的关系有如一枚钱币的正面和负面（在这里，还不包括那些性本能极其强烈、因而无法控制的人）。第一种是种种不同的性反常者，他们的性欲往往被固置于婴儿期那种原始的性满足方式，因而妨碍了主要的生育功能的确立。第二种是同性恋者（或性颠倒者），由于一种尚无法理解的原因，他们的性对象竟不是异性，既然正常的发展总是受到干扰和阻碍，为什么这两种性变态的人并不像预计的那样多呢？原来，性本能的发展并不是那么死板的，它有一种极为复杂的自我调节能力，即使性本能中的一种、两种或更多的成分在发展过程中受到阻碍，未得到发展，性生活也会以其他各种形式表现出来。那些天生的性颠倒者（或同性恋者）往往因为其性冲动能成功地升华为“文明的”东西而成为杰出的人物。

当然，假如性反常与同性恋更为强烈，以至占据了性欲的全部，就会导致严重的后果，使这种人受到社会的排斥，得不到任何幸福和快乐。所以即使第二期的文化要求，也会使相当一部分人遭受苦难和不幸。这样一批自然禀赋异于常人的人，其命运如何，还要看其性冲动客观上说是强还是弱。幸好多数性反常者性冲动并不那么强，所以能成功地压制这些反常倾向，不至于与这一阶段上的文明性道德发生正面冲突。然而可想而知的是，即使在最理想的情况下，他们的成就也不过如此。因为在压制其性本能中，他们的精力已全部耗尽，因而不能对文明有所建树，这些人的心智固然发育不良，外部举动也十分粗鲁。我们将要说到的那些在文化发展的第三期中实施禁欲的人（不管是男是女），同样也会落到如此下场。

如果一个人性本能十分强烈，然而却是颠倒的，那就会导致两种可能的后果，第一种十分明显，勿需多说。这种人会无视当前社会文化中流行的道德准则，即使受到制止，其性颠倒也会一直坚持到底。第二种就有趣得多了。由于教育和社会要求造成的压力，这种颠倒的性冲动的确受到了压制，但这种压制并非真正的压制，因此，我们最好还是称其为一种流了产的压制。在这里，抑制后的性冲动不再直接呈现——单就这一点，抑制还是成功的——却以其他方式来表达，结果同样有害于他本人。既然他本人对社会仍然不会有多大用处，这与不压制时并没有多大区别。因此，这其实是一种失败，从长远观点来说，它完全抵消了压制成功所带来的那点好处。在性本能遭受压制之后继而形成的这种替代现象，便是我们常说的心理症。心理症患者是一群天生的造反者，“文化要求”对他们本能的压制能取得表面的成功，而且一天天变得不起作用。对于这些人来说，只有付出巨大的代价，才能勉强符合文明生活的需求。代价的付出又造成内心的空虚，因而绝大部分时间都遭受病魔的煎熬。我常常把这种心理症称为性反常的“消极面”，这是因为，在心理症患者中，性反常倾向虽然已被压制，却又从心灵的潜意识中部分地表现出来。这种潜抑了的倾向与明显的性反常表现其实是相同的东西。

经验告诉我们，对于大多数人来说，假如超出了一定的限度，他们的禀赋便难以与文化的要求相一致或谐调。因此，凡是那些苛求自己，为自己订下更高的标准，以至超出了其本性所允许的限度的人，都必将沦为心理症患者。如果他们能容忍一些自己的“不完美”，日子就会好过得多。观察同一个家庭内各个成员的心理状态，我们常可以得到一个清晰的印象，觉得性反常与心理症只不过是同一种现象的正负两面（或积极的和消极的）。我们看到，在同一家庭中，男孩子如果是性反常者，他的姊妹则因为女人性本能生来就软弱一些，所以多半会成为心理症患者——然而她的症状却常常表现出一种与她那性冲动较强的兄弟相同的倾向。所以在许多家庭里，男子是健康的，然而从社会的观点来看，他们又是不顾廉耻的道德败类，女孩子倒是看上去严正拘谨，不越雷池一步，但却十分神经质。文化往往要求生活于同一个社会中的人在性生活中奉行同样的行为模式，这原是不公平的，因为这种行为模式如果适合某些人的天性，他们奉行起来就不太困难，但对另外一些人说来也许就十分不适合。要奉行它，就要在精神上付出很大的牺牲。不过实际发生的情况常常与此有出入，由于人们常常无视这种道德戒律，所以这种不公正的情形较少出现。

以上所说的种种情形，都局限于第二文化发展期，在这一时期内任何所谓反常的性行为都被禁止，但正常的"性交"却可以随心所欲。我们发现，即使在这一点上划分性自由与性禁止的界限，仍有许多人被斥之为性反常，另一些人虽拼命地挣脱这种反常倾向，最终又免不了成为心理症患者。这样我们便不难预测，如果性自由受到进一步限制，使文化要求的性道德标准提高到第三文化期，以至将正式夫妻以外的任何性行为都加以制止，情形又将如何？在这种情况下，因性冲动比较强大，而站出来公开反抗的人的人数会急剧增加。同样，那些性力较弱，不得不在文化和他们自身反叛天性的双重压力之下苦苦挣扎，最后逃避于心理症的人数，也会增加不少。

这样一来，就有三个问题需要做出回答。这就是：

一、第三文化期的性道德方面的要求，会使个人承担什么样的重负？

二、在禁绝其他种种性行为之后，那惟一合法的性生活带来的满足，能否提供足够的补偿？

三、是否因为这种禁欲危害了个人，才因而对文化有益？

要对第一个问题做出回答，就不可避免地触及下面一个已引起广泛争论的问题，即禁欲问题，在文明的第三发展期，要求男女在婚前都得禁欲；而那些不曾结婚者，则只好独处终身。各方面的权威人士均认为，禁欲并没有坏处，而且不难做到，连医生们也都支持这种看法。但是，要想控制像性本能这样强烈的冲动，恐怕把一个人所有精力都耗尽，也难以办到，只有很少一部分人能够经由升华作用，使自己的性力离开性对象，转而投入更高级的文化活动，当然，这种转移只能在他们一生中断断续续地出现。对于那些性欲似火的年轻人来说，做到这一点就更是难上加难。至于其他的人，则要么是犯罪，要么是陷入心理症。经验证明，在我们这个社会中，绝大多数人的天性不适合禁欲。那些即使在中等程度的性限制下也要进入病态的人，在当代文明的性道德的压力之下，无疑会病得更早，也更严重。我们都知道，如果正常的性生活因为先天不足或发展过程中受到干扰破坏而受到威胁，最好的补救办法莫过于性满足本身。陷入心理症的倾向愈大，禁欲就愈不可原谅。因为构成性欲的各种冲动被阻碍得越多，就越是不易加以准确地控制。但是，即使那些受得了第二文化期对性所作的那种特殊道德限制的人，也会在进入第三文化期之后陷入心理症。因为性满足的机会愈少，它在人们心目中的价值就愈增加，受挫折的原欲随时都在寻找发泄的出路。由替代的对象求得病态的满足，由此而形成病状。每一个深知造成心理病症的条件的人都相信，当代社会中心理病患者的人数之所以大增，完全是因为当今社会对性本能的种种限制更趋严格的结果。

我们现在进入第二个问题，即合法结婚之后的性交能否对婚前性生活受到的限制做出足够的补偿？大量材料显示，对此问题只能做出否定的回答。对于这些材料，我们只能在此作一简单的介绍。我们必须时时记住，即使是夫妻间的性行为，也要受到现代文明的性道德的限制和干涉。一般而言，它仅许可夫妻之间以少数几种能导致生育的动作来寻求满足，因为这样一个缘故，婚后美满的性交只能维持几年时间，其间当然还要扣除因女方身体不适（如月经）而不得不加以节制的时间。经过这三四或五年美满期之后，这种婚姻便不再能够满足性的需要，因为夫妻要为节育而苦恼，这就伤害了性感的愉悦，减少了男女双方的微妙之美感感受，甚至成为直接引起病症的根源。对性交后果的焦虑，首先是损害了男女双方在抚爱时的美好身体感受，慢慢地，那种在开始的强烈感情之后形成的精神上和感情上的柔情蜜意，也将随着前者的消失而消失。随着精神上的失望和肉体快感的减少（这是多数婚姻注定的下场），夫妻双方才开始发现，他们竟然陷入一种比婚前还惨的境地，因为这时连婚前那些美好的幻觉也没有了。没有别的办法，他们只能竭力克制自己，杜渐防微，严防本能的泛滥。我们完全可以设想，一个成年男子的自制会有多大成功的把握。经验证明，即使受到性道德的严格限制，他也要充分利用剩下的那一点自由，去偷情做爱，虽然这种偷情惊险而又紧张，这种向男人做出让步的“双重”道德法则，等于直截了当地承认了，连这个社会本身也不相信，它要求其成员们务必遵守的信条是他们能够做到的。经验还证明，身为女人，她们这些作为种族繁衍的保护神和“爱情至上”的相信者，其升华能力是相当有限的。吃奶的孩子可以作为其性对象的替代者，但孩子一经长大，便又重新失去这种快乐。在对婚姻生活极其失望的情况下，妇女们难免陷入严重持久的心理病症，终生都被这种病折磨。因此，当今文化标准的婚姻，早已不再是女性心理症患者的万灵妙药了。虽然我们身为医师仍劝女孩们结婚，但我们深深懂得，只有那些相当健康的女孩，才能忍受得了现代的婚姻。如果有些男人向我们征求意见，我们一定会劝他不要去娶一个曾经患过心理症的女子为妻。婚后的偷情有可能治愈这种随婚姻而来的心理症。一个妻子，她幼时的家教愈严，就愈不愿违背当代文化的要求，对这种偷情的解脱方式也就愈害怕。在受到本身情欲和责任感的双重夹击下，她只好再次逃到心理症症状中，因为再没有比疾病更能保护其美德和更能抵抗情欲的诱惑了。我们发现，文明社会中年轻人在忍受情欲煎熬时所梦想的婚后生活，在几年之后便再也不能满足性欲的需要。毫无疑问，它绝不能补偿早先禁欲的痛苦。

关于第三个问题，即使那些承认文明性道德会造成种种危害的人，也会这样回答：性欲为整个社会带来的好处，可能会远远超过它带来的危害，因为这种道德所危害的，毕竟是为数很少的个别人。我个人则觉得，我们很难精确地估计得与失之间究竟孰多孰少，但是对于这种文明性道德所带来的损失，我愿意在此作更详尽的论述，以引起人们的关注。我们还是回过头来谈禁欲问题。对这个问题，我们前面已多少提到一些。我认为，禁欲除了引起心理症之外，还会造成其他种种危害，何况就连心理症本身的严重性，我们也没有充分认识到。

致力于延缓青年人的性发展和性活动，似乎已成为今日教育和文化的目的，这件事初看起来似乎并无多大害处。当我们想到当今受教育的年轻人一般很迟才能独立谋生的事实时，延迟其性活动自然也就很必要了。人们偶尔会被提醒说，在我们生活的社会文明中，各种文明制度有着密切的关系，要想改变其中一种制度，就要牵动其他所有制度，而这又谈何容易！所以有些制度是不能更改的。但是让一个青年男子过了二十多岁仍然禁欲，就再也谈不上有什么益处了。即使他不陷入心理症，也会染上其他毛病。的确，压抑了这种强有力的性本能倾向会使一个人的兴趣投向审美的和伦理的方面，结果会使一个人的性格“坚强”起来。这种情况在某些生性特殊的人身上表现得尤为明显。因此，我们大体可以接受这样一种观点：人与人之间的性格之所以强弱悬殊，大抵与他们压抑性冲动的程度有关。然而在大多数人当中，要压抑性冲动，就得倾尽全力，这又多半发生在一个年轻人需要倾尽全力去取得物质享受和社会地位的时候。当然，究竟一个人的精力有多少用在性的追求上，才能在“升华”方面更出色一些，这要因人而定，而且与人们所做的职业有直接的关系。禁欲的艺术家简直就不可想像，而禁欲的年轻知识分子却不在少数，青年知识分子往往因禁欲而更专注于其工作，而艺术家则需要性经验的强烈刺激和激荡才能有所创作。我的总体印象是，禁欲不可能造就强大、自负和勇于行动的人，更不能造就天才的思想家和大无畏的开拓者及改革者。通常情况下它只能造就一些“善良的”弱者，他们日后总归要淹没在俗众里，非常痛苦地跟在那些具有坚强性格的开创者后面跑。

努力禁欲的结果，反而会使性本能特有的执拗性和反抗性充分展示出来。文明教育所要求的，只不过是在婚前的暂时压制，为的是使它在日后得到自由地发泄，以达到生育繁衍的目的。有些极端的例子，他们比一般人的性欲压制要成功得多，但是这种人往往会走得太远，结果会带来一些意想不到的恶果：一旦性冲动得以自由，却又不知怎样去发挥，最后成为永久性的损伤。正因为这个缘故，那些在年轻时施行彻底禁欲的男子，将来必定不会是个好丈夫。女人们模糊地了解这一点，所以在追求她的男人中，反而挑上那些已在别的女人身上证明具有男子气概的人。在女人方面，婚前严格的禁欲会造成更加严重的危害。我们的教育总是倾尽全力压制未婚女子的性欲，为此而制定出十分严格的律令，它不仅禁止她们性交，抬高那些能保持性的贞操的人，而且还竭力保护她们不受性的诱惑，使她们对日后在性方面注定要起的作用一无所知，绝不容许那不能导向婚姻的爱情冲动。其结果是，当她的父母亲有一天突然宣布她可以恋爱时，她仍无足够的心理准备，糊里糊涂进入婚姻生活，自己也不知道这是不是爱情的归宿。这种对爱欲功能的人为压抑，其结果是可想而知的。她既不能对丈夫做出爱情的回报，丈夫多年来一直幻想着的爱情生活的美好风光也就不多出现，这不能不使他大失所望。在这种情况下，该女人在精神上仍然维系于自己的双亲，慑服于他们的权威，因为多年来她的性欲一直是在这种权威的压制下而不得抒发的。在肉体上必然表现为性冷感，致使她的丈夫从做爱中得不到太大的乐趣。我不知道在那些文明尚未开化的地区是否也有这种性冷感的女人，我想这是可能的。但不管怎样，每一种性冷感的病例都是直接由她所受的教育所造成的。这样的女人由于不知性的乐趣，以后也就不愿忍受怀孕的痛苦，完成生儿育女的使命。这就是说，婚前的教养其实已经对结婚的目的产生了威胁。多年之后，由于妻子那曾被遏制的性欲被渐渐纠正，女人一生中性欲最旺盛的时期到来了，久被埋藏的爱情力量被唤醒了，但与此同时，由于她与自己丈夫长期闹别扭，那种甜蜜的爱情关系已不可能再出现了。由于她从前屈服于传统，如今只有三条路可供选择，这就是：性的饥渴难忍、不忠（偷情）或心理症。

人类在处理性问题时的行为模式，往往具体而细微地反映出他对生活其他方面的反应和态度。一个人如能锲而不舍地爱一个人，我们便不难相信他在追求别的目的时也一样会取得成功。另一方面，如果一个人不管因何理由而禁绝性本能的满足，他在生活的其他方面也难免和气谦让，唯唯诺诺，永远不会去积极地争取。从一个人的性生活中可以看出他对人生其他方面的态度，这一点在女人身上表现得尤为突出。女人虽然渴望获得有关性的知识，但她们的教养却不允许她们去了解，觉得这种好奇心不是淑女应当具有的，谁要往这方面想，就是其道德将要堕落的征兆。如此一来，她们对任何心智问题的探索，都变得胆怯起来，连那些一般的知识，在她们眼里也渐渐无足轻重了。这种思想的禁锢会通过两种方式从性领域向其他领域扩展。一种是不可避免的自由联想，另一种是“自动化”或“潜移默化”——这就像某些宗教禁忌在人类群体中的自动生效，或是对那些与某种信仰不相符合的思想的自动禁止。莫比尤斯（Moebius）曾提出这样一种观点，认为决定男女思想活动与性的行为之差异的是生物学因素，女性生理上的特征，是其思维能力低下的主要原因。这种说法已遭到很多人的反对，我当然也不赞成。相反地，我认为许多女人的智力之所以低下，乃是由于她们思考能力的发展在性压抑过程中受到禁锢的缘故。

在讨论禁欲这个问题时，我们一直未来得及去仔细区分它的两种不同类型，即禁止一切性活动的禁欲和仅仅禁止异性性交活动的禁欲。许多人自吹能轻易地禁欲，揭穿其事实真相，我们便发现他们的禁欲原来是靠手淫或其他类似儿童早期自淫的方式来维持的。这样一种性满足的替代方式，既然是性生活向婴儿期的回返和退化，便难免会诱发种种心理症或精神病。此外，手淫与文明的性道德的要求简直是水火不相容的，所以它终究会驱迫年轻人与教育的理想发生冲突，这种冲突同他们本想通过禁欲所要逃避的冲突完全相似。再者，这样一种纵欲方法还从多方面损坏了人格。第一，这种在性方面的态度反映了他对生活其他方面的态度，迫使他无论做什么事情都喜欢走捷径，幻想不经过斗争和痛苦便能取得重大成就。第二，伴随这种行为而来的种种不切实际的幻想，往往使他对性对象的选择标准大大提高，以至于在现实世界里再也找不到一个令人满意的女孩。幽默作家克劳期（K·Kraus）在一本维也纳发行的刊物《火炬》中，曾以一种看似自相矛盾的方式表达过这一事实：“同手淫比较起来，性交只不过是一种不太完善的代替品罢了！”

文明制度所要求的严格标准，以及人们竭尽全力而要达到的禁欲，二者合在一起，本想达到这样一个目标：把避免两性性器官的结合作为禁欲的焦点。与此同时，又鼓励其他形式的性活动。这种作法预计导致下面两种结具，其可能性各占一半。第一，由于正常的性交方式因强调服从道德而被禁止，那些两性之间所谓反常性交形式，即以身体的其他部位来代替性交的方式，便应运而生，风行于社会。这当然还有另一个原因，这就是：我们基于卫生的考虑，害怕性病的传染。但我们决不可将这种现象等闲视之，认为它无多大害处，只是正常性交活动中的一种口味变换。实际上则不然，从伦理上说，这是应当受到谴责的，因为它败坏了二人之间的爱情关系，使一桩严肃的事情沦落为无足轻重的小事，既无需为它去冒险，也不需在心智上煞费工夫。第二，正常性生活受到阻止之后可能导致的另一个后果是同性恋的日渐普遍。除了那些天生有同性恋倾向或是因幼年环境的影响而染上这种毛病的人之外，大多数同性恋者都是在成年之后因为原欲的主流受阻，才不得不进入同性恋这个支流中去的。

坚持禁欲所造成的所有无可挽回的不良后果差不多都

指向这样一件事：它们摧毁了一切可以导向婚姻的准备条件，而婚姻在文明的性道德看来，却是所有性倾向的惟一目的。由于手淫或其他反常的性经验，不少男人的原欲已习惯于种种反常的满足方式，所以一旦结婚，便很不自在，性能力也得不到像样的发挥。至于那些只能以反常的手段保持其童贞的女人，面对婚后正常的性交方式，就只有性冷感，婚姻一开始双方便不能热烈相爱，一旦瓦解起来比什么都快。一次强烈的性经验本可以克服女人因教育不当而造成的性冷感倾向，却恰恰碰上男人的性能力也不强，不能使对方感到满足，致使她的性冷感只好继续下去。这样的夫妻比正常人更难以适应避孕操作，因为男方的性能力相当衰弱，再也不能忍受避孕工具的束缚。处在这样的窘境里，性交的愉快不但全然失去，而且变成一切问题的根源，于是只好放弃，婚姻的精华部分也就随之以亡。

我提请所有这方面的专家注意，我在这里并没有夸大其词，我所描述的这一切，都是明眼人一看便知的。一般人很难相信，在那些受文明性道德制约的夫妻当中，保持正常性能力的男人少到什么地步，患性冷感的女人又多到什么地步；他们也很难想到，夫妻之间为了维持这种婚姻，要付出多大代价，他们从这种婚姻中得到的东西又少得多么可怜。可以说，他们根本就得不到曾经热切期望的那种幸福。我早已证明过，心理症乃是逃避这种恶果的最理想的避难所。在这里我还要进一步指出，这种婚姻不仅危及夫妻双方，还要危及他们惟一的（或几个）孩子。初看之下，我们会觉得孩子的病态是父母遗传下来的，但进一步的观察却证明，儿童期的强烈印象才是决定性的因素。这种神经质的母亲即与丈夫不合，便显得对孩子备加关心和爱护。她已经把自己爱的需要转移到孩子身上，这就必然会过早地唤醒儿童的性感受。总之，父母间的不良关系会刺激孩子的情感生活，使他在婴儿时期就体验到强烈的爱、恨和嫉妒等感情。但这样的家庭对孩子的教育通常又极严格，使他们那早熟的性欲无法得到表现，这等于是在正常的压抑力量中又添加了一层。由这种压力所造成的冲突中包含了一切条件，足够使他一生都受心理症的煎熬了。

在此我想重申本文开头时的一些主张，这就是：人们在看待心理症时，常常低估它的严重后果。我这样说，倒不是指人们常见的那些现象：一个人不幸患了心理症，其亲友们并不真的认为他有病；他去求医，医生们最多给他一些空头的安慰，如劝他作几个礼拜的冷水浴和几个月的安心静养之类。这些只不过是门外汉和无知的医生的看法，他们的发言除了给患者以短暂的安慰外，就没有其他任何意义。事实上，一个长期患心理症的人，即使没有完全瘫痪，也要使他终身背上沉重的十字架，同患肺结核或心脏病一样的悲惨。这样一来，心理症就使社会中相当一部分人形同废人，另一部分患者虽然症状较轻，精神上也总是时时受着痛苦的煎熬。如果情况仅仅如此，这种损失还是可以计算的。但我必须提醒诸位注意这样一个事实：不管这种病发生在多少人身上，也不管它传播得多广，最终都会有害于社会，使它无法达到自己的目的。这样一来，社会苦心压抑那些它认为极其有害的精神力量，到头来仍然为这些力量所害，社会推崇的道德法规使个人付出牺牲，但它自己又得不到任何好处——一个充斥大量心理症患者的社会，的的确确是没有什么好处可言的。对此我们可以举一些常见的例子来证明。一个女人本来就不爱她的丈夫（因为无论从结婚时性生活的情况和婚后生活的经验，她都没有理由去爱他），但又非得热切地爱他不可，因为只有这样才是理想的婚姻，才不至于违背她所身受的教育。这样一来，她就会想方设法去压抑自己的真实感情的表达，违背自己热切追求的目标，不惜牺牲一切去做一个温柔、体贴和顺从的妻子，这种自我压抑，最终只能导致心理症的发作。心理症反过来只会去加重丈夫的负担。对于丈夫来说，这无疑是一种报复，他得到的是无限麻烦，而不是满足和乐趣，这比妻子公开坦白自己不爱他还要痛苦得多。这样一个例子充分说明了一个心理症患者会造成什么后果。除了性冲动之外，社会所要压制的其他一些有害的冲动也常常不能得到应有的补偿。比如说，如果一个人对自己粗暴的天性极力压制，就可以变得过分地“慈悲”。但要达到这样一个结果，他就得付出相当大的精力，这种付出可能大大超出了他所能得到的，具体说，他因此而做的善事，还不如他没有压制自己天性之前做得多。

必须指出，在任何一个民族里，这种对性活动的限制都会大大增加人们对生存的焦虑感和死亡的惧怕感，这样一种心理状态既干扰人们享受生活乐趣的能力，又摧毁了他的冒险精神和不惧一死的勇气——这两种后果都促使人们不愿再生育后代，而这种不能繁衍子孙的个人或民族，久而久之就要消亡。我们不禁要问：这种文明的性道德究竟是否值得我们去为之牺牲？特别是当我们还不愿完全放弃享乐主义的人生观，认为促进个人幸福乃是文化发展之目的的一个组成部分时，我们的这个疑惑就会有增无减。作为一个医生，我无权设计一个改革的方案，但是当我参考艾伦费尔斯先生的意见，将文明性道德带来的恶果一一列举出来，并指出它与文明人神经质增加之间的关系时，我已尽了自己的本分。我所作出的补充和进一步解释意在使人们认识到，对这一性道德实行改革，已经是一个相当急迫的事情了。

5. 爱和催眠

对于某种变化无常的实在来说，甚至语言的用法也仍然是真的。这样，它就把“爱”这一名称给予许多类型的情绪关系——我们在理论上也把这些关系都归类为爱；不过再次感到可疑的是，是否这种爱是真实的、真正的、实际的爱，以便暗示爱这一范围的现象内的整个可能性。我们从我们的观察中将毫无困难地做出同样的发现。

在某一类情况下，爱不过是性本能以直接的性满足为目的的对象贯注，而且当达到了这一目的时，这一贯注就消失了。这就是所谓一般的性感受。但是，正如我们所知，力比多的境况很少如此简单。指望重新恢复刚刚消失了的需要，这肯定是可能的；这无疑是直接对性对象持续贯注的最初动力，也是在不动情的间歇期间“爱上”性对象的最初动力。

对于这方面，必须补充另一个因素，它源自人的性生活所走过的特别显著的发展过程。在其发展过程的第一阶段——通常到儿童五岁时结束，他在他父母中的某一个身上发现了他爱的第一个对象，他要求满足的所有性本能都被维系在这一对象上。只是后来开始的压抑迫使他放弃这些婴儿性目的的大部分，并在他与其父母的关系中引起了深刻的改变。儿童仍然是与他父母相联系，但却是通过必须被描述为"其目的受抑制的"本能来联系的。他从今以后对他所爱的那些对象的感情，就具有了"情感性的"（affectionate）特征。众所周知，这些早期的"性感"倾向或多或少仍然强烈地保持在潜意识中，以至于在某种意义上，整个源初的倾向继续存在着[①]。

正如我们所知，在青春期，出现了新的非常强烈的直接指向性目的的行动。在不利的情况下，它们以性感倾向的形式与持续存在的"情感的"倾向保持分离。于是在我们面前呈现出这样一幅图景，它的两个方面都被某些文学流派如此得意地典型化。一个男人会对他深深崇拜的女人表现出痴情的迷恋，但这个女人不使他兴奋以致发生性活动，他会只是与他并不"爱"并且很少思念甚或看不起的其他女人交往。然而更常见的是，青年人成功地在非性感的、神圣的爱和性感的、世俗的爱之间产生了某种程度的综合，他与其性对象的关系具有了未抑制的本能和其目的受抑制的本能相互作用的特征。任何人所爱的深度——与

① 参见我的《性学三论》。——原注

他纯粹性感的欲望相比较，可以通过由目的受抑制的情感本能所包含的多少来加以测定。

就爱这个问题而言，我们总是为性估价过高的现象感到吃惊，也就是这样一个事实：被爱的对象享有某种程度上的免受挑剔，其所有特征比没有被爱的人或者比他本人还没有被爱的时候，都评价得高些。如果性感的冲动或多或少有效地被压抑或被阻止，那么产生的错觉就是，将按其精神上的优点从性感上爱上这个对象，然而恰恰相反，这些优点实际上仅仅是靠其性感上的魅力而被赋予这个对象的。

在这方面使判断失误的倾向是理想化的倾向。但是现在我们更容易发现我们的方位。我们看到，对待对象与对待我们自己的自我的方式是一样的，以至于当我们处于爱的状态时，相当的自恋力比多溢到了该对象上。甚至在许多爱的选择形式中，该对象起着代替我们自己的某种未达到的自我理想的作用，这是显而易见的。我们爱它，是因为为了我们自己的自我所努力追求的完善性，我们现在愿意以这种迂回的方式作为取得满足我们自恋的手段。

如果这种性估价过于和爱进一步增加，那么对这幅图景的解释就更是变得准确无误。那种其倾向是直接指向性满足的冲动，现在可能完全处于次要地位，正如年轻人的炽热情感经常发生的那样；自我变得愈益谦卑，对象则变得愈益高贵，直到它最后占据自我的整个自爱，这样，其自我牺牲就作为自然的后果而出现。可以这样说，这个对象耗尽了这个自我。谦让、限制自恋和自我伤害这些特点，出现在爱的每一场合；在极端的场合中，它们只是被强化，作为抵消性感要求的结果，它们仍然是处于至高无上的权威中。

这特别容易发生在不愉快的和不能得到满足的爱中。因为不管怎样，每一性的满足总是涉及到性估价过高的降低。同时伴随着我对该对象的“奉献”——与对抽象观念的崇高奉献不再有别，归诸自我理想的这种功能完全不再起作用了。由这种动因所激发的批判也沉默了。该对象所做和要求的一切都是对的和无可指责的。良心也不适用于为该对象而做的任何事情。在这盲目的爱中，冷酷无情达到了犯罪的程度。整个境况完全可以用一个公式来概括：该对象被置于自我理想的地位上。

现在确定认同作用和诸如可以被描述为“着迷”或“屈从”的爱的极端发展之间的差别，就容易了。在认同作用情况下，自我用对象的特性丰富自己，它把对象“内向投射”于自己，正如费伦茨（在一九〇九年）所表达的那样。而在爱的极端发展情况下，自我是贫乏的，它使自己屈从于对象，它用对象取代它自己最重要的部分。然而，更细密的考虑即刻清楚表明：这种解释制造出并不真实存在的对比错觉。省事地说，不存在贫乏或丰富的问题。甚至把爱的极端情况描述为自我把对象内向投射于自身这样一种状态，也是可能的。另一区分也许更好地适于发现事情的本质。在认同作用情况下，对象丧失或被放弃了；然后它在自我内部再次建立起来，仿效失去了的对象，自我本身又发生了部分的改变。在另一种情况下，对象被保留，通过自我并以自我为代价出现了对对象的过度贯注。但这里再次出现了困难。可以断定，认同作用以放弃对象贯注为前提吗？当对象被保留时就不能存在认同作用吗？在我们着手讨论这个微妙的问题之前，已经开始使我们渐渐明白：还有另一种选择可把握事情的真正本质，即对象被置于自我还是被置于自我理想的地位上。

从爱到催眠显然仅一小步之遥。这二者一致的方面是明显的。对催眠师就像对被爱的对象一样，都有同样谦卑的驯顺，同样的盲从，同样缺乏评判。主体自身的创造性同样出现呆滞：没有人会怀疑，催眠师步入了自我理想的地位。仅仅是在催眠中，一切甚至更清晰并更强烈，以至于用催眠解释爱比用其他方式更为中肯。催眠师是惟一的对象，除他之外没有注意到任何人。自我以似梦的方式经验到催眠师要求或断言的无论什么东西，这一事实使我们回想到，我们在自我理想的特定功能中忽略了论述它检验事物实在性的功能。毫不奇怪，如果自我的实在性是由通常行使检验事物实在性职能的心理动因所保证的话，自我就会把一个知觉当做是实在的。完全缺乏其性目的不受抑制的冲动，进一步有助于这种极端纯粹的现象。催眠关系是对所爱的某人无限的奉献，而且排除了性的满足；而在实际的爱的情况下，这种满足只是暂时被抑制了，仍然在某一未来时刻作为可能的目的而处于次要地位。

但是另一方面，我们也可以说，催眠关系——如果这一表述是许可的话——是具有两个成员的群体形式。把催眠与一种群体形式相比较并不是一个好对象，因为它与一种群体形式是等同的，这样说确实是真的。从该群体的复杂构造当中，它为我们分离出一种因素——个人对领袖的行为。催眠通过它的数量限制与群体形式区分开来，正像它通过缺乏直接的性倾向而与爱本身区分开来一样。在这方面，它处于群体形式和爱这二者的中间地位。

正是那些其目的被抑制的性冲动才在人们之间取得如此持久的联系，看到这一点是有趣的。但这从如下事实中容易得到理解：它们不能得到完全的满足，而其目的未被抑制的性冲动，则通过能量的释放——每当性目的被达到时——而受到格外的降低。当性感的爱被满足时，其命运是消失。因为对这种爱来说，要能持续存在，它必须从一开始就与纯粹情感的成分——即与其目的受抑制的情感成分——相混合，或者，它本身必须经历这样转变。

要不是催眠本身显示出理性解释还不能令人满意的某些特征，那么它就会为我们直接解决群体的力比多成分之谜了。迄今为止我们把催眠解释为排除了直接性倾向的一种爱的状态。在催眠中仍然存在着许多我们必须承认是未得到解释的和神秘的东西。它包含着麻痹的额外因素，这种因素源自某个强者和某个无力无助者之间的关系——可能提供向动物中出现的惊恐性催眠的转变。它得以产生的方式及其与睡眠的关系尚不清楚。某人服从于催眠的令人困惑的方面，而其他人又完全抵抗催眠，这使人注意到仍然未知的某种因素，这种因素在催眠中得到了实现，也许只是使得催眠显示的纯粹力比多倾向成为可能。值得注意的是，即使在其他方面出现完全暗示性的顺从，被催眠者的道德良心也可能显示出抵抗。但这可以归咎于如下事实：在通常实施的催眠中，可能仍然保留着某种认识：所发生的东西仅仅是一种游戏，是对生活更为重要的另一情境非真实的再现。

通过上述讨论，我们完全能够为群体——或者至少是我们迄今所考虑到的那种群体——的力比多构成提出一个公式。也就是这样的群体：有一个领袖且未能通过太过“组织化”而次生地获得个人特征的群体。这种原始群体是一些这样的个人：他把完全相同的对象置于他们自我理想的位置上，结果在他们的自我中使他们自己彼此认同。这种状况可图示如下：

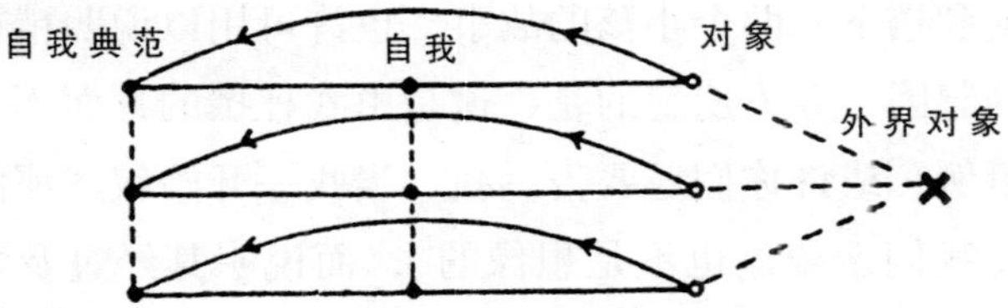

三、精神分析论

1. 普通的神经质

各位！我在前面的演讲中，说了许多不易了解的话，现在我想暂时离开本题，转而看你们有什么意见。

我知道你们并不满意。你们所想像的精神分析引论，必然与我们已讲过的大异其趣。你们所期望的不是理论，而是由生活中随手取来的实例；你们也许要告诉我，那关于楼上和楼下的两个小孩的故事，也许可用以说明精神官能症的起因，令人遗憾的是，这是由我杜撰的，而不是实际的事例。或许你们还要告诉我，当我一开始叙述那两种症状（我们希望这也不是想像的），而说明其经过及其和病人生活的关系时，症状的意义确实因此而稍微清晰些，你们曾希望我继续如此演讲。然而我却不如此，反而给你们许多冗长而艰深、难以理解领会的理论，而且这些理论又永远不能完全，往往需要加以补充；我讨论了许多概念，却都未有相当的引介；我先放弃描述的说明，而采取动态或动力学观点；然后又放弃动力学观点，而采用所谓经济的观点；使我们难以理解这些学术名词，究竟有多少具有相同的涵义，或只是为了换换音调而互相交互使用；我又举出许多不着边际的概念，如快乐原则，现实原则，及系统发生学上的遗传等等，然后又未对你们加以说明，即又把它们抛诸于九霄之外了。

我要谈精神官能症，为什么不先讲你们大家都已共同知道，而又十分同感兴趣的神经质[①]，或神经质的人之特征，如他们之对人与人之间的交往沟通及外在影响的不善于应付及令人不可解的反应，他们的敏感性、易激动性；他们的善变、不稳定性，以及他们之不能做好任何事，缺乏治事能力呢？我为什么不从日常简单的神经质形式的说明谈起，再逐步讲到那些不可了解的极端的表现呢？

凡此种种，我当然无法否认，也不能说是你们的错。我对于自己陈述的能力尚不至于如此得意自夸，竟至于想像其每一缺点都有特殊的意味，都很吸引人。我原以为换了一个方式进行，或许可以对你们有益，老实说，这确实是我的最初本意。然而一个人往往无法按照自己的期望，实行一个合理的计划；材料本身往往会有若干事物突然插入，使吾人为它所吸引而改变初衷。甚至这种平凡的工作，如材料的安排，虽然已非常熟悉，但陈述起来，也无法尽如作者之意；往往话已说过了，但究竟何以会如此说，而不是那样说，但难免令我们惶惑而不解其故了。

很可能有一个理由是我的主题——精神分析引论，已不再能概括这段讨论精神官能症的文字。因为精神分析的引论包括过失和梦的研究；至于精神官能症的理论，就属

① 神经质（nervousness），在本书中与神经衰弱、精神官能症不做精密区分使用。一般而言，神经质是性格敏感，时时注意到身心的动向，因此反而妨碍身心的正常作用。——原注

于精神分析的本论了。我想，以如此短暂的时间，只能将精神官能症理论所含有的材料，作一简要的叙述，使你们在相当的上下文中，了解症状的意义，及症状形成时所有体外和体内的条件和机转。这就是我所要做的工作；也就是精神分析现在所能贡献的要点。因此，我不得不提出许多关于原欲及其发展，和自我的发展的话。你们听了初步的若干讲演之后，已略知精神分析方法的主要原理及潜意识和潜抑作用（阻抗作用）等概念和概观。在下面的一个演讲里，你们将可知道精神分析的工作，究竟在那一点上，得到其有机的衔接。我曾明白地说过，我们所有的结果都仅得自单独一组的精神官能症——即转移性精神官能症——的研究；而且就这一组而言，我也仅详述歇斯底里症状形成的机转。你们虽然也许尚未得到很彻底的了解和完备的知识，但我总希望你们已略知精神分析的工作方法，及其所欲解决的问题，和其所已能贡献的结果。

你们希望我在演讲精神官能症之初，先描述精神官能症病人的行为，以及他如何患病，如何设法抵御，又如何设法求得适应。这确实是个很有趣的论题；不但颇值得研究，也不难加以说明；然而我们也有许多理由不允许我们如此入手。其危险就是潜意识将因此而被忽视，原欲的重要将因此而被看轻，而且一切事件都将由病人的自我的观点来判断。病人的自我之不可信赖和不免偏袒，是人人皆知的。自我总是否认潜意识的存在，而使潜意识进入潜抑作用，那么在和潜意识有关的地方，我们究竟如何能信任自我的忠实呢？而且受潜抑的，尤以关于性的要求为最先及最重要；所以用自我的观点，必不能了解这些要求的范围和意义，那是最显而易见的。我们如一旦知道潜抑作用的性质，便不能允许这个自我——这个胜利者，担任这个争执的裁判。自我所告诉我们的，我们可不要尽信之而受其欺骗。如果根据它所提出的证据，那么它便自始至终都是主动的部分，而症状的发生，也都由于它的愿望和意旨；我们知道，它大部分是处于被动的地位，但它却要竭力隐藏及掩饰这个事实。但是它也无法一直维持这个虚伪的局面——在强迫性精神官能症的症状里面，它便不得不承认自己已遭遇一些必须努力抵抗的压力了。

一个人如果不接受这些警告，而自愿为自我所欺，接受自我表面的谬误，那么一切都不会发生问题，而大可顺利进行了；于是精神分析因强调潜意识、性生活及自我的被动性而引起的反抗，都可以避免了。阿德勒[1]说过“神经质性格”（nervous character）乃是精神官能症的原因，而不是精神官能症的结果，他也可对此表示同意；然而他绝无法解释一个梦的详情细节。

你们将会问道：我们是否可能将自我在神经质及症状形成作用中所占的地位，加以相当的注意，而又不至于绝对忽略精神分析所发现的其他因素呢？我的回答是：这当然是可能的，迟早的问题罢了；但是精神分析所要做的研究，却不适宜以这个目标为起点。不过，我们自然可以预

① 阿德勒（Alfred Adler，1870 ~ 1937），奥地利精神分析学家。起初在弗洛伊德的领导下努力研究精神分析学，但不久便离去。著有《自卑与超越》等。——译注

先指出一点，而将这个研究包含在内。有一种精神官能症叫做自恋性精神官能症，其中自我比我们所曾研究过的其他精神官能症，更有深切的关系。关于这些精神官能症的分析的研究，将可使我们正确地估计，自我在精神官能症内所占的地位。

但是，自我和精神官能症之间，还有一种显而易见、开头便可明白的关系。这种关系似乎为各种精神官能症所共有，然而在创伤性精神官能症（我们迄今尚未完全了解这一种精神官能症）中，尤为显著。你们必须知道，各种不同精神官能症的原因和机转里面，都有同样的因素；只是就这种精神官能症而言，这种因素在症状的形成上占最重要的地位，而就另一种精神官能症而言，则占重要地位的却是另一种因素。正如剧场的角色分配，每一演员都担任一特殊的角色——如英雄主人，心腹手下，恶徒等等。各人都选取不同的工作，以适合自己表演的口味。所以，使症状形成的幻想，绝没有像在歇斯底里症中那么明显；自我的“反作用”或“反感情附着作用”或“反向作用”，则在强迫性精神官能症中最为主要；至于妄想症的妄想，则以梦内所谓“二度润饰”（secondary elaboration）的机转，为主要特点。

至于在创伤性精神官能症中——尤其是由于战争的恐怖而引发的创伤性精神官能症，使我们产生特殊印象的，则是自爱自私的动机，及自卫和对自我利益的努力，单单有这些，也许尚不足以致病，然而疾病既经形成之后，便赖以维持其势力。这个趋势的目的，在于保护自我，便不致有引起疾病的危险；它也不愿恢复健康，除非危险已不再有重来侵犯的可能，或者除非是由于遭遇危险，却已得到相当的补偿。

自我对于其他一切精神官能症的起源和延续，都感到相同的兴趣；我们已说过，症状在另一方面可给那压抑的自我趋向（ego-tendency）以许多满足，所以也深受自我的保护。而且以症状的形成来解决心理的冲突，也是一种很方便的方法，最符合快乐原则的口味；因为症状可使自我不再有精神上的痛苦。其实就某些精神官能症而言，纵使是医生也不得不承认，以精神官能症解决冲突，乃是一种最无害而最应为社会所容许的方法。医生有时得同情他所要治疗的病人，你们听了应当会感到十分惊异。其实，他原本不必在形形色色的生活情境里，都必须视健康为最重要的事；他也知道，世上除了精神官能症的病痛外，尚有其他许多痛苦——真正的无法避免的痛苦，一个人因为迫于需要，也可以牺牲其健康。他也知道，一个人有了这种病痛后，便可避免其他许多艰辛困苦；此外，一个人的这种病痛，也可以使许多人免除极端的困苦。因此，我们虽然可以说每一个精神官能症病人都是“因逃避而生病”（flight into illness），但也不得不承认在许多情形上，这种逃避皆有充分的理由，而医生既了解这种情形，就只好默许了。

然而我们仍可再继续讨论，而不必管这些特例。一般而言，自我既然逃避现实而患精神官能症，便在内心中，得到某些“因病而来的利益”[①]；在某种情形之下，尚可兼有一种具体的外在利益，其在现实上也多少具有价值。试举一个最普通的例子来说吧。例如有一位妇人受其丈夫暴力残忍虐待，如果她有神经质的倾向，便可常常逃避于精神官能症中。假使她太懦弱，或者守旧而不敢偷情以求满足，又假使她不甚坚强，不能抵抗外界的抨击指责，而不敢和丈夫离异，又假使她没有独立生活的能力，或找到更好的丈夫之希望，再假使她在性方面仍依恋着这个男人，那么她便舍生病之外，再无其他办法了。生病就是她抵抗丈夫的工具，可用以自卫，也可用以报复。也许她不敢公开抱怨婚姻，但却可公然抱怨病苦；医生是她的良友，本来异常粗暴的丈夫，现在也不得不宽恕她，为她花钱，准许她离开家庭，而不受丈夫的压迫。假使这种由病而得到的外在的“偶然的”利益甚为显著，而在现实上又不能有相当的代替物，那么你们便不必期望，你们的治疗对这精神官能症有治愈的可能了。

你们一定会以为，我刚才所告诉你们的“因生病而得到利益”的话，乃是要替我之反对精神官能症系由于自我所希望和自我所创造的主张，表示辩护支持。但是且请你们稍安勿躁。这句话也许只有下面一个意义，即：自我很欢迎其所无法避免的精神官能症，假如精神官能症有什么利益，那么自我便尽情享用。这只是这个问题的一面。假

① “因病而来的利益”（advantage through illness），如同允许以疾病为由逃避适应困难的现实，只因病而能获得目前的利益。在现实上是成为非适应行动的结果。——原注

如精神官能症是有利益的，自我当然很乐于和它相安无事，但在利益之外尚有种种不方便之处，我们也必须加以讨论。一般而言，自我因接受精神官能症而损失颇大，这是相当明显的。它固然能解决冲突，可惜代价太高了；随症状而来的病痛苦恼较之症状前的冲突矛盾，也许是其害相等，甚或是其害更大；自我愿以症状消除苦痛，但又不愿放弃其由生病而得到的利益；这正是它所不能两全其美的地方。由此看来，自我实未曾始终在这点上，占有其所要得到的主动地位。这是我们必须明白记得的一件事。

假如你们是对于精神官能症病人有许多经验的医生，那么你们便不至于期望那些最痛恨疾病的人们，能最轻易地接受你们的援助——实际上，正好相反。无论如何，你们总不难知道，凡是足以增进由病而得到利益的一切事情，却足以增加潜抑作用而引起的阻抗作用和治疗上的困难。此外还有一种不随症状而出现，但却来自症状之后的利益。例如疾病的那种心理组织，如果持续一段长久时间，最后便会获得一种独立体的特性；它似乎和自我保持本能（self-preservative instinct）有相类似的功用；而且又和精神生活的其他力量互相结合，连根本彼此相反的力量也未能除外；它既不难有一再表现此种功能及便利的机会，于是乃能够产生一种第二度的功能（secondary fune-tion），以巩固其地位。我们现在姑且不从疾病中举例，而从日常生活中随手取例如下：一个有做事能力的工人，在工作时，因为遭受意外的危险而变成残废，再也不能工作。但是他因此却可以按期领到少数赔偿金，而且他又知道利用伤残的身体来充当乞丐。他的新生活虽然较为卑下可耻，但由于旧生活已被破坏，惟有如此才能继续维生；假如你要医疗他的残废，使其恢复正常的功能，你便等于剥夺了他维持生活的工具，因为他现在能否重新作从前的工作，已成为一个疑问了。精神官能症如果一有这种附带的利益，我们便可使它和第一种利益互相并列，而命名为“由病而来的第二重利益”（secondary adv-antage through illness）。

我劝你们勿看轻了由病而来的实际利益，却也不必太重视其在理论上的重要性。除了以前已承认的特例之外，此事常可使我想到欧伯兰德[①]在“Fliegende Blätter”杂志内，所举以说明动物智力的一个实例。一个阿拉伯人骑着一匹骆驼，在高山中的狭路上向前进，一转弯，忽然看见前面有一头狮子正准备向他猛扑。他进退维谷，无法逃避，一边是深谷，一边又是峭壁；要转身逃走都不可能；看来他只好俯首待毙了。至于骆驼则不然。它纵身一跃，载着骑者一同落入深谷之内——狮子只好旁观叹气，无可奈何。精神官能症能给病人的救济，大概再也没有比这更好的了。也许是因为以症状形成作用来解决冲突，毕竟只是一种自动的历程，不足以应付生活的要求，而且病人一旦接受这个解决办法，便不得不放弃其最优良最高明的才能。因此，此时假如尚有选择的可能，那么较荣誉的办法，是勇敢前去和命运作一光明正大的奋斗。

我之所以不以一般的神经质为出发点，究竟动机何

① 欧伯兰德（Oberländer，1845 ~ 1923），德国漫画家。以绘出幽默的讽刺漫画知名。——译注

在？这一点我尚需加以说明。你们也许以为由此讲起，将较难证明精神官能症系起源于性欲；其实，在这点上你们可完全错了，就转移性精神官能症而言，须先将其症状加以注释，才可见其与性有关；但是就实际的精神官能症[1]而论，其之起因于性生活乃一显而易见，引人注目的事实。我在二十多年前便已知道这事实。那时我怀疑，在检查精神官能症病人的时候，为什么将一切关于性生活的事都摒弃于讨论之列。我开始研究此事后，病人乃逐渐对我不满，但是不久之后，我的努力却使我有充分的理由得到这一结论：性生活如果正常，便不至于产生精神官能症——我所指的乃是实际的精神官能症。这个结论固然一方面太忽略了个体的差异，他方面又因“正常”一词没有固定明确的意义，而令人感到十分缺憾。然而在大体上来说，即使直至今日这结论仍有相当的价值。那时我甚至能于某种神经质和某种受伤的性状态之间，建立一种特殊的关系；假使我仍有相类似的材料以供研究，我绝不怀疑我可以把这些关系再度重说一次。我常发现，一个人如果愿意接受一种不完全的性满足，例如手淫自慰，便会患有一种稳定的实际精神官能症；又假使他过另一种依旧不完满的性生活，则其精神官能症也立即会变为其他形式。因此，我可以从病人情况的改变而推知其性生活方式的变化。我要坚持这个结论，直到使病人不再说谎而加以证明为止。可是他们那时一定会去找那些不问及性生活的医生看病，而不找精

[1] “实际的精神官能症”（actual neuroses），指神经衰弱反应，不安精神官能症等。认为是没有明确病因性纠葛的精神官能症反应。——原注

神分析家了。

那时我也未尝不知道精神官能症的原因，不必然皆属于性方面；有些人固然因为性受到伤害的情形而生病，但也有些人因为失去财产或近日曾有一种强烈的身体伤害而生病。这些不同情形的解释，到后来自然而然会弄明白，那时对于自我和原欲的关系，亦将可有深切的了解；而且愈深入地研究这个问题，我们对于它的了解也愈完满。一个人只有到了其自我不再能处理原欲的时候，才会患精神官能症，自我如愈强健，则其处理原欲也愈容易；无论由于何种原因，自我的能力一旦稍微减弱，却可使原欲增加其要求，而造成有患精神官能症的可能。此外，自我和原欲之间尚有其他较为深切的关系，不过这些关系现在尚未到讨论的时候，暂且搁置不谈。我们所最要注意的是：无论就那一实例而言，也不论它们所以生病的情境究竟为何，精神官能症所赖以维持的能力，都以原欲为其渊源，因此原欲之为用，遂变为不正常了。

现在我应告诉你们：实际的精神官能症的症状和精神神经病[①]的症状有绝对的区别；我们以前所讲的，大多关于后者的精神官能症之第一种系列（即转移性精神官能症）。实际的精神官能症和精神神经病的症状，都起源于原欲；这也就是说，症状乃是原欲之变态用法，也便是原欲满足的代替物。然而实际的精神官能症的症状——如头痛、痛苦的感觉、某些器官之易受刺激、某些机能的减弱

① 精神神经病（psychoneuroses），即转移性精神官能症，但现代用法，此词即指一般的精神官能症，而有别于如精神分裂症等精神病。——译注

或停止——在心灵中实无意义可言。它们不仅多表现在身体上（连歇斯底里症的症状亦然），而且都纯为物质的历程；它们的发生和我们所知道的复杂的心理机转都毫无关系。所以从前认为精神神经病的症状和心理无关，现在则肯定，实际精神官能症的症状才确实和心理无关，然而它们究竟如何能成为原欲的表现呢？原欲岂不是在心灵内活动的一种能力吗？其实，这个疑问的答案是相当简单的。现在且让我把反对精神分析的第一种理由重述如下。反对者以为，我们的理论只是用心理学说明精神官能症的症状，其实从来没有一种病只能以心理学理论来解释的，所以事实上，我们的希望相当微乎其微。然而这些批评者却忘记了，性的机能不纯粹是心理的，正如其不仅为物质的一样。它的影响可兼及身体的生活和心理的生活。我们已知道，精神神经病的症状，是性的机能受到扰乱后的心理的结果，那么，我们如听说实际的精神官能症，是性的扰乱在机体上所产生的直接结果，便不需感到震惊了。

临床医学给我们一个很有用的提示（为许多不同的研究者所共同承认），可借了解实际的精神官能症的帮助。而就它们的症状详情及其身体的系统和机能，一同被波及影响的特点而言，都和性质不相同的毒性之久留体内，或忽被取出（即酒醉或戒酒后的状况）后所发生的病态现象，显然有互相类似之点。这两种病态更可以巴西多病[1]

① 巴西多病（Basedow’s disease），因甲状腺的机能病态之异高而引起的疾病。出现频脉、甲状腺浮肿、眼球突出、出汗过多、特殊不安等现象。根据巴西多（1799 ~ 1854）之名而命名。——原注

的状况来比喻，只是其毒性并非来自体外，而是来自体内的新陈代谢罢了。我以为由这些比喻看来，我们乃不得不认为，精神官能症系性的新陈代谢作用受到扰乱的结果，而其所以受到扰乱，则或者由于性的毒性数量太多，已非其人所能处理，或者由于心理的状况不许他对于这些毒性作适当的处理。这种关于性欲的性质之假说，早已为远古的人所承认了。例如“爱”都称为一种“沉醉中毒”（intoxication），而它可由“酒精”所引起——这些观念似乎把爱的动力移至身体之外了。我们在此尚可记得性感带或乐欲区（erotogenic zone）这一概念，而且又可想起各种不同的器官都可产生性的兴奋。除此之外，关于“性的新陈代谢”或“性的化学”问题，还是尚未撰写的章节。关于此事，我们尚一无所知，也无从断定性的物质是否有雌雄两种，或仅假定一种性的毒物，为原欲的各种刺激的推动力。我们所建立起的精神分析的基础，在实际上只是一种上层的构造，我们迟早必须为它建构一有机的基础，然而关于这个基础，我们还不曾略有所知呢。

精神分析之为科学，其特点为方法，而非其所欲研究的对象。这些方法可用以研究文化史、宗教科学、神话学及精神医学，都不至于丧失其基本性质。精神分析的目的及成就，只在于心灵内的潜意识的发现。实际精神官能症的症状，或许直接起因于毒性的伤害，所以它们不是精神分析所要研究的问题；精神分析既不能对于它们作任何的解释，便只好把这工作移交给生物学及医学去研究了。我的材料之所以要作这种排列，你们现在当可以较易理解了。假使我要讲“精神官能症的研究引论”，当然毫无疑问的，要先描述精神官能症（实际的精神官能症）的简单形式，然后再详述那些由原欲扰乱而引起的更复杂的精神病，才算正当。那么，我便须由各方面收集与前者有关的知识，至于就后者而言，便应将精神分析引入，以作为了解这些病态之最重要的工具。然而我所宣布的题目是精神分析引论；因此我想，传授你们精神分析的观念，比传授你们精神官能症的知识，更为重要；所以，对于精神分析之研究毫无贡献的实际的精神官能症，便不宜放在前面先讲了。我也认为我这一选择对你们较为有益，因为精神分析的知识值得一般受教育者的注意，而精神官能症的理论则仅为医学上的一章。

但是你们希望我对于实际精神官能症加以注意，也颇有理由；实际的精神官能症和精神神经病，在临床上有密切的关系，我们有更加注意的必要。我要告诉你们，实际的精神官能症的单纯形式共有三种：（1）神经衰弱[1]，（2）

① 神经衰弱（neurasthenia），以心情急躁、容易疲劳这两种现象（又称刺激性纤弱）为主要症状的精神官能症状态。一八六九年，美国的G·M·彼亚德所提倡，后来成为风靡世界的病名。在弗洛伊德的时代，列为一种独立的精神官能症，而今，认为是在各种情形下发生的一种病态反应。——译注

焦虑性精神官能症[1],（3）虑病性精神官能症[2]。甚至这种分类也引起争论。这些名词固然十分通用，但其涵义则殊难确定。有些医学家以为，在精神官能症所表现的形形色色、乱七八糟的世界中，便不能有任何种类区分，因此而反对临床上所有病的种类，甚至否认实际精神官能症和精神神经病的区别；我以为他们太偏颇了，他们所采取的绝非进步之路。前面所述的三种精神官能症的形式，有时很单纯；但是大多互相混合，而且兼有精神神经病的色彩。但我们却也不必因此便放弃了它们彼此间的区别，你们要知道，矿物学和矿苗学的区别；矿物由于其为结晶，而和周遭环境有别，所以可以一一分类；矿苗则为矿物的混合体，但其混合都有其相当的条件，并非纯赖机会。而在精神官能症的理论中，我们对它们的发展历程，所知原本非常有限，不足以有和矿苗学相比拟的知识；然而我们如果将可以辨认的临床的元素——这些元素可比拟个别的矿物先行提出，也未必不是正当研究的方法呢。

实际精神官能症和精神神经病之间，尚有一种很值得注意的关系，对于我们关于后者之症状形成的知识，有相当重要的贡献；因为实际精神官能症的症状，常为精神神经病的症状的核心和初期。这种关系在神经衰弱症和转移

① 焦虑性精神官能症，弗洛伊德认为，不能进行正常性行为时，发生以不安为核心的一种精神官能症。根据有无心理因素和不安精神官能症来区别，但这种不安是浮动性，有期待不安的性格。在今日，关于不安精神官能症和不安歇斯底里，并未完全依照弗洛伊德式来区分。——译注

② 虑病性精神官能症（hypochondria），在是不是有病，一定某处有病的疑虑下，不得不仔细检查身心违和的疾病性状态。认为是源自神经质的根底。在此是以恐惧身体机能为主要症状的精神官能症。——译注

性精神官能症中的转化性歇斯底里症之间，及焦虑性精神官能症和焦虑性歇斯底里症之间，最可清楚地观察到，但也可见于虑病性精神官能症，和我们后文将再讨论的精神官能症之一形式,亦即妄想性精神病[①]（例如早发性痴呆症及妄想病）之间。现在我们姑且以一种歇斯底里性头痛或背痛为例，由分析的结果可知，这种痛乃利用凝缩作用和转移作用，而成为原欲的幻想（libidinal phantasies）或记忆的代替满足；但是有时这种痛也非由于虚造，而是性的毒性之直接的症状，也就是性的兴奋在身体上的表现。我们原不肯主张一切歇斯底里症的症状，都有这么一个核心，然而它之时常如此确实也是一个事实，而且性的兴奋在身体上所有的影响（无论其为常态的或病态的），都特别宜于作为造成歇斯底里症的症状之用。它们正好像一粒由牡蛎所采用的砂土，终成为制造珍珠母的原料。及性交时所有性的兴奋之暂时的表现，都可为造成精神病症状的最适宜而最便利的材料。

还有跟这个类似的过程，在诊断及治疗上特别饶有趣味。有些人虽然有精神官能症的倾向，但尚未患有此病，可是，他们一旦有病态的机体状况——也许是一种发炎或一种伤口——便往往足以使症状从此形成；于是实际上的症状，遂立即被采用而为那些正欲有所表现的潜意识幻想的工具。医生在这种情形之下，将先用这一种治疗法，其

① 妄想性精神病（paraphrenia），弗洛伊德主张将早发性痴呆（精神分裂症）与偏执病合并，称之为妄想痴呆。在正统的精神病学，妄想痴呆是处于两者之间．由极特殊理论性构造的妄想为主，但并不显示自我障碍或幻觉等的一种精神病。——译注

次再用另一种治疗法；或者设法消除症状中所有机体的基础，而不问其有无精神官能症的倾向；或者竟只治疗其已形成的精神官能症，而置其机体的刺激于不论之列。这两种程序有时以这种为有效，有时以他种为有效；在这种混合的症状中，实在尚未能有所谓的一般原则。

2. 焦 虑

各位！我明白，你们一定会认为我上次关于普通的神经质的演讲是支离破碎而又不完满的一章。此外，大多数的神经质的人都以“焦虑”为根，以为这乃是他们最可怕的负担与苦恼。但我对于焦虑这一点却恰恰没有叙述，我想最使你们惊讶的莫此为甚了。焦虑或恐惧，在实际上可变本加厉，而成为最无聊的杞忧的原因。然而至少在这个问题上，我绝不马虎轻忽；我决定将神经质的焦虑问题明白提出，并详加讨论。

焦虑不安成恐惧（dread）实在没有加以描写的必要；无论何人都有时会亲身体验到这种感受，或者说得正确点，体验到这个情绪。神经质的人为什么比别人更容易焦虑不安呀，我们对此尚未加以严正的讨论，我们也许认为他们本就应该如此，丝毫不足为奇；“神经质”（nervous）和“焦虑不安”（anxious）两个名词可以互相通用，似乎也有相同的意义，其实这是不对的；有些很容易焦虑不安的人，却不是神经质的人，而症状很多的精神官能症病人，反而没有焦虑不安的倾向。

无论如何，有一件事实是无可怀疑的，即焦虑这个问题是各种最重要的问题之核心，我们只要能猜中、破解这个难解的哑谜，便可明了我们全部的心理生活。我绝不夸大地自称能够给你们一个完满的解决；但是你们总期望，精神分析一定会以一种大异于学院派精神医学所采用的方法，来研究这个问题。学院派的精神医学所注意的是，引起焦虑不安的解剖上的过程。我们知道，延髓一旦受到刺激就会产生焦虑，因此这些医生们就告诉病人说，他由于迷走神经[①]而患了一种精神官能症，延髓确实是一个好对象。我记得我从前也曾花费了许多时间和精力去研究延髓。但是我不得不说你们如果想了解焦虑的心理学，那么最无关轻重的事，莫过于刺激所经过的神经络的知识了。

一个人也许会花费许多时间讨论焦虑，而从未想到神经质这名词，也不称焦虑为神经质。这种焦虑可称为“真实的焦虑”（objectiveanxiety），以与精神官能症的焦虑不安区别，我想在这一点上你们可以立即了解我的用意。真实的焦虑或恐惧似乎是一种最自然而最合理性的事；我们可称之为对于外界危险，或意料及期望中的伤害的知觉反应。这种焦虑和逃避的反射，两者关联密切、互相联结，可视为自我保持本能的一种表现。至于引起焦虑的对象和

① 迷走神经（the vagal nerve），相当于第十脑神经。古代称为肺胃神经，有广大的分支分布在内脏，与其机能调整有密切关系。经常显示出与交感神经对抗的作用。当这个神经有机能亢进或交感神经亢进，更正确的说是两者的机能性凋和破裂时，会引起各种器官的变调，过去是着眼于迷走神经机能而称为迷走神经官能症或自律神经官能症。而今日，几乎不用这种名称了。——译注

情境，则大部分随其人对于外界的知识和感受到的压力而异。野蛮人自然会怕炮火或日蚀月蚀，文明人既能开炮，又能预测天象，在这种情形之下，便丝毫不用恐惧了。有时由于先有知识，而预料危难之将至，于是知识反而会引起惊恐；例如一个野蛮人在森林中看见足迹蹄印就会恐惧，但这在白人看来却完全无动于衷，其实这是野兽近在咫尺的讯号；又如一个富于经验的航海家看见天空中有乌云密布，便知风暴将至，而万分恐慌，然而在乘客看来，却若无其事，而不知恐惧。

然而，真实的焦虑乃是合理的，而且是有利益的一个主张，仔细研究起来，实在有修正的必要。当危险迫近的时候，惟一有帮助的行为，是先用冷静的头脑，估量自己所能行使的力量，并和面前的危险互相衡量，然后再决定自己最有希望的办法，是逃避、或是防御、或是进攻。至于惊慌恐惧本身则根本毫无用处，没有恐惧反而可以有较好的效果。你们应当明白，过分的恐惧实际上最为有害；那时不但无法采取任何行动，甚至连逃避、躲开都无法做到，而变得举步维艰。对于危险的反应，往往含有两种成分……即惊惧的情绪和抵御的反应；受惊的动物是既害怕又善逃避，然而实际上，有利于生存的成分是“逃避”，而不是“惊恐”。

因此，我们必定会以为，焦虑不安必然无益于生存；更详密深入的分析恐惧的情境之后，我们对于这个问题也许会有较深切的了解。首先要注意的是对于危险的“预期心”（readiness），有了这预期心，不但知觉会比较敏锐，而且筋肉也会较紧张。这种预期准备心理，显然有利于生存；否则也许会产生严重的后果。而随着预期准备心理之后，一方面就是筋肉的活动，大多数是采取逃避动作，而高明一点的就采取抗拒的动作，另一方面便是我们所谓的焦虑不安恐惧感觉。如果这种恐惧感觉的发展愈缩短时间或强度愈减弱，则从焦虑的预期心转化为行动的准备，也就愈容易顺利；而整个事件的发展，也愈有利于个体的安全。所以依我之见，在我们之所谓焦虑或恐惧之中，焦虑的预期心（anxious readiness）似乎属于有助益的成分，而焦虑的发展则为有害的成分。

至于焦虑（anxiety），害怕（fear），惊恐（flight）等名词在一般习惯用法上，是否有相同的意义，我并不打算加以讨论。依我之见，焦虑乃是就情境而言，并不问其对象为何；害怕则注意力集中于对象；至于惊惧则似乎确实含有特殊的意义——它也是就情境而言，但危险却是突然发生、突然出现，心理上因此并未曾有焦虑的预期准备。因此，我们不妨说，有了焦虑，便可不致有惊恐。

你们一定会注意到，“焦虑”一词的用法，似乎充满暧昧隐晦、模糊不明的弊病。一般而言，这个名词系用以表示知觉危险时所引起的主观情境；这种情境为情绪的一种；那么，情绪在动态意义上讲，究竟是怎么一回事呢？其性质当然十分错综复杂。首先，它包含某种行动的兴奋或发泄；其次，它包含两种感觉——即已经完成的动作的知觉，和直接引起的快感或痛感，这种快感或痛感便给予情绪以主要的情调。然而我绝不以为这种说明已完全举出情绪的根本本质。关于某些情绪，我们似乎能有比较深入的了解，而且知道其为某种特殊的已往经验的重演。这种经验的起源甚早，是人人普遍皆有的早期经验，可以在物种的早期历史中发现，而非个体的历史中所有。为了让你们更加了解起见，我或许可以说，一个情绪状态的构造，正无异于歇斯底里性精神官能症，都是记忆的沉淀物。因此，歇斯底里症之发生，正可比为一种新形成的个人情绪，而正常的情绪则可比为一种已成为遗传，而普遍的歇斯底里症。

你们可不要以为我刚才所告诉你们的，关于情绪的见解，乃是正常心理学的共识。正好相反，这些概念都成长于精神分析的土壤之中，而且是精神分析土生土长的产物。心理学对于情绪的理论——例如詹姆斯——朗格学说[1]——在我们精神分析学家看来，根本无法理解，而且也无可能加以讨论。但是我们也不认为自己所有关于情绪的知识是完全无可非议的。这只不过是精神分析在研究情绪层面上的第一步成就。且让我们继续讲吧！我们相信自己知道，这个由焦虑的情绪里所重新发现的过去印象究竟为何，此即关于生产的经验——这种经验含有痛苦的情感，兴奋的发泄以及身体的感觉等等，而成为生命有危险时

---

[1] 詹姆斯——朗格学说（James-Lange theory），乃是美国心理学家威廉·詹姆斯（1842 ~ 1910）与朗格（1834 ~ 1900）提出的情绪心理学主张。此学说反对情绪变化引起器官的变化；而主张知觉为身体器官机能之变化，而这些变化之综合意识即为情绪。换言之，不是为悲哀而哭泣，亦非因害怕而颤抖：而是为哭泣而悲哀，因颤抖而害怕的末梢起源说。在今天，此一学说虽然不能获得全面的信赖，但仍然掌握了一部分事实。——原注

之经验的原型（prototype），而且可再现于惊骇或“焦虑”的情境中。生产时焦虑不安的经验之所以引起，乃由于新血液的供给（即体内呼吸作用[1]）已经停止，于是刺激乃异常增加——所以第一次的焦虑系由毒性所引起。焦虑不安（angst）这个名词——angustioe、Enge，意即狭小之地或狭路——所强调的乃是呼吸的紧张，而这种用力的呼吸乃是一种具体情境（按即指子宫口等）所产生的结果，后来便几乎经常和情绪一起重复产生。又第一次的焦虑不安乃由于和母体分离所致，这也很耐人寻味。我们当然相信有机体经过了无数代，已深深潜伏着将此第一次焦虑重复引起的倾向，所以没有一个人能免除焦虑不安的情绪；纵然他像传奇故事中的麦克多夫[2]“太早脱离了母胎”，以至自身没有体验到生产的经验，也无法例外。至于哺乳动物外的其他动物的焦虑经验之原型，究竟性质如何，我们是不能随便乱说的；我们无从知道它们究竟有什么复杂的感觉，可等于我们所感觉到的惊恐。

你们也许想知道，我如何竟会说生产是焦虑情绪的起源和初型，这可不是由玄想虚构而来。正好相反，我从人们素朴的直觉心灵中获得这种想法。许多年前，有许多家庭医生正围着餐桌用餐，当时我也在座，有一产科医院的助理正告诉我们，关于助产学生毕业考试中的趣事，考试官问学生，生产时如在水中看见婴儿排泄物，到底有何意

① 指毛细血管与身体组织或细胞之间交换气体。——原注

② 麦克多夫（Macduff），出自莎士比亚的作品《麦克白》。苏格兰的贵族。这一句是第五幕第八场的台词。——译注

义？有一个考生立即回答说，那是因为孩子受惊了。结果她的考试饱受嘲笑并且落第了。但是我内心对她隐隐感到同情，而怀疑这个纯粹靠直觉的女人，以其永不错误的知觉透视，是否已经看出一个很重要的关系呢。

现在我们且回头来讨论精神官能症的焦虑。精神官能症病人的焦虑究竟有什么特殊的表现和情境呢？关于这点有许多话要说。首先，它是一种普遍的顾虑，一种“自由漂浮，无固定目标”（free-floating）的焦虑不安，很容易附着于任何思想之上，影响判断力、引起期望心，仿佛期待着可以自圆其说的机会。这种情境可称为期望的恐惧（expectant dread）或焦虑的期望（anxious expecta-tion）。患有这种焦虑的人常以种种可能的灾难为虑，将每一偶然发生的事或不明确的事，都解释为不祥之兆。有许多人在其他方面虽然不能说有病，但也往往有这种害怕祸患将至的倾向；此等人可称为多愁善感的或悲观的，甚至杞人忧天的人，但是属于实际精神官能症中的焦虑性精神官能症，则常以这种过度的期望的恐惧，为必然存有的属性。

此外尚有第二种与此相反的焦虑，它在心灵内较有限制，常附着于固定的对象和情境之上，此即各种不同的特殊恐惧性的焦虑[①]。美国著名的心理学家霍尔，最近当费尽心力的把这些恐惧症的各种分别，用希腊语来加以命名。它们就好像是埃及的十种灾疫（ten plagues of Egypt）一

① 固然是正常者能够接纳的现象或状况，可是引起的恐惧（譬如惧蛇、惧高症）却达到令人难以理解的程度；或者，毫无来由的产生恐惧，对正常者而言是完全不能理解的恐惧（譬如恐惧道路、恐惧室内）。

样，只是数目比十还多罢了。你们要注意，恐惧症的对象或内容可包含下列各种：黑暗、天空、旷野、猫、蜘蛛、毛虫、蛇、鼠、雷电、刀剑、血、封闭场所、聚众、孤独、过桥、陆路旅行或航海等。这些形形色色、杂七杂八的事物中，也许可粗分为三组。有许多对象和情境，连一般常人看来，也会感到畏惧，它们和危险确实有或多或少的关系。这些恐惧症的强度似乎十分强烈，但仍可完全予以理解。例如我们看见蛇时大都会害怕而逃避。对蛇的恐惧症可以说是人类所共有的。达尔文曾自谓看见玻璃瓶中的蛇扑过来，也不禁骇然而逃。第二组的所有对象和危险仍然有关系；只是这种危险经常为我们所轻忽；情境的恐惧多半属于此组[①]。我们知道，在火车中比在屋内更容易碰见危险——例如火车互撞偶尔也会发生；而且又知道，船如果沉没，则乘客便常有灭顶之祸。然而我们对于这些危险，最初并未曾放在心上，游玩旅行时，坐船乘车都不会无中生有地庸人自扰，担心危险之将至。又如于过桥的时候，桥如果倒塌断裂，桥上的人也一定会落水无疑，但是这种事情并不常见，因此其危险也就不值得我们注意了。又如孤独也有它的危险；在某种情形之下，我们固然不愿孤独一人，但未必在任何情形之下，都会不耐孤独之苦。其他如聚众、封闭场所、雷雨等亦莫不如此。对于这些恐惧症，我们所不能了解的，与其说是它的内容，不如说是

① 乘坐火车、身在高处，或在关闭的房内，也就是对正常者而言不会感到显著不安的特定状况下，却产生恐惧，也有想到那种场合便产生恐惧的情形。

它们的强度。随恐惧症而来的焦虑是绝对无法形容的。反过来说，精神官能症病人对于我们在某些情形下所焦虑的事情，在实际上反而能丝毫不感害怕，虽然他们也以相同的名词称之。

此外尚有第三组，则完全不是我们所能了解的。例如一个强壮的成人，在自己所住的城市内竟害怕走过一条街道或广场；一个强壮的女人，竟然因一只猫走近，或搔她的衣服，或一只小老鼠在房间内疾驰而过，即大惊小怪地叫喊，甚至害怕得几乎晕倒丧失知觉；我们究竟如何能看出这些人所忧虑的危险呢？就这种“动物恐惧症”而言，便不再只是在一般人的恐惧上增加其强度的问题了；为了证明情形正好相反，我们也可看看例如有许多人不看见猫则已，一见便不禁抚摸它而引起它的注意。老鼠原是大多数女人都害怕的动物，然而同时也用为表示亲密的小名；有许多女孩虽喜欢她的爱人称她为“小老鼠”，但是一见这细巧灵活的小动物，却不禁惊骇而大叫。一个人害怕走过桥梁和广场，其行为实无异于小孩，小孩因受成人的教训才知道这种情境的危险；患有空间恐惧症[1]的人，如有朋友一起带领他走过空旷的地方，他的焦虑不安也可因此而消除。

这两种焦虑，一为“自由漂浮”的期望的恐惧，一为附着于固定某物之上的恐惧症，二者各自独立，没有相互的关系。其中之一也绝不是另外一种的更进一步的结果；

① 来到特定的场所，或因前往那种场所而引起的精神官能症性恐惧，状况恐惧之一。——原注

它们很少合而为一，即使混合起来，也像是偶然形成的。最强烈的焦虑也不必然成为恐惧症；反过来说，终身患空间恐惧症的人，也未必便有悲观的期望焦虑。有许多恐惧症，例如怕空地，怕坐火车等，都为长大时所习得的；还有一些恐惧症，例如害怕黑暗、雷电、动物等，则似乎为与生俱来的。前者为严重的病态，后者则为个人的怪癖。无论何人在后者中若患有一种，我们便可怀疑他也兼患其他同类的一种。我尚需声明一句话如下，这些恐惧症应当都属于焦虑性的歇斯底里症；换句话说，我们以为它们和所谓的转化型歇斯底里症，有密切的关系。

第三种精神官能症的焦虑，则为一种难以解答的谜语；其焦虑和危险之间其实没有明显的关系。这种焦虑不安也许会在歇斯底里症中发现，而和其症状相偕而至；或者发生于不同刺激的条件之下，而由这种条件，我们虽然知道它有情绪的表现，但绝不致预料它是属于焦虑的情绪；或者甚至并没有任何条件，而仅为一种毫无原因而发生的焦虑状态，则非但我们不明了，即连病人自己也莫名其妙。我们就是多方面地加以探究，也不能看出其危险或危险的蛛丝马迹之所在。所以由这些自然而来的病症看来，我们认为我们之所谓焦虑，可分离成为许多成分。这整个病症也可以用一个特别明显的症状来作其代表——例如战栗、衰弱、头晕、心跳、呼吸困难等——而我们所视为焦虑的情绪，反而消失不见，成者微弱而不为人所注意。然而这些症状，可称为“焦虑之同等物”①，而与焦虑本身一样，有相同的临床症状及起因。

现在会引起两个问题：“真实的焦虑”乃是对于危险的一种反应，而精神官能症的焦虑则和危险几乎全无关系；这两种焦虑究竟有无互相关联的可能呢？精神官能症的焦虑如何才能了解呢？我们现在姑且期望，有了焦虑，就一定有其所感到恐惧的事物。

临床的观察提供种种的线索，可用以了解精神官能症的焦虑；现在我要与你们一起来讨论它的意义。

一、我们不难看出，期望的惊恐或一般的焦虑均和性生活的某些历程——或原欲应用的某些方式——有至为深切的关系。关于此事，最简单而最可寻味的例子，是那些习惯于阻碍其兴奋的人们。他们使其强烈的性兴奋，经验到不充分的发泄，而缺乏完满的结束。例如男人在订婚之后，结婚之前；女人因丈夫在性的方面没有充分的能力，或者为了避孕起见而草草完成性交的行为，便常常会遇到上述的经验。在这种情形之下，原欲的兴奋消失不见，焦虑之感却应时而生，而形成期望的惊惧，或形成焦虑不安的病症。男人的焦虑精神官能症大多以性交中断（coitus interruptus）为其原因，所以医生在诊察这种病症时，必须先研究其有无这种起因之可能。性的错误行为如果能修正，则焦虑性的精神官能症便可消除，这件事可证以大多

① “焦虑之同等物”（anxiety equivalents）不安的感情有悸动、冷感、瞳孔扩大、脸部苍白、鸡皮疙瘩等，使人想到交感神经机能亢进的身体现象，但这是没有意识到不安的感情，只是身体性的表现形成前景。——原注

数的实例。

据我所知，性欲的节制和焦虑不安的关系，纵使连一向讨厌精神分析的医生们，也不会再加以否认了。然而他们仍然难免曲解这种关系，以为这些人本有畏首畏尾的倾向，因此在性的方面也不免有所提防而小心从事。可是这点在女性身上，却有绝对相反的证据，他们的性机能在实质上是被动的，所以性行为的进行，全随男人的行动而定。一个女人如愈喜欢性爱而愈有快乐满足的能力，则对于男人的软弱无能，或性交中断就愈容易有焦虑不安的表现；至于对性方面不感兴趣，或性的要求不甚强烈的女人，则虽然受到同样的待遇，也不至于有同样严重的后果。

在今日，一般医生均热心主张性欲的节制或克制，可是原欲如果一方面没有满足的出路，一方面坚求发泄，他方面又无法将之转移至升华作用，则所谓节欲，也仅只能成为引起焦虑不安的条件。至于是否因此而生病，那就往往是数量的成分问题。纵使我们暂时不谈疾病，而只就品格的培育陶冶而言，我们也不难看出节欲和焦虑不安及畏首畏尾，常若影之随形，寸步不离，而大无畏的勇敢冒险精神，反而常常和性的要求的自由及包容有连带的关系。这些关系虽然可因文化的多重影响而转变，然而就一般人而言，其焦虑之与节欲有密切的联结关系，已不容我们轻易否认了。

我并没有完全告诉你们，所有指出原欲和焦虑不安的先天关联之发现。例如在青春期和停经期，其原欲的产量异常增加，对于焦虑不安自然有若干影响。在许多种兴奋的情况中，我们也可直接发现性的兴奋和焦虑不安的混合，以及原欲兴奋终为焦虑不安所取代。凡此一切所产生的印象是双重的：第一，原欲累积增加而没有正常的消耗发泄的机会；第二，仅属于身体历程（somatic process）的一个问题，焦虑不安究竟如何由于性欲而发生，在目前尚未能清楚了解；我们只能说，性欲没有了，焦虑之感乃取而代之。

二、由于精神神经病，尤其是歇斯底里症的分析，可以得到第二种线索。我们知道，焦虑不安往往是此病所有的症状之一，而没有对象的焦虑也可长期存在于，或表现于发病之时。病人不能说明其所恐惧的究竟为何；于是乃常常借二度润饰作用而使其和最可怕的对象，如死亡、发狂、灾难等等连成关系。我们如果分析其焦虑或伴有焦虑的症状所以发生的情境，便往往可揣知其横遭阻挠而为焦虑的表现所代替的，究竟是何种正常的心理历程。换句话说，我们可以揣想，潜意识的历程好像未受压抑，毫无阻碍、通行无阻的顺利进入意识内。这个历程本应伴有一种特殊的情绪，现在十分奇怪的是，这个理应伴随此精神历程而进入意识内的情绪，不论何种都可为焦虑不安所取代。因此，我们面前如果有一种歇斯底里性的焦虑不安，那么它在潜意识上对应相当的情绪，可为一种性质相类似的情感，如懊恼（apprehension），羞愧，或尴尬不安之感，也可为一种“正面”的原欲兴奋或一种反抗的、攻击性的情绪，例如暴怒或气愤。所以在其对应相当的观念内容受到潜抑作用的时候，焦虑不安不啻为一种通用的银币，可用来作为一切情绪的兑换品。

三、有些病人的症状有强迫动作的形式，它似乎可以免除焦虑不安，这些人便提供给我们以第三种线索。我们如果禁止他们从事这些强迫的行为，如洗手不止，或其他种种仪式等，或者他们如果自动要取消其强迫行为之一种，则他们便会为一种极大的恐惧所逼迫，而不得不臣服于这种强迫行为而实行这种行为。我们知道，其焦虑乃潜藏于强迫动作之下，而其所以有这种强迫行为，也只是为了逃避此种焦虑恐惧感。所以在强迫性精神官能症内，其焦虑不安乃为症状形成所代偿；如果回头来看看歇斯底里症，则也可发现略同于此的一种关系——潜抑作用的结果，会产生一种单纯的焦虑，或一种混有其他症状的焦虑，甚或一种没有焦虑的症状。所以自抽象的意义来说，似乎可主张症状所以形成的目的，只在于逃避、免除焦虑不安的发展。因此，焦虑在精神官能症的问题上，显然占有一至为重要的地位。

我们仔细观察焦虑的精神官能症，可得到如下的结论：原欲若丧失正常的应用方式，便会导致焦虑不安，这种经过，其实即以身体的历程为基础。由歇斯底里性的精神官能症及强迫性精神官能症的分析看来，又可以得到另一结论：心理方面的反抗，也可使原欲丧失正常的应用方式。因此，关于精神官能症的起源，我们所知道的，仅此而已。虽然仍欠明确，但短时间之内也没有其他特别的方法，可用以增进我们在这方面上的知识。我们所要进行的第二步工作，在于建立精神官能症的焦虑（即变态异常使用的原欲）和“真实的焦虑”（即对于危险的反应）之间的联系关系，这似乎更难以完成。也许有人以为，这两者其实无法互相比拟，但是精神官能症所有的感觉，与真实的焦虑所有的感觉，却无法加以区分。

我们所期望的联系关系，可借自我和原欲的对比关系来加以说明。焦虑的发展，乃是自我对于危险的反应及逃避之前的准备，这是我们早已知道的；那么我们现在可以再进一步推想，自我在精神官能症的焦虑中，也在作逃避原欲要求的企图，其对待体内的危险亦正如它对付体外的危险一样，如此则“心凡有所虑，必有所惧”的假设，便可获得证实了。但是这个比喻尚不仅止于此。正好像逃避外界危险时，筋肉立即紧张，结果就可站定位置做出相当的防御工作，现在精神官能症的焦虑的发展，也使症状得以形成，因此焦虑便可有稳固的基础了。

于是我们难以了解之处现在遂在别的地方了。原来焦虑的目的在于使自我逃避原欲，而焦虑的起源则仍在于原欲之内。这是不容易领会的。我们必须记得，一个人的原欲在基本上，乃是其人之一部分，而不能视之为身外物。这是焦虑的发展之“形势动力学”（topographical dynamics）的问题，迄今仍然晦隐不明——例如被消耗的究竟为那一种精神能力呢？或者这些精神能力究竟属于何种系统呢？这些问题，我也不敢承诺你们一个确切的答复；但是我可不会忽略另外两个线索因而不免又要再综合直接的观察和分析的研究，以证我们的联想。现在我们且转而研究儿童的焦虑的来源，以及附着于恐惧症的精神官能症之焦虑的起源。

焦虑心理在儿童中是十分普通的现象，我们很难决定其究竟是属真实的或精神官能症的焦虑。事实上，研究了儿童本身的态度后，这种焦虑的区别便大有问题了。因为一方面，我们会一点也不感到惊奇地发现，他们害怕陌生人，而且怕陌生的对象和情境。不过，我们如考虑他们的柔弱和无知，便很容易对我们的反应感到释然。因此我们以为儿童有真实焦虑的倾向，并且这种倾向是惟一适用的，假如儿童的焦虑心理是得自遗传的话。儿童似乎只是在重演史前人类及现代原始人的行为，这些人由于无知和无助，对于新奇及陌生的事物，以及不少熟悉的事物，都会经验到一种恐惧感，然而这些事物在我们看来，却没什么可恐惧的。假如儿童的恐惧症，至少有一部分可视为人类发展初期的遗物，那也正好与我们的期望吻合。

另一方面，儿童们的焦虑心理并不完全相等，我们对此不能够忽略。那些对各种对象和情境感到异常畏惧的小孩，及至年纪稍大时，往往即转变为精神官能症病人，所以真实的焦虑如甚过分，则也可为精神官能症倾向的记号之一种；因此焦虑心理实比神经质更为原始；我们可以断定，儿童或成人之所以经验到对于原欲力量的恐惧，只因为他对于任何事物皆感害怕。如此，焦虑后起源于原欲的主张将可被推翻了。而对于真实的焦虑的条件之研究，就逻辑上而言，可得到下面的一个结论：对于本身软弱无助的意识——艾德勒所谓的自卑感——到年长时如果仍然存在，便成为精神官能症的真正原因。

这句话似乎十分简单动听，我们不得不予以相当的注意。我们所用以研究神经质问题的观点，将因此而动摇，这也是实情。这种“自卑感”——和焦虑倾向及症状形成——似乎确实可存在于年长时期，那么为什么在某些例外的情形中，竟会有我们所谓的“健康正常”的结果呢？这就不得不更进一步加以说明了。由对儿童的焦虑心理之细密观察，可以得到什么知识呢？小孩首先就对陌生人感到害怕；无论何种情境，对小孩其所以能成为重要者，皆只由于其情境所有的人物而然，至于由于其中之事物则皆常为后来之事。然而儿童之害怕陌生人，最初并不是因为他以为这些陌生人怀有恶意，而自己又很弱小，远不及他们强壮，因此认为他们会危及他的生命、安全和快乐。这种以为儿童怀疑及害怕外界的强大邪恶势力的观念，其实只是一种很浅陋的理论学说。正好相反，儿童之所以看见陌生人就害怕逃走，乃因为他习惯于——因此遂期望一个亲爱而熟悉的面孔——母亲的面孔。他由于渴求而失望，遂转而变为恐惧——由于他的原欲无法消耗，又不能久储不用，因此乃变成恐惧而得以发泄。这种情形乃是儿童焦虑的初型，而其在生产时所有原始焦虑的条件（即和母亲分离一事），也复见于此种情形中，这岂能视为偶然的事呢？

黑暗和孤独乃是儿童最早的恐惧的情境；前者常终身不减；其之渴求那不在的保护者或母亲之出现的欲望，则为二者所共有。我曾听过一个害怕黑暗的小孩子大呼：“妈妈，跟我说话吧，我好害怕啊！”“但是那有什么用呢？

你看不见我啊。”那孩子回答道：“如果有人说话，便可使房间更明亮点。”因此，在黑暗中所感到的期望乃一变而为对黑暗的恐惧了。我们并未发现，精神官能症的焦虑只附属于真实的焦虑，而为其中特殊的一种；我们反而发现，小孩的行为约略有些像真实的焦虑，其根本性质则与精神官能症的焦虑相同——也起源于不能发泄的原欲。儿童在出生时，似乎很缺乏地道的“真实的焦虑”。那些后来成为恐惧的情境如登高、遇水上的狭桥，坐火车或轮船等等，在小孩则毫无恐惧的表示——其所知者愈少，其所畏者也愈少。我们固然也很愿意他能借由遗传而得到这些保持生命的本能；如此一来，我们保护他、使其不受各种危险的工作也就可减轻许多：然而在实际上，你们要知道，儿童十分喜好夸大自己的能力，他们因为不知危险，所以在行动中毫无所惧。有时跑向河边，有时坐在窗槛上，有时玩弄刀剪，有时玩火；总之，他所做的事都会伤害自身，而使照顾他的人不胜骇异。由于我们不能让他在痛苦的经验中学习，所以要使他引起真实的焦虑，便不得不经由训练来教育。

假使有些孩子很容易因教育训练而知道焦虑，而且又对未受警告之事物她惴惴然若有所惧，那么我们便可揣想他们在禀赋上，必比别人更有大量的原欲的需求，否则他们也必定会由于原欲的满足而被宠坏。难怪那些后来变成神经质的人们，在孩提时代时都属于这一类；我们知道，一个人若不能长久忍受大量的无法发泄的原欲，那么他便最容易罹患精神官能症。由此可见，这其中包含有一种先天的因素，对此我们从未加以否认。我们所要抗议的，只是由观察及分析所有一致的结果看来，先天的因素本无地位，或只占一无足轻重的地位，而其学者却偏要强调此一因素而完全排斥其他因素。

且让我们把观察儿童的焦虑心理，而获得的结论总结如下：儿童的恐惧最初与真实的焦虑（即对于真正危险的恐惧）并无关联，但和成人所有的精神官能症的焦虑则有密切的关系。这种恐惧也像精神官能症的焦虑一样，是起源于不能发泄的原欲；儿童一旦不见了或失去了其所爱的对象，便利用此种恐惧，来取代外在对象或某些情境。

你们现在将会很高兴地听到，对恐惧症的分析所能告诉我们的，并不比我们所已知道的为多。儿童的焦虑如此，恐惧症也如此。总之，原欲如果无法发泄，便会不断地转变而为一种类似于真实的焦虑，于是外界的某种无足轻重的危险，乃被当作原欲所希望得到的代表。这两种焦虑之互相一致，是不足为奇的；因为儿童的恐惧尚不只为后来之焦虑的歇斯底里症的所有恐惧的雏形，而且又为其直接的前奏。每一种歇斯底里症的恐惧，纵使由于有不同的内容，而必须有不同的名称，然而却都可溯源于儿童的恐惧，且为其延续状态。两种情况之区别，在于它们的作用机转。成人的原欲纵使暂时不能发泄，也不足以转变成为焦虑不安；因为他们早已知道如何保存其原欲而不用，或如何应用之于其他方面。但是，假如原欲系附着于一种曾经受压抑作用的心理的兴奋，那么类似于儿童的情形——在他们身上，尚未有意识和潜意识的区别——便随之而再出现；因为其人已由于退化作用，而回复至儿童时代的恐惧，于是乃形成一座桥梁，而使原欲很容易地过渡成为焦虑。正如你们所记得的，我们已约略讨论过潜抑作用，但是那时所注意的仅是被压抑观念的命运，因为它较易辨识而且较易陈述；至于附着于此观念之上的情绪究竟如何结局，则尚未论及。我们现在才首次知道，无论在正常状态下，这个情绪究为何种性质，但在这时候则必定会立即转变成为焦虑不安。这是它的命运，而且这个转变乃是潜抑作用的历程之最重要的结果。要将这点陈示给你们，并不容易。因为我们尚不能主张潜意识情绪的存在，也像以前之主张潜意识观念的存在一样。一个观念，无论其为意识的或为潜意识观念的究竟如何；至于情绪，乃是一种有关精力发泄的历程；我们对于心理历程的假设，如果尚未有彻底的考察和了解，便不能妄言和潜意识的情绪相当的究竟为何——这个工作不是我们目前所能负担的。然而，我们仍要保留我们所已得到的印象，即焦虑的发展和潜意识系统有密切的关系。

我曾说过，原欲会转化成焦虑，或者说得更清楚点，原欲以焦虑的方式来求得发泄，乃是由于潜抑作用的直接命运。现在我必须补充一句话如下：转变成焦虑，并不是受压抑的原欲所有的惟一的及最后的命运。在精神官能症中，还有一种程序的目的系在于阻止焦虑的发展形成，而其所用以达到这个目的的方法则不止一种。例如在畏惧症中，我们便显然可见其精神官能症的历程共分两阶段。第一阶段行使潜抑作用，而使原欲转变成为焦虑，而焦虑则又针对着外界的危险。第二个阶段，则为建立所有的防御壁垒及完全保障，以避免与外界的一切危险互相接触。自我既然深深感到原欲的危险，乃以潜抑作用为逃避原欲压迫的工具。畏惧症则可比喻为抵抗外来危险的城堡，而可怕的原欲则正如来自外界的危险一样。畏惧症中的这个防御器之所以还有弱点，乃因为城堡虽然可抵御外部危险，却无法防止由内部引起的危险；把来自原欲的危险投射至外界，是永远难以见效的。所以，其他精神官能症便利用别种防御方法，以阻止焦虑发展的可能；这是精神官能症的心理学中最引人入胜的一部分。非常遗憾的是，我们如要讨论这个问题，便未免离本题太远了，此外还须有特殊知识作为基础哩。因此，我现在只约略地说明如下。我已说过，自我安置一种反攻的堡垒于潜抑作用之上，这个堡垒必须保全，潜抑作用才能继续存在。至于它的任务，则为利用各种抵抗方法，以免潜抑作用之后又有焦虑的发展。

再回头来讲畏惧症吧。我现在希望你们业已知道，光是设法解释恐惧的内容，并且除了对它们的衍生物——各式各样的产生畏惧症的对象或情境——外，对它们皆全不感兴趣，这是绝对不够的。恐惧症的内容之重要，正与显梦之重要相当——两者都只是一种谜面。我们得承认，在各种恐惧的内容中，无论其有何种变化，但其中仍有许多种因为物种发生的遗传关系，特别适合成为恐惧的对象，这乃是哈尔所曾指出的。而且这些恐惧的对象，除了和危险有“象征”的关系之外，大多没有其他的关联。

因此我们深信，焦虑的问题在精神官能症的心理学中占一中心地位。我们还深深地觉得，焦虑的发展和原欲的命运及潜意识系统，有非常密切的关系。只是还有件事实，即“真实的焦虑”必须视为系自我本能用以保持自我的一种表示。这个事实虽然无法加以否认，但却尚不能完满地存在于我们的学理系统内，此乃我们理论的美中不足之处。

3. 压 抑

本能冲动的变化之一是在抵抗（resistances）中使冲动不起任何作用。我们将进一步探讨的问题是，在某些条件下，冲动便进入了“压抑”（repression）状态。如果问题是在于外在刺激的运作（operation）上，所采取的适宜方式无疑便是逃避（flight）。然而，对冲动而言，逃避是没有用的，因为自我（ego）无法逃避自己，此后，反抗本能冲动的较好方式便是拒绝（rejection），它是建立在判断（judgement）的基础之上的。压抑是谴责（condemnation）的前期表现，处在逃避与谴责之间。关于压抑的明确阐释在精神分析之前是未曾有过的。

从理论上对压抑做出分析并不容易。本能冲动何以会有这种变化呢？这种变化的发生显然是有一定的必要条件的，即本能目的的实现应产生不愉快而不是愉快。然而这种可能性却又很难想像。从来没有这样的本能：本能的满足总是愉快的。我们必须设想出一些特殊情形，有些过程使愉快性满足变成了不愉快。

为了更好地对压抑做出界定，让我们讨论一下其他的本能情形。有时候，有些外在刺激变成了内在的。譬如，当饮食过量而伤害了某些器官时，一种新的兴奋源便产生了，并导致紧张度的增强。这种刺激与本能是十分相似的。我们这方面的经验可以用疼痛说明，不过，这种“假本能”（pseudo-instinct）的目的仅在于中止器官的改变及相伴的不愉快，疼痛的中止不可能获得其他的直接愉快。此外，疼痛具有强制性（imperative），要去除疼痛必须改变受伤的器官或克服心理伤害的影响。

疼痛的情形根本无助于我们对压抑的认识。现在让我们看一下当类似饥饿的本能未获满足时会出现什么。此时，饥饿也变得具有强制性，除了得到满足什么都是无用的，它进入了需要的持续紧张状态。然而，就压抑的实质而言，它绝不是轻而易举就排遣得了的。

因此，压抑绝不是在下列情形下产生的：本能未获满足的紧张达到了难以忍受的程度。所以，机体的防御方法必须在其他的联结中予以讨论。

还是让我们集中在精神分析实践中的临床经验吧。我们发现，被压抑的本能是很可能获得满足的，而且，在任何情形下满足就其本身来说都是愉快的。但它与其他的目标和要求都是不相容的，于是便导致了有时愉快有时不愉快。这种情况的后果是为压抑创造了条件，即由不愉快招致的动机力量超过了由满足而带来的愉快。精神分析关于“移情性神经症”的观察使我们得出如下的结论：压抑起初并不是一种防御机制（defensive mechanism），只有在意识与潜意识之间出现明显的“裂缝”（cleavage）之时它才会出现。压抑的本质在于将某些东西从意识中移开，并保持一定的距离。关于压抑的这种观点可作更彻底的说明，在心理组织（mental organization）达不到这一阶段之前，避开本能冲动的任务是由本能可能的变化承担的。譬如，转向反面或曲解自我（self）。

要对压抑的范围及其与潜意识的关系做出更深入的分析，我们必须先弄清心理结构的连续性及潜意识与意识的区别，然后再更深入地探讨压抑的本质问题。这样，我们就可对临床观察到的压抑的特点做出十分清晰的描述，当然我们仍不可避免地会重复别处讲过的旧话。

我们有理由假定有一种“原始压抑”（primal repression），它是压抑的第一阶段，由被拒绝进入意识的本能的心理（或观念的）表征组成。有了它才出现了“固着”，此后表征保持不变，而本能则附着其上。这是由潜意识过程的特性所决定的，我们会在后面加以探讨。

压抑的第二阶段才是固有压抑（repression proper），对压抑的表征的心理衍生物产生影响，或对与此有关的其他思想链（trains of thought）发生作用。这些观念或思想具有同样被原始压抑的命运。因此，固有压抑便成了一种“后压力”（after-pressure）。此外，仅仅强调意识对被压抑的东西的直接排斥是不正确的，重要的是，原始压抑的东西通过相互吸引可建立起新的联结。如果这两种力量不合作，如果被压抑的东西不随时准备接受被意识所拒绝的东西，那么压抑的目的也就毫无意义了。

有关精神神经症的研究，使我们注意到了压抑的严重后果，我们很容易高估它的心理压力，从而忘记了这样的事实，即压抑并不阻碍本能表征在潜意识中的继续存在，阻止它组织各种力量建立新的联结。事实上，压抑仅使本能表征与一个心理系统（psychical system）即意识的关系受到干扰。

精神分析还可使我们认识到压抑给精神病患者带来的其他严重后果。譬如，本能表征在压抑下摆脱了意识的影响后，其发展就更少受干扰和更充分。它在黑暗中扩散，用极端的形式表达，当它们转换成神经性的并呈现于神经症者时，通过让其看到奇异、危险的本能力量而使患者惊恐不已。这种本能的假象，源于未被抑制的幻觉发展和挫折满足的抑制结果。挫折满足的抑制与压抑的结合便导致了压抑真正意义的指向。

让我们再一次审视一下压抑的反面，如果认为压抑是对意识中所有原始压抑的克制，那也是不正确的。如果这些衍生物彻底脱离了压抑的表征，不管是曲解的结果，还是插入其间的联结数目所致，都可以自由地出入意识。对意识的抵抗似乎与原始压抑的距离（distance）有很大关系。在使用精神分析的技术时，我们总是要求病人尽量地释放被压抑的衍生物。这些衍生物或因其间接性或因其曲解性，都可以通过意识的检查。的确，我们要求病人给出的联想是不受意识的目的性观念影响和批评的，通过这样的联想，我们便形成了被压抑表征的意识性转移——这些联想显然属于间接的和曲解的。通过这一过程，我们观察到，病人可以编织成一个联想的网络，直到他能够反对某些思想，那么受压抑便昭然若揭，于是他便被迫重复他的压抑。神经症症状同样如此，因为他们也是压抑的结果，通过自身的努力，方可将被意识否定的东西带到意识层面上来。

究竟意识的抵抗去除之前，观念的曲解性和间接性要达到何种程度，我们尚不能确定一个通则。显然有一种微妙的平衡发生了，只是遮掩了我们的视线。然而，它的操作方式却能使我们假定，当潜意识的贯注达到一定程度时就会中止——超过这一程度潜意识就会寻求满足。因此，压抑在个体间存在明显的差异。每一被压抑的结果也许都有自己的特殊变形，曲解或多或少的变化均会改变整个结果。就此而论，我们便可理解人为何对某些目标特别偏爱，而作为相同知觉与经验目标的理想又令他们深恶痛绝，原来人与人之间的区别便是由很微妙的变形造成的。的确，正像我们在追溯恋物癖（fetish）的起因时所发现的，原始的本能表征很可能会分为两半，一半受到压抑，另一半由于这种密切的联结而理想化（idealization）。

同样，曲解程度的增强或减弱也可通过其他器官的活动获得，譬如，在产生愉快和不愉快的条件下，为了改变心理力量的活动，用愉快替代本该产生的不愉快，我们已采用了一些特殊技术，一旦使用了这种技术，被拒绝的本能表征的压抑便被消除了。截至目前，关于这些技术的细节性研究仅在《诙谐与潜意识的关系》中出现过。作为一条规则，压抑仅是暂时性消除，它很快就会恢复原状。

然而，此类观察可使我们认识压抑的更多特征。如前所述，压抑的活动不仅存在着个体差异，而且具有极度的动态性（moble）。绝不能认为压抑的过程是一次性的，其结果是永久性的，像被杀的生物将永远死亡一样。压抑需要持续的能量付出，压抑一旦停止，人便受到伤害，因此，压抑以新的行为出现便成了必然。我们可以设想，被压抑的观念在意识的持续压力下进行活动，要平衡这种压力必须有持续的反压力（counter pressure）。因此，从经济学的角度上看，压抑的维持需要持续的能量付出，这样，压抑的消除才是节省能量的。压抑的动态性在睡眠状态中也能发现，压抑本身足以使梦产生。清醒之后，睡眠中的压抑性贯注便再次销声匿迹。

最后，我们必须记住，无论如何，我们对于压抑的本能冲动的论述是微乎其微的。若不片面对待冲动的压抑，此冲动的形态也许是千差万别的。它也许是不活泼的，譬如，仅需要少许的心理能量；它也许非常活跃，需要不同程度的心理能量。的确，它的活动不是导致压抑的直接消除，而是通过迂回的道路调动所有的过程使冲动打入意识。潜意识中未被压抑的观念常常是由它活动的程度或贯注所决定的。每天都发生的现象是，只要一种观念仅代表很小的心理能量，那么它就不会受压抑，尽管其内容会增强它与意识中主导观念的冲突。观念的数量对冲突具有决定性，一旦一个基本的有害观念超过某一力度，冲突便确定无疑了，并必然导致压抑。因此，就压抑而言，对潜意识的能量贯注愈多，那么，将其从潜意识中移开或曲解的力量就愈少。可以说，压抑的倾向会通过厌恶度的减弱找到压抑的替代（substiute for repression）。

以上我们对本能表征的压抑问题进行了探讨。我们认为，所谓本能表征，指的是一个观念（idea）或一组观念（group of ideas），它们源于对本能的限定的心理能量贯注（力比多或兴趣）。临床观察使我们可以对所谓的“单独存在物”（a single entity）做出划分。它表明，除了观念之外，表征本能的其他因素也应考虑进来。压抑的其他因素也许与观念有很大的不同，一般已将心理表征的其他因素称做“情感量”（quota of affect）。作为对本能的反应，它从观念中分离出来，与其数量相称，用情感的形式表达出来。以此为基点，在描述压抑时，我们将采取分离的方式，即作为压抑的结果，那些变成了观念，那些变成了附着于观念的本能能量（instinctual energy）。

当我们对两者的变化可以做出一般性的说明时，无疑令我们感到欣慰，只要稍加努力，我们便可以真正这样做了。代表本能的观念的一般性变化，如果曾经是意识的，便会从意识中消失；如果要转为意识的，它却要脱离意识而存在。差异倒并不重要，如同让不受欢迎的客人离开客厅（或前厅），在我辨认出他以后，拒绝他越过我的门槛一步[1]。从数量上看，本能表征有种可能的活动（从精神分析观察的角度）：要么本能全然压制（suppressed），以至于任何痕迹都找不到；要么以情感的形式上出现，但经

① 这一适于压抑过程的明喻，也可用前已提及的压抑的特征作说明：我需要增加的是，为了拒绝这位客人的进入，我必须在门口设立一个永久的卫士，否则，这位客人会破门而入。——原注

过了性质上的伪装；要么转为焦虑。后两种可能性将令我们作更多的思考，即作为本能进一步变化的向情感转移（transfomation into affects），尤其是向焦虑转移。

事实表明，压抑的动机和目的不过是为了避免不愉快。属于表征的情感量的变化远比观念的变化重要，这一事实对于压抑过程的估价具有决定作用。如果压抑不能避免不愉快情感或焦虑的出现，那么就可以说压抑失败了，尽管从观念的意义上讲它实现了目的。当然，压抑的失败较之成功更易引起我们的兴趣，因为成功的压抑在很大程度上会逃脱我们的检查。

现在该是试图探讨压抑过程的机制（mechanism）的时候了，我们尤其想知道究竟是一种机制还是一种以上的机制在起作用，精神神经症是否因压抑机制的不同而不同。由于问题的复杂性，我们尚没有确切的答案。对于压抑机制的了解只能通过压抑的结果推测。如果将观察限定在观念层面的压抑结果，我们就会发现，它通常创造出替代形成（substitutive formaton）。替代形成的机制是什么呢？或者我们是否应在此区分出不同的机制呢？我们知道，压抑总会在其背后留下症状的。我们是否可以这样假定，替代形成与症状形成相伴而生，如果在总体上是这样的，那么症状形成的机制是否与压抑的机制相同呢？最一般的可能性是，这两者有很大的区别，并不是压抑本身产生了替代形成和症状，替代形成和症状倒是回归压抑的标志，它们附着于其他的过程上。同样，在考虑压抑的机制之前，检查一下替代形成及症状的机制形成似乎也是可取的。

虽然，进一步的设想是不现实的，任何设想都必须建立在不同神经症压抑结果的审慎分析之上。不过，同样我会建议，在对意识与潜意识的关系形成可靠的概念之前，最好将这一分析往后推迟。为不至于使现在的讨论毫无所获，我认为应先弄清以下问题：（1）压抑的机制事实上并不与替代形成的某一机制或所有机制相伴而生；（2）具有许多的替代形成机制；（3）压抑的机制至少有一点是共同的：撤回能量贯注（a withdrawal of the cathexis of energy）或力比多贯注，专门用于对付性本能。

此外，将问题限制在精神神经症的三种著名形式中，我将用一些例子说明这些概念是怎样应用于压抑的研究的。

说明焦虑性歇斯底里症（anxiety hysteria），我将举一个经过认真分析的动物恐怖症（animal phobia）病例[①]。压抑中的本能冲动表现为对父亲的力比多态度，并伴有对父亲的惧怕。经过压抑，冲动从意识中消失：父亲已不再作为力比多的对象，取而代之的是某些能成为焦虑对象的动物，就观念部分而言（本能表征）替代形成源于某种特殊方式下观念链（chain）的移置作用（displacement）。冲动在数量上并未消失，而是转移成了焦虑，用对狼的恐惧替代对父爱的需求。当然这一病例并不足以对哪怕是最简单的精神神经症的解释，总有其他的问题需要考虑。动物恐怖症这种压抑可以说是极不成功的，它所做的一切无非是

① 这当然是“狼人”病例的一种参考（1918b）。虽然该病例在本文出版后的三年才印行，但在这之前已基本完成。——原注

对观念的转移和替代，但根本无法消除不愉快。正因为如此，神经症才不会停止活动，为实现其即时和重要的目的，它便走向了第二阶段：逃避——固有恐怖症（phobia proper）的形成，一系列的回避均旨在防止焦虑的释放。更一步的专门研究将使我们理解恐怖症实现目标的机制究竟是怎样的。

当考察真正的转换性歇斯底里症（conversion hysteria）时，我们不得不换个角度审视压抑过程，此时，它最显著的特点就是情感量的全然消失。一旦如此，病人的症状便出现了沙可（Charcot）称做的“无所谓状态”（la belle in-difference des hysterques）。在其他情况下这种压抑并非全然成功：有一些令人痛苦的感觉，会依附到症状之上，或证明阻止焦虑的某些释放是不可能的，结果导致了恐怖症形成的机制。本能表征的观念内容已全部撤出意识，作为一种替代——同时也作为一种症状——过强的神经支配（典型的例子如躯体性神经支配）便出现了，有时是感觉的，有时是运动的，或者兴奋、或者抑制。更进一步的观点表明，过度神经支配（over-innervated）的部分正是被压抑的本能表征本身——虽然经过了凝缩（condensation），但全然自我贯注。当然，以上所述并不能使我们对转换性歇斯底里症的全部机制都已明了，尤其是压抑的因素问题，这将从其他的联结中予以考虑。就扩散性的替代形成所引发的歇斯底里症（转换性）压抑而言，可以说是全然的失败；然而，说到情感量问题（压抑的真正任务）它却又总是全然成功的。在转换性歇斯底里症中，

压抑过程完成于症状形成，它不像在焦虑性歇斯底里症中那样发展到第二阶段，确切地讲，是无终止的发展。

为了阐述的需要，我们将讨论另一种不同的压抑，即强迫性神经症（obsessional neurosis）的压抑。首先我们将对什么样的本能表征附着于压抑表示怀疑——究竟是力比多的，还是敌意倾向（hostile trend）。所以会出现这种不确定性，是因为强迫性神经症以压抑为基点，用情爱（affectionate）替代了施虐倾向（sadistic trend）。正是对所爱的人的仇视本能导致了压抑，压抑的初期与后期往往有不同的结果。起初压抑是全然成功的，观念内容被拒绝，情感也消失了。作为替代形成，自我出现变化，意识成分明显增加，这很难称为症状。此时，替代与症状并不是相伴而生的。这一研究同样为我们提供了压抑机制的知识。无论在强迫性神经症中，还是在其他病症中，压抑导致了力比多的退缩，但这是通过反向形成（reaction-formation）实现的。因此，在这种情况下，替代形成与压抑具有相同的机制，并本来就是共生的，无论从顺序上还是从概念上讲，它都与症状形成不同。也许正是这种模棱两可的关系形成了整个过程，使得该压抑的施虐冲动得以出现。然而，压抑虽然起初是成功的，但它并不坚定，随着时间的进展失败愈发明显起来。矛盾通过反向形成导致了压抑，而被压抑了的矛盾又成功地将矛盾复归。消失了的情感又以社会焦虑、道德焦虑和良心谴责的转换形式出现，被拒绝的观点用移置作替代，经常移置到非常小的、无关紧要的事情上去。一种重建完整被压抑的观念的趋势通常清楚

无误地出现。正像我们在歇斯底里症性恐怖症（hysterical phobias）中所看到的那样，在数量和情感方面的压抑失败会招致同样的逃避机制，如回避和禁止。然而，被意识拒绝的观念却仍顽固地坚持着，因为它避免行动，使冲动的活动受到抑制。因此，对强迫性神经症而言，压抑变成了一种毫无结果，冗长不堪的斗争过程。

这些简短的比较不得不令我们相信，在彻底认识压抑的过程及神经症症状的形成之前，仍需更广泛的研究。因素的极端错综复杂，使我们仅能用一种方式去理解，我们必须依序采用不同的观点，然后借助实际的材料穷追不舍，直至可以得到可资利用的结果。对病人的任何单独治疗，其本身就是不全面的，而那些仅触及皮毛而未认真对待的方面不可能不令人费解。但我们希望，最终的综合研究一定会导致对压抑的正确理解。

4. 感情转移

现在我们的讨论即将接近尾声，各位将会有某种期望，但愿这种期望不致把你们误导；或许你们还不致认为我只以这些复杂的精神分析之迷宫来应付了事而始终不肯谈及治疗一事，它是精神分析工作惟一可信赖的。事实上，我不可能遗漏这一方面，因为其中某些现象可以教给你们新的事实，没有这些认识，你们将很难确切了解我们一直在研究的病症。

我知道各位所极欲知晓的并不是实际从事分析治疗的

技术指导，而是精神分析治疗的一般程序及内容。当然你们是有权利了解这些的。但我不想告诉各位，反而坚定地主张由各位自己去探索了解。

请诸位想想！你们已经对于病发的条件到造成病态心理的因素有基本上的了解，但是影响治疗的起始是在那里呢？

首先是遗传性因素。关于这一点我们不多谈，因为这在其他部分已强调过，在此也没有什么新论点可说。但请别认为我们轻视这件事。从事这一行的我们是极了解这种遗传性因素的影响力的，无论如何无法改变它。那是一种既定的事实，使我们的努力有所界限。

其次是儿童期开始时的经验之影响，我们一向认为这在分析上是很重要的，但那是过去的事。

接下来是由于“现实上的挫折”影响，以致在生命的过程中缺少爱所导致的不幸——所谓的贫穷、家庭纠纷、盲目的婚姻、愤世嫉俗、道德习俗对于个人的苛求。其实这些都大可加以很有效的处理的。但是它必须因循维也纳民间传说中的约瑟王[①]律法的老路——在指使人之前，仁慈的君王先行俯首，困难就得以消解！但我们是何许人物，哪里有那样的权势从事治疗的工作？事实上，我们很贫穷，也没有权势，只能靠行医以维持生计，甚至想尽力为穷人医治都无法实现。不似其他医生，可以用其他方法医治穷

---

① 神圣罗马皇帝约瑟二世（Kaiser Joseph，1741 ~ 1790），企图振兴工商业，并兴建学校、医院等公共设施作为社会政策，弗洛伊德所谓的处理，可能是指企图改善这种环境条件的政策。——译注

人，而我们的治疗方法却要许多时间，且令人感到厌烦。

可是，各位或许还会坚持上述事项之一，认为我们在其中可大大地发挥影响力，认为患者若是因社会道德所拘缚，那么，治疗或许可以给予他勇气，或干脆直接劝他公然反抗这些桎梏，但不惜放弃崇高理想以谋自身健康舒服，将为世人所唾弃。那么，健康或许可从“任性的生活”而得，但是，精神分析将因此而窒闭，要知道这谈不上道德，因为有世界才有个人可言。

不过，究竟是谁给予你们这种错误的想法的？不会是分析治疗劝人“随心所欲地生活”部分所造成的吧。——因为我们亲自告诉你们，在纵欲和抑制之间，在感官和苦修之间的冲突永远存在，这种冲突无法以其中一方压倒另外一方来解决。一旦苦修的生活顺利了，被压制的性冲动便蠢蠢欲动；反之，若感官得势，则被忽略的节欲力量便起而寻求补偿。所以无法以解决其中一方面来解决内在的冲突，因为总有一方面得不到满足。不过有少数冲突情况很不稳定，则医疗上的劝告会产生某种效果，事实上这种情形并不需要分析治疗，容易听信医生之言的人自会找到他们解决的办法。毕竟一个年轻人在节欲的生活中，以不合法的性交补偿其心灵的空虚，以及为求满足而另觅芳草的妻子，并不需要得到医生的允许才去做，更无需精神分析专家了。

在考虑这一问题时人们往往忽略了整个困难的重点所在——也就是精神病患者的病态冲突并不同于正常人在两种相反的冲动间之奋斗。而是一场介于已进入心灵的意识前和意识阶段的力量与滞留在无意识阶段的力量间之斗争。所以这冲突绝不是解决任何一方能够了结的。两个敌对者是不可能言和的，最有效的办法就是让两者齐头并进。在我看来，舍此别无他途。

此外，如果各位还认为在分析治疗中，对于生活上的各种问题，给予若干忠告和指导是不可或缺的，那就错了。相反的，我们是尽可能的拒绝扮演顾问的角色，甚至希望患者能自主地判断。所以凡关于选择职业、经济计划、结婚或离婚等生活上一切重要问题，我们在治疗时都予以保留，以期患者于治疗完毕后再决定。这和你们所想像的一定完全不同。除非是年纪非常轻的患者，或完全不能自立的人，我们就必须把医生与教育家的工作结合起来。这种情形，我们深知责任之重大，处理的态度也就格外慎重了。

可是，当我们为鼓励精神病患者“随心所欲地生活”而受到的指摘做解释时，请不要就此以为我们是卫道者。那与我们治疗工作的目的是无关的。我们不是改革者，而只是观察家。既是观察，就不能不用批判性的眼光。所以，我们不能站在传统的性道德观点上，也不能对性生活及社会上各种问题予以很高的评价。我们知道所谓的社会道德往往需付出过多的牺牲，也知道其中的所作所为既不值得颂扬，也无智慧可言。关于这一点，我们可坦诚地当着社会大众指出来，甚至请患者一同来听这个批判。而对于性的问题也和所有问题一样，使他们能时常作无偏颇的思量。如此，在他们治疗之后，在性享受与绝对禁欲之间能自主地判断，各自采取其作法，最后无论有何种结果，我们在良心上都不会感到愧疚。我们相信一个受过良好教育的人，即使他的道德标准有时与社会公认的标准有所不同，都足以使他受到保护而不致发生不道德的危险。至于禁欲所引起之精神官能症的问题上，请不要夸大其影响力。事实上，在因欲望受挫折或因情欲而发生的郁闷等病症，能在不太费力就可获得的性交中解决的，只是少数而已。

因此，从享受性爱中还是无法说明精神分析的治疗效果，必需另求解释。在我否认各位的这种假想时，各位必能得到某些启示。那就是我们所利用的方法，是将无意识改换为意识，亦即将无意识转化为意识。我们将无意识事物转化成意识性事物，使受到的抑制解除，排除形成症状的因素，并将造成病因的矛盾改变成能获解决的正常冲突。我们在患者心中引起的，是一种心理变化，而我们这种援助的工作效益所达到的程度，就是以此心理变化为范围。

我们能将努力的目标以各种形态表达出来。也就是将无意识的加以意识化、抑制的解除，或补充记忆的不足等。但这些都具相同意义，因此，各位会对这样的解释不满意，你们必然认为精神官能症患者恢复健康是与此稍许不同的；患者在接受许多繁复的精神分析之后，会蜕变成另一个人，而整个事件的结果只是患者心中无意识较以前减弱，而意识性较强而已。

可是各位可能把这种心理变化的重要性低估了。

复原后的精神官能患者确实是变了一个人，虽然在本质上当然仍是同一人——换言之，他已配合他自己的各种条件转变到最好。这是非常重要的事情，如果各位知道所完成的一切，以及为了充分发挥这一切，就必须在精神生活上做这么一点细微的改变，那么各位将可以明白各阶段间的差异之重要性了。

我现在暂时离开本题，而问你们是否明白所谓“原因疗法”（a casual therapy）的意义。一种治疗方法如果置疾病的表面症状于不顾，而寻求一个着手点来消除这病症的原因，那便叫作原因疗法。精神分析是否为一个原因疗法呢？要回答这个问题绝不是简单的事，然而我们由此即可深信这类问题的不切实际。精神分析的治疗，当然不是以消除其症状为直接目的，因此和原因疗法的进行程序略相近似。然而就另一方面来说，却不如此，因为我们在追寻生病的原因时，远溯其潜抑作用，并直探其本能倾向及其在构造上的相对强度，和其发展过程中的失常现象等等。现在假使我们可以用某种化学方法来改变心理的机能，或随时增减原欲的分量，或牺牲此一冲动而增大彼一冲动的力量——这便是一种名实相符的原因疗法，而我们的分析，乃成为对原因之再认识的不可或缺的第一步工作了。可是正如你们所知道的，现在尚未有这种影响可波及原欲的历程；我们的精神分析治疗法，乃是朝向因果系列之另一点上进攻，这一点不在症状之上，而是在比较遥远的症状的下层，这个地方只有在很奇特的情形下，才能为我们所接近。

那么，我们究竟要做什么工作，才能使病人的潜意识进入意识中呢？以前我们曾以为这件事十分简单；只需要寻出这潜意识的材料，将它告诉病人，就算大功告成了。

但是现在我们已经知道，这是一个短视浅薄的谬误。我们对他潜意识内的认识和他对它的认识之程度并不一样；我们把所知之事告诉他，他却无法加以融化吸收，以取代其潜意识的思想，他纵然能兼容并蓄，但事实上却甚少改变。我们因此乃不得不以地形学[1]的观点来对待潜意识的材料，而从他记忆中潜抑作用最初引起的地点上求之；惟有先消除这种潜抑作用，然后以意识思想代替潜意识思想的工作方可立即完成。但是如何才能消除这种潜抑作用呢？我们的工作于此进入了第二阶段；首先是发现潜抑作用，其次则为消除此种潜抑作用所赖以维持的阻抗作用。

但如何才能消除这个阻抗作用呢？仍然是同一方法：先求明白阻抗作用之所在，然后告诉病人。阻抗作用或起于我们刚刚要消除的潜抑作用，或起于以前曾大力活动的潜抑作用。这些都是借建立反作用而来抵抗不适意的本能冲动。因此，我们目前要做的工作正和前面所述相同；我们加以诠释，确立其存在，然后告诉病人。但是这时候我们要适得其正道而行之。那反作用或阻抗作用，并不属于潜意识，而属于自我，自我则必须和我们合作，即使它似乎不是实际可意识到的也没关系。我们知道，“潜意识”一词在这里似乎有两个意义；一方面为一种现象，另一方面则为一种系统。这点似乎很隐晦而不易了解，但毕竟只是前文所说的话之重述，可不是吗？我们早在许久以前就

① 地形学（topography）即所谓结构学，乃是弗洛伊德心理学说之特色，主要指心理程序在不同区域或系统的运作现象或构造。例如人的心理有三个不同领域：意识、潜意识、前意识。又如人格构造有本我、自我、超我三层面。——译注

已提过此点——我们假使能因诠释而了解其阻抗作用之所在，那么便可期望其阻抗作用会被放弃，而反作用力会消失不见。但是我们究竟有何种本能的推动力（propelling force）足供我们支配，而使此事有成功的可能呢？首先，乃是病人恢复健康的愿望，使他愿意和我们合作。其次，则为理智的帮助，可以增加我们解释的力量。假使我们能给他一点提示，那么病人当然较容易用理智来发现其阻抗作用，而在其潜意识中发现与此阻抗作用相当的观念。假如我告诉你："抬头看天空，便可看到一个气球"，或者假使我只是请你抬头看上面，要你看看能从天空上见到什么，那么当然是在前一种情况下，你们较易看见气球。学生初次观察显微镜时，老师一定会先告诉他看什么，否则那东西虽现于镜下，他却可能仍毫无所见。

现在就请你们看看事实吧！在精神官能症的许多不同形式中，如歇斯底里性焦虑的现象，强迫性精神官能症等，我们的假设都十分可靠。我们如用此法寻求潜抑作用、阻抗作用及被压抑观念的所在，便可以克服其阻抗作用，推翻其潜抑作用，而将潜意识的材料变为意识的材料。当我们正要如此实行时，立刻会明白地感到在每一阻抗作用正被克服的时候，病人的心理就有一种激烈的交战——两种倾向在同一领域内作正常的竞争交战，一方面是要援助阻抗作用的动机，他方面是要消除阻抗作用的动机。前者是原来树立起潜抑作用的老动机；后者则为新近获得的动机，有助于冲突的解决。我们因此而成功地将因潜抑作用而暂时和解的争执再度引发。我们对于此事的新贡献，首先是在使病人明白，旧的解决方法足以致病，而新的解决方法才足以恢复健康。其次，告诉他自从那些冲动本能横遭拒斥之后，情形已大不相同。因为那时的自我柔弱幼稚，非常害怕原欲压迫的危险，因而竭力设法逃避退缩；但此时的自我不只较强大，而且又富有经验，此外还得到医生的援助。因此，我们可期望其再度引起的争执抗衡，会比潜抑作用有更完满的结果。正如我们在治疗歇斯底里症、焦虑性精神官能症及强迫性精神官能症时之成功，即可资证明。

但是除此之外，尚有其他疾病的情形虽然都很相似，却不是我们的治疗方法所能收效的。在这些病症中，起初自我及原欲之间也发生一种冲突，而为形成潜抑作用的原因——虽然这个冲突和转移性精神官能症的冲突，在形势上有些差异。此外，我们更可以从病人的生活中，追溯其潜抑作用所发生之点；我们于是也套用同样的方法，并且胸有成竹地给他同样的帮助，告诉他所希望得到的事；而且，现在与其潜抑作用成立时的时间差距，也可以使其冲突有更好的结局。然而，我们却无法成功地克服一种阻抗作用，或消除一种潜抑作用；如妄想症病人，忧郁症病人，及患早发性痴呆症的病人等，大概都不受精神分析治疗的影响。其原因到底何在呢？这可不是因为智力不足的缘故；接受分析的人本来就必须具有某种程度的智力，何况就最聪明而能推论演绎的妄想症病人而言，其智力难道不及他人吗？其他的推动力量也并不缺乏；例如忧郁症病人就正好和妄想症病人相反，他深深为其病痛所苦，但却并不因此便有较易受影响的可能。我们在这点上，又遇见一件未能完全了解的事实，使我们不得不怀疑自己，是否有了解其他精神官能症的治疗能力了。

现在如果我们专心讨论歇斯底里症和强迫性精神官能症，又会立即面临第二个出乎意料之外的事实。病人在略受治疗之后，对于我们便有一种特殊的行为。我们以为已经将一切可能影响治疗的动机力量，都予以相当的注意，而且又充分地估计自己和病人之间的情境，而获得了一个最可靠的结论；但是在我们所已估计之外，竟然似乎有外来东西忽然侵入。这个意外的新现象本身异常错综复杂；我首先要向你们描述一些比较常见及简单的形式。

病人本来只需要注意解决自己的心理冲突，可是他忽然对医生本人产生一种特殊的兴趣。凡与医生有关的事，似乎比他自己的事更为重要，因此乃不再集中注意力于其病上。于是他和医生的关系，一时表现得甚为和谐。他很顺从医生的意旨，力图表示其感激之意，而且显露其出人意外的美德。分析家因此对于病人甚有好感，内心深深庆幸能有治疗此和善人格的福气。医生如有机会看到病人的亲戚，也会很高兴地听到病人对该亲戚所说甚为尊重医生的话。因此他的家属对分析者赞不绝口，以为他有种种美德。亲戚们无不异口同声地说："他对你非常钦佩；异常信任，你所说的话，在他看来，竟都成为神的启示。"这时也许还有人插进一句话："他的一切言语，皆在谈你，除你之外，不谈别人。而且他常常引用你的话，这实在太令人闻之生厌了。"

医生那时当然深自谦逊，以为病人之所以尊重他，原因之一是希望自己能恢复他的健康，原因之二是治疗的影响，使病人闻所未闻，见所未见，大开眼界，增进知识。在这些条件之下，分析也产生惊人的进步，病人了解医生的暗示，集中注意力于治疗的工作，于是分析时所需要的材料——如他的回忆及联想——都随时可得；他的解释之正确可靠，连分析家本人也感到十分惊奇，以为这些新的心理学观念本深为外界正常人所驳斥，而病人竟然如此信服，实在不能不令人高兴异常。分析中既有如此和衷共济的关系，于是病人的病情实际上也渐有进展。

然而这种好天气是不会持久的，将必有为黑云所掩之日。届时，分析便遭到困难，病人说自己不再能陈述什么了。我们也开始感到他对于这种工作不再感兴趣，有时，你如果只叫他描述他所思想的事，而不必理会任何批判或反对意见，他也听而不闻。他的行为不再受治疗情境的支配；好像他从未和医生有任何承诺、任何协议；而由表面看来，也显然可见他现在已因其他秘而不宣或不可告人的事情，而分散其注意力了。这便使治疗不易进展了。其原因则由于阻抗作用之再度萌生。至于其详细的经过到底如何呢？

假如我们有可能明了这种情况，那么，其扰乱的原因就在于病人所移施于医生的强烈依恋感情，而这个情感则非医生的行为和治疗的关系所能解释。其所表现的方式和它所要求得到的目标，当然随两人之间的情形而异。假使一人为少女，另一人为青年，则其爱恋当然是正常的；

一个女人既常和一个男人独自见面，又大谈内心隐秘之事，而此男人又处于指导者的地位，那么她之对他产生爱慕，似乎也十分自然——至于就一个有精神官能症的女人来说，她的爱的能力一定多少有些变态，这一事实，我们暂且存而不论。两人之间的情形如果与此假定的情形差异愈大，则其倾慕之情也就愈不可解。但是假使一个年轻女人遇人不淑，而医生又未有爱人或感情对象，那么她如对他萌生热烈的情感，愿意离婚而委身于他，或者离婚之事并不可能，但他们两人彼此互相爱慕而恋爱，这也当然可以令人理解。这种事情，在精神分析的治疗之外，也屡见不鲜。然而在这种情境之中，女孩和妇女们经常陈述最惊人的供诉，可见她们对于治疗的问题有一种非常特别的态度；她们一直知道，除爱情之外，别无可以治疗她们的方法，而且在治疗一开始，她们便已期望有这种关系，以给予她实际生活中所缺乏的安慰。只有基于这种期望，她们才忍受分析的麻烦，而不惜揭露内心的思想，并克服一切困难。我们自己可再补充一句："她们竟如此的容易了解那些往往难以为人所接受的事。"然而这种供诉往往令我们十分震惊。我们所有的一切估计皆要随风飘逝，化为乌有了。我们在这整个问题中，有没有可能忽略了一个最重要的成分呢？

事实确实如此。我们的经验愈多，则此一新成分也愈不易否认，虽然这个成分改变了整个问题，而差煞我们科学的估计。我们脑海中所最先想到的，乃是我们的分析治疗已面临一个意外的阻碍，它妨害治疗的目的，并且在起源上，与之毫无关联。但是这种对医生的垂爱，纵使在最不适宜或者最属荒唐可笑的情境中——如老年的妇人和白发医生的关系，甚至依我们的判断，肯定其中并没有所谓引诱存在——也无法避免，我们便不得不放弃视此为意外干扰之事，而承认我们所处理的现象本身，乃在本质上和疾病的性质有密切关系。

这个我们不得不承认的新事实，我们称之为“转移关系”，意指病人转移感情于医生身上，而受治疗时的情境，却必然无法解释这种情感的起源。我们甚至怀疑这个情感起源于另一方面：先在病人的内心酝酿萌生，然后趁治疗的机会而转移至医生身上。转移感情的表示，可为热情的爱恋，也可采取较为缓和的方式；假使一为少妇，另一为老翁，则她虽然不想成为妻子或情妇，却也有想成为其爱女的意思；原欲的愿望只要稍加改变，就可成为一种理想的柏拉图式的友情之愿望，有些妇女更知道如何升华这种转移关系，而使其有不得不存在的理由；有些人则仅能以粗陋的、原始的而几乎不可能的形式来表现。但是在基本上，都是永远相同的，而其为同一来源，乃有目共睹。

如果要问这个新事实的范围，便须再加上一点说明。例如男性病人的情形究竟又如何呢？我们至少可希望其没有性别及性的吸引。但实际上则和女人一样，也同样地倾慕医生，也同样地夸大其能力，也同样地顺从其意旨，也同样地嫉妒着一切与他有关的人们。转移关系的升华作用较常见于男人和男人之间，至于直接的性爱关系则为数较少，正好像病人所有显著的同性倾向，可以其他方式表现。

此外，分析家更常发现男性病人有另一种表现，它最初看起来似乎正好和刚才所述的相反——那便是敌对的或否定的转移关系。

首先，让我们弄清楚，转移关系在治疗伊始，即发生于病人内心，而为最强大的动力。这种动力的效果，如可引起病人的合作，而有利于治疗的进行，当然没有人能看见它，或去理会它。反之，它一旦变成阻抗作用，即不得不引人注目了；其所以改变病人对于治疗的态度，乃由于两种不同而相反的心理：首先，爱的吸引力变得太强大，而带有性欲的意味，所以不得不引起内心的反抗；其次，友爱之感变为敌对之感。一般而言，敌对情感的发生，常比友爱感情出现得晚，而且也以后者为掩饰。假使二者起于同时，便可成为感情矛盾的极佳例子，这个矛盾情感支配着我们与其他人之间所有最亲密的关系。所以敌对的感情和友爱的感情，同样是表示一种依恋之感，正如反抗和服从虽然相反，而其实却都有赖于他人的存在。病人对分析家的敌视心态，当然也可以视为移情作用，因为治疗的情境没有引起这种情感的原因；所以以此观点来看，否定消极的转移关系，正足以证明积极的转移关系。

至于感情转移从何产生？会给我们引起何种困难？我们如何克服这些困难，进而从结果中获得何种利益等问题，在分析方法的技术说明时，会有详细的讨论，所以在此仅做简单的提示。我们作医生的，不可能服从对于患者因感情转移所作的要求，但若对这些要求做不亲切的处理，甚或气愤地给予拒绝等，更是不合常理。我们所要做的，是告诉患者，其感情不是从现状发生的，而且与医师本人无关。而是久久以前发生在他心中的事重复地出现。用这种方法克服感情转移，设法要他一再重述，一再回忆。如此，无论是有情或敌对的，原来是治疗上强大威胁的感情转移，此时反形成最好的工具，借此工具的帮助，感情生活中紧闭的心扉才得以打开。

为了消除各位由于这种意外现象所受的震惊，在此必须做若干补充说明。我们绝不可忘记，这种分析工作无法达到完满无缺的结果而终止，它像生物般不断成长及发展，且不是开始治疗就可停止这种发展，而是在对病人有所掌握时，整个病况似乎都朝同一方面产生——也就是集中在患者和医生的关系上。如拿树木比喻感情转移，这种关系就如位于木质与皮质之间，随着组织新生而树干渐粗大的形成层。当感情转移具有这项意义时，患者的回忆工作才稍减其重要性。如此，我们的对象已不是患者以前的疾病，而是转变成一种新的精神官能症。

对于这种以新姿态出现的旧疾，我们从一开始就追踪它，看着它发生和发展，而在自身也成为追踪的焦点后就更了解它了。患者的症状完全舍弃了原有的意义，而在转移的关系中产生新的意义，只有那些可以在原状态下生存的才保留在一种征候下。克服这种新的人为性精神官能症并消除原来的症状，就是完成治疗的工作。从此患者和医生的关系恢复正常，解脱了抑制欲望冲动的痛苦。即使没有医生，也能正常地继续保持自己的生活。

感情转移对歇斯底里，或焦虑性歇斯底里及恐惧性精神官能症，在治疗上具有极重要的意义。所以将这些病症统称为“转移性精神官能症”是非常正确的。任何人只要从分析的经验中对于感情转移的事实有真正的领会，就会相信冲动的压抑本质上反而引发征候成为疾病，无需再从原欲的性质上求得更充分的证明。所以，我们可以说，只有把感情转移现象的意义确定之后，才能在最后明确地把征候判定为原欲的补偿性的满足。

既然如此，我们就得回过头来修正以前在进行治疗的心理动态，以期符合新发现。当患者以分析时在他身上发现的抵抗之意志来和正常的冲突搏斗时，需要一股强大的推进力，使他朝着我们所期望的办法去做，以求康复。否则他将重蹈覆辙，再度从意识状态跌入抑郁中去。这种奋斗的结果他无法借知性来察觉而采取办法——知性的透悟也没有足够的力量和充分的自由来完成这样一件事——只能靠他和医生的关系来决定。如果他的感情转移是正面的，就会把医生当作权威，转而对其发现和看法深信不疑。如果没有这种转移，或转移是负面的，就听不进医生的论调了。信赖才会使其一再重述自己的历史渊源，它是爱之来源，本不需论证的；如果不是由所爱的人提出的，就不会列为重大的考虑而加以接受。如果没有爱为其支柱，论证就不会发生效力，也不会对大部分人的生活有所影响。因此全人类都只在他能以原欲注入对方时才能影响他人，即使是知性方面的影响亦然。因此，有自恋倾向的人，虽有最优良的分析技术方法，其受感化的可能性就有限度，基于这一点，我们有足够理由解释我们必然会感到的忧虑。

当然，每一个正常人都有能力将原欲投注于他人，精神官能症患者的感情转移倾向只不过是普遍性中较为突兀的而已。那么，若说对于这么重要又具普遍性之人性的线索至今尚未被发现并加以利用，那是很奇怪的事，这其实已经有人做了。那就是柏恩罕，他颇具慧眼，以人都或多或少有被暗示和“可以接受暗示”的机会为前提来建立他催眠学说的理论。其实他所谓的可接受暗示性就是感情转移倾向，只是范围较小，不包括负面的转移在内。不过，柏恩罕从未提过暗示的实际意义和发生之所由来。他不知道“可接受暗示性”是根据性的特征和原欲的功用而来。我们不得不承认，为了在转移作用的形成中重新发现其暗示，我们无法以催眠状态来进行治疗。

可是，现在我要停止我的谈话，而听一听各位的看法，因为我发现似乎有人想提出异议，如果再不给各位发言的机会，各位将无心听讲了。各位一定想说：“你等于是承认和催眠专家一样，借助暗示的力量工作。而实际上我们早就想到这一点了。但是，如果只有暗示才有效果，为什么还要迂回地去回忆过去，或显示无意识的事物，重新解释种种被歪曲的事物，大量浪费体力及金钱、时间。你为什么不像其他诚实的催眠家一般，对征候直接加以暗示？还有在你以如此迂回的方式治疗时，若你解释为在直接暗示中隐藏着许多未发现的心理学真相，那么，又有谁能保证这些发现的确实性呢？这些发现是否也来自一种暗示，一种意外的暗示呢？你难道不能用这种方式，使患者接受你认为正确的一切事物吗？”

各位向我提出的反问非常有趣。当然我也必须回答。但今天已经没有时间，留待下次答复。而且我必须对今天的讨论做一总结。我曾答应说明为什么我们不能借着感情转移的方法治好自恋性精神官能症患者。

这件事用简短几句话就可说明，各位将会了解揭开这个谜是如何轻而易举，且一切事情又是如何圆满巧妙地贯通着。从观察中我们知道，罹患自恋性精神官能症的人没有感情转移的能力，有的话也是残缺不全的。因此他们之拒绝医师并不表示他们怀有敌意，而是漠不关心罢了。所以，他们也不会接受医生的任何感化，医生的话只会使患者变得冷淡，而不能予以任何印象。所以能使其他患者抒解冲突的病因和克服反抗抑制的意志之治疗过程，在他们身上是无效的。他们依然故我，虽曾数次想靠自我的力量重新站起，却反而招来病态的结果，对于这点我们真是爱莫能助了。

根据我们临床的经验，这些患者不愿将原欲投注于他人，转而投入自身中，因此我们将之与第一类精神官能症患者（歇斯底里、焦虑性精神官能症以及恐惧性精神官能症）加以区别。在他们想接受治疗的言行中证实了这种推测，所以我们的任何努力都是白费，我们无法治疗他们。

5. 心理人格分析

诸位先生女士：我知道你们都明白，在你们自己不论是对人或对事物的关系上，你们的出发点最为重要。这点在有关精神分析的事物上也一样。它所得到的好评，并未受下述事实所影响，即精神分析所研究的乃是症状，这症状乃是比心灵上其他所有内容，更不属于自我，而在自我之外。症状乃是由潜抑作用引生的，它们仿佛是自我之前的代表，但是被压抑的乃是自我之外的陌生领域——内心的陌生领域——正如现实（假如你们愿意原谅这一不寻常的表示）乃是外在的陌生领域一样。这一路程从症状到潜意识，引向本能的生命、引向性欲。至此，精神分析就遭遇了最明智机敏的反对意见，即人类并不只是充满性欲的生物，他们也有更高尚及更崇高的本能。也许有人会再表示，他们因这些更高尚本能的意识知觉而意气昂扬。然而这些人往往假定自己有权利胡思乱想并忽视事实。

你们所知皆更深刻。打从一开始，我们就已说过，人类陷入一种冲突，它介于本能生活的主张，和由它们所产生而反对它的阻抗作用之间。同时我们也丝毫不敢忘记这种正发挥阻抗、正反对及正压抑的事物，我们以为这些事物皆装备有特殊力量——自我本能，而且它又与一般流行心理学的自我互相吻合。而在观照了由科学工作所造成的进步努力之本质后，真相只是如下：精神分析也无法同时探究每一个领域，并且无法只用一口气就能对每一个问题表示观点。但是到了最后，终于臻于某一点，我们有可能把我们的注意力从被压抑的事物转向压抑的力量，同时以坚定的期望面对这一自我。它似乎相当清楚明白、不证自明，并期望我们于此处再度发现若干我们无法准备的事物。然而，要发现第一个探究方法并不容易。这是我今天打算告诉你们的。

我必须让你们知道我的怀疑，我对自我心理学的这种讨论，所能对你们产生的影响，与我以前对心理内在世界的介绍，大异其趣。但我无法十分肯定地说何以会如此。我首先以为，你们会发现，我以前讲演所告诉你们的，主要是事实，不论其是多么奇异或陌生；现在你们所聆听的主要是意见——换言之，只是玄想而已。不过这并没有抓住要点。在进一步的考察后，我们必须主张，我们对自我心理学的实际材料之思考工作的数量，并不比精神官能症的心理学更多。我曾不得不拒斥其他的说明，以及我们所期望的结果：我现在相信，它毋宁是一个关于材料本身性质的问题，也是我们不惯于处理这些材料的问题。无论如何，假如你们显示出，你们自己的判断将比至目前为止的判断更加保留及更加谨慎，我一点也不会感到奇怪。

我们也许可以期望我们于探究之初所发现自己所置身的情境，能向我们指出道路途径。我们希望使自我成为吾人探究的对象，即以我们自己的自我为对象。但这是否有可能呢？毕竟，自我在本质上乃是一个主体。它如何能够成为一客体对象呢？毫无疑问的，它可以如此。自我可以使本身化为一客体对象，也可以把自己当作其他的对象，可以观察自身，批判自己，并且作上帝才知道的一切有关自身的事。在这一点上，自我的一部分，凌驾支配了其余的部分。因此在若干功能上自我可以分裂，使自己分身为二——至少暂时如此。它的部分可以在后来又合为一起。这并不完全是种虚构幻想，虽然它也许对我们一般所知道的部分，加以过分的、不寻常的注重、强调。另一方面，我们皆对下述情形十分熟悉，即病理现象由于促使事物更扩大也更粗糙，因而可以引起我们注意正常的情境，但这情境在另一情况下，则不为我们所注意而忽略了。病理学显示出一种龟裂或分裂的场合时，常态则可以不至分裂而有连接。假如我们把一个结晶体掷向地板，它虽会四分五裂，却不至于粉碎成细末。它乃是依照其割痕，而分裂成碎片，其界限虽然是隐形不可见的，事实上却受结晶体的结构所决定。病人也是依照这种方式而分裂及破碎的。甚至古代某些人对精神错乱者所感受到的虔诚的敬畏；我们也无法从他们身上完全消除。他们脱离了外在现实，但是由于这一理由，他们遂洞悉了更多的内在、心理的现实，并且可以向我们揭露某些我们所无法理解把握的事实。

我们把这些病人中的一种，描述为患有被监视的妄想。他们不断地向我们抱怨，他们的一举一动，甚至连最隐私的亲密行为，皆被一种不可知的力量——这些力量乃是假想的人物——所观察注视，而受到极大困扰；而且在他们的幻觉中，还会听到这些人报告他们的观察结果："他现在正在说这句话，现在他正在换衣服准备出门"等等。这类的观察注视尚未达到迫害的程度，却也离其不远了；它假定别人不信任他们，并期待抓到他们——因为他们正在违反被禁止的行为，为了这点他们会受到处罚。假若这些精神不正常的人是正确无误的；假如我们每人内心的自我中，皆有宛如这样的东西存在，而随时随地观察着我们，并威胁要实施处罚；以及假如存在于他们内心的东西，只是从自我中分离而出并泾渭分明，而且被误置于外在现实里，又将会如何呢？

我无法告诉你们，相同的这种事情是否会发生在你我身上。自从受到这个临床病例的强烈影响之后，我形成了一个观念，即把那负责观察监视的东西，与其余的自我互相分开，这种分离可能是自我构造的通常面目；这个观念始终萦绕盘旋于我的脑海里，同时我也忍不住探究那由此分开的东西之进一步的特性及关联。我也很快地就采取行动，进行下一步。那被观察的妄想内容早已表示出，这种观察监视只不过是将来审判及惩罚的准备，于是我们自然而然的猜测，这东西的另一功能，必然是我们所谓的良心。显而易见的，世上再没有比我们的良心，更规律地与我们的自我分开，并且可以相当轻而易举地反对自我。我心中觉得忍不住想做某些会使我快乐的事情，但是却由于我的良心不允许而加以放弃。或者，我让自己受过分强烈的快乐期望所引诱，而做一些良心之声所反对的事情，等到做完之后，我的良心以痛苦的责难来处罚折磨我，使我因为做这些事而深感悔恨莫及。我也许可以单纯地表示，我意图在自我中开始区分的特殊东西，就是良心。但是把这东西当做独立的事物，并假定良心乃是其功能之一，反而比较谨慎小心；至于观察自我，则是它的其他功能，它乃是良心之审判活动的基本前奏曲。而由于我们一旦发现某些事物有分离独立的存在，我们就赋予它属于自己的名字，因此从这时开始，我要把自我内的这一东西，描述为“超我”。

我现在心中已胸有成竹，准备听你们愤怒地质问我：我们的自我心理学，是否只不过是把一般通常所用的抽象性，扩大其文字意义及粗略意义，并把它们从概念转变成事物——而从这个方式并无法获得多少收获。关于这点，我的回答是：在自我心理学中，避免普遍为人所知的事物是十分困难的；它毋宁是看待事情的新方式，以及重新安排它们之新方式的问题，而非新发现的问题。因此请你们暂时收回轻蔑的批评责难，等待我进一步的说明。病理学的事实，使我们的努力得到一个你们在普通心理学中徒劳无功、遍寻不着的背景。下文我得再继续讨论。

我们很少使自己对这种超我的观念，有更深入的理解和熟悉；这超我享有若干程度的自主自动性，依照自身的意向行动，并在它的能量供应上，独立于自我。我们比较不熟悉的是引起我们注意的临床图像，这图像对这超我的严厉及残酷性质，有非常清楚的阐明，同时对它与自我的变化关系，也有清楚的阐明。我心中所正思及的，乃是忧郁症的情境，或者更正确的表示，忧郁情绪发作的情境。纵使你们不是个精神科医生，也经常听到这一名词而耳熟能详。这个疾病的最惊人面目，乃是超我——你们也许会轻声地称呼它为“良心”——对待自我的方式，至于它的原因及机转，我们所知甚少。虽然忧郁症病人和其他人们一样，可以在其健康正常状态时，显示出对自己多多少少、若干程度的严厉态度，但在忧郁情绪发作期间，他的超我变得更加严酷，它欺负、玩弄那可怜的自我，侮辱并虐待它，以最可怕的处罚手段来加以威胁，因自我之最遥远过去的行为而责备它——它过去对此行为则一笑置之，不当一回事；有如它在这整段期间皆花费精力于累积、收集责难，并且在等待时机，以便在力量强大时爆发出来；同时对自我的基础，也加以轻蔑的判断。超我把最严厉的道德标准加诸于无依无助的自我身上，自我在其淫威之下可怜兮兮。一般而言，它代表了道德的主张，同时我们立刻会明白，我们道德上的罪恶感，乃是自我与超我之间的紧张表现。道德一般皆假定为系由上帝赐予我们的，因而深深的植根于我们内心，如果把这些病人身上的道德感，看做是一种周期性的现象而发挥功能，确实是最惊人的经验。因为病人于若干个月之后，所有的道德热诚皆消失无踪，超我的批评也沉默不语，自我再度重建，并再度享受一般人的一切权利，直到下一次发作时为止。固然不错，在某些疾病形式中，在两周期之间发生了相反的对立情况；自我发现自身正处于中邪般的快乐状态中，正庆祝自己的胜利，仿佛超我丧失了其所有力量，或溶入了自我之中；而这个自由的、兴奋激昂的自我，正使自己沉溺于真正毫无禁忌、毫无限制的所有各式各样的满足中。在这里充满了各种无法解决的谜题！

毫无疑问的，你会期望我详细地告诉你们，而不只是给你们一个描述。关于超我的形成，亦即关于良心的起源，我们已发现了各式各样的事。在人人皆知的康德名言里，“常把我们内在的良心，与天上的繁星相提并论，”对照比拟；一个信仰虔诚的人，也同样的忍不住会把这两件事，赞美为造化的杰作。苍穹的星辰确实伟大壮观，至于良心，上帝却作了一件不公平及马虎不留心的工作，因为大部分的人内心里只有最淡薄微弱的良心，或者稀少得根本不值一提。我们在主张良心是来自神赐时，并不曾忽视这一主张所含蕴的心理真相成分；但是这一论点需要加以分析诠释。纵然良心是属于“吾人内在”的东西，但是最初它本非如此。在这方面，它与性欲生活真正相反对立，性欲在事实上，于人生之初即已存在，而不只是后来才发展增进的。但是正如人尽皆知的，年幼的小孩是非道德的，并且在其对他们追求快乐的本能上，不曾拥有内在的禁制抑阻功能。那后来由超我所发挥的成分，乃是由一种外在力量，如父母的权威，开始形成塑造的。父母的影响力，常借提供爱的保证，并借处罚的威胁而控制孩子，发挥作用。这些对孩子而言，代表失去爱，并由于他们自己的行为而恐惧失去爱。这种现实的焦虑不安，乃是日后道德性焦虑不安的前驱。如果它一直占有支配地位，就没有必要谈及超我及良心。惟有随之而来的，才发展了第二度的情境（我们皆未加仔细考虑就太早地把它当做正常的情境），其中外在的限制被内在化了，超我取代了父母的职位，并观察监视、指导及威胁自我，其方式正如早年父母之对待孩子。

然而，那攫取权力、功能，甚至父母职位的方式的超我，却不仅只是它的继承者，在事实上，它也是其身体的合法继承人。它乃直接由自我衍生出来，我们现在已学知它究竟是以如何的程序进行。然而，首先我们必须讨论此两者之间的差异。超我似乎采取了片面的选择，并且只拾取父母的严格管教及严厉态度、他们的禁规及处罚功能，至于他们的爱心关怀，则似乎并没有加以采取及保存。假若父母曾经真正的以严厉态度，强制表现其权威，我们就可以十分容易地了解，孩子也会随之发展出一严厉的超我。但是正好与我们的期待背道而驰，经验显示出，纵使其成长抚育的方式充满温和慈爱，并且尽可能的避免威胁及处罚，超我也可以获得残忍严酷的相同特征。我将于另文讨论超我的形成期间本能的转形作用时，再讨论这一矛盾性。

我之所以无法如我所希望的，告诉你们许多关于父母关系变成超我的转形作用，有一部分原因是由于这一过程非常错综复杂，而且如加以讨论探究，并不适合目前我正尝试给你们的入门性演讲的范围，不过部分原因也是由于我们自身，并不能确定我们能完全透彻的了解它的缘故。因此你们对下文所描述的，都该感到心满意足才对。

这历程的基础，乃是所谓的“仿同作用”（identification）——换言之，一个自我吸收另一个自我，亦即由于第一个自我，在某方面行为类似第二自我，模仿它，并在某种意义上把它当作自身的结果。曾经有人十分恰当地把仿同作用与食人族之把其他人，纳入口腔内而合体的情形互相比拟、相提并论。它乃是感情依恋他人的非常重要的形式，且很可能是第一个重要形式，而且与对象的选择大不相同。这两者之间的差异，可以用类似于此的方式，表示出来。假若一个男孩使自己仿同其父亲，他就希望一切皆像其父亲；假如他使他成为其选择的对象，他就希望拥有父亲，占有他。在第一种情形下，他的自我以他的父亲为模范而随之改变；在第二种情况下，这点即不必要。仿同作用与对象选择，在许多方面彼此独立分开。然而，它却可能使自身与某些人——例如那些他当作性对象的人，互相仿同，与之同一，并且以他为模范，而改变自己的自我。有人说，自我因性对象所发生的影响，往往特别是发生于女人身上，并且这是女性的特征。我在我多年前的演讲里，一定早已告诉过你们，那是至目前为止，仿同作用与对象抉择之间，最富教诲性的关系。这在孩童及成人身上，在正常人与病人身上，皆同样可轻而易举地观察到。假如一个人丧失了一个依恋对象，或者被迫加以放弃，他往往就会借着使自己认同它，并再度于个人的自我内重建它，以补偿自己，于是对象选择遂因而退化至仿同作用。

我自己对关于仿同作用的这些见解，却一点也不感满意，然而，假如你们可以接受我把超我的装备描述为，对父母职位之仿同作用的成功实例，也就充分足够了。那足以决定性地判断这个观点的事实，乃是自我之内新形成的优势事物，它与伊底帕斯情结的命运关系最为密切，因为超我成为感情依恋作用的继承人，而这感情依恋对孩童非常重要。一个小孩若放弃了弑父恋母情结，则正如我们所能看见的，他必须放弃以前对其父母所保有的强烈对象感情依附作用（object-cathexes），同时由于这对象丧失所形成的补偿作用，乃造成他对其父母的仿同作用之强大的剧烈变化——这仿同作用，可能长久以来就在他的自我内存在。这种作为早已放弃的对象感情依附作用之沉淀物的仿同作用，在孩童时代的晚期，往往会再度重复出现。不过它会完全依照这首次的转形作用，所产生的情感上的重要性，而其结果必须在自我中发现其特殊地位。仔细密切的探究，也向我们显示出，超我在其成长及茁壮过程中，假使不能完全成功地克服弑父恋母情结，则会遭到阻碍而萎缩。在成长发展过程中，超我也接受了那些取代父母地位的人——教育家、老师，和其选择作为理想模范之人的影响。——在正常情况下，超我越来越和本来的父母人物远离；不妨说，它成为更加非人格的。我们也不要忘记，孩子在其人生不同阶段，对其父母的评价观感也不相同。在弑父恋母情结让位给超我的时候，父母是相当伟大光彩的。但是后来他们就丧失了许多光彩及堂堂威风。于是，孩子对父母也产生仿同作用，而事实上，这仿同作用对人格的形成，一般而言贡献重大。但是在这种情况下，它们只影响了自我，而不再影响超我——这曾是最早年时期的父母形象所决定、影响的。

我希望你们脑海里早已形成一个印象，即超我的假说，其实真正只是将其描述为一种结构关系的人格化，而不只是对良心这种抽象事物的人格化。我们尚需要再提到一种功能，我们把它赋予于超我之上。它也是自我理想的推动者，凭借这一理想，自我衡量自身，并与之竞争，并设法努力满足实现它对永远不断扩大的完美性的要求。毋庸置疑的，这一自我理想乃是以前对父母的印象之残留，是孩童赋予其父母完美的形象并且加以赞赏的表现。

我敢十分确定，你们曾听过许多关于自卑感的话，这自卑感被假定为精神官能症的特征。尤其是在所谓的散文杂文中，更是处处可见这些说法。一个使用“自卑情结”

名词的作家，以为如此作之后，他就已满足了精神分析的一切要求，并把他的著作提高至更高深的心理学层次。事实上“自卑情结”是属于专业名词，很少在精神分析内使用。对我们而言，它并不代表任何单纯的意义，更不必说基本意义了。而将之归根溯源至因机体缺陷而可能形成的自我欺骗——如我们所知的“个别心理学”（Individual Psychology）的学派（此为阿德勒所创的学派）即对此津津乐道——对我们而言，似乎是肤浅短视的错误。自卑感具有强大的性欲根基。一个小孩如果注意到他不为人所爱，自然会感到自卑，成年人亦然。那真正被小孩引以为自卑的身体器官，乃是萎缩的阳具、女孩子的阴核。但是大部分的自卑感，乃从自我和其超我的关系中所产生。正如罪恶感一样，它是两者之间的紧张性表现。假若把前者当作道德自卑感的性欲补偿，两者相辅相成，也许是更正确的观点。精神科医生对这两个概念的界限分明的问题，很少加以注意。

只因为自卑感的说法目前变得如此流行，我打算在此以一段简短的额外枝节来取悦你们。我们自己那时代的一位历史性人物，虽然目前已退休隐居不再抛头露面，不过仍然在世，他的一只腿于他出生时受伤，而有若干缺陷。有一个相当著名的当代作家，特别喜好编纂名人的传记，其中也包括我刚刚提到的那个历史性人物的一生事迹。要知道，在今日如想撰写一本传记，而强抑自己去探究挖掘主人翁的内在心理深层，实在非常困难。由于这一理由，我们这位作家意图尝试把他所发现的这位主人翁的人格，全部建立于自卑感的基础之上，他认为必然是由于其生理缺陷而形成自卑感。他在如此推论归纳时，却完全忽视了一个虽微不足道，但并非全无意义的事实。通常一个母亲，在命运赐给她一个体弱多病或有其他缺陷残障的孩子时，往往会由于其不公平的缺陷，而设法加以补偿，加倍的爱她，甚至过分溺爱。然而我们这个历史性人物的傲气凌然的母亲却反其道而行；她由于孩子的残障缺陷而吝于给他爱心，反而不爱护他。当他终于长大，成为一位有三大权力的人物时，即毫不犹疑地、态度明确地，用行动表示了他对母亲从未原谅过的态度。一旦你们思索了母亲的爱对小孩的心理生活之重要时，你们就会毫无疑问的对这作传者的自卑感理论，给予心照不宣的修正。

不过暂且让我们回到超我吧。我们已把自我观察的功能、良心以及维护理想的功能，分配给它。随着我们所谈到的关于其来源的问题，所产生的是它预设了一个非常重要的生物学事实，及一命定的心理事实：换言之，人类儿童时对其父母的长久依赖，以及弑父恋母情结，这两者又再度密切的交互关联。超我对我们而言，乃是代表每一道德禁制，对追求完美的维护——简言之，它正如我们在心理上所能够把握的，那被描述为人类生活之更高层次一样。由于其本身可回溯至父母、教育者等人的影响，因此假使我们转向那些代表其来源的人身上，当可更加明白其重要性。一般而言，父母类似他们的权威，在教养儿童时，会依据他们自身的超我观点，对儿童实施教养。他们对自己的自我之了解不论为何，也可以以之了解他们的超我，他们在教育孩子时，是严正而一丝不苟的。他们已忘记了自身在童年时代的艰苦困境，他们现在也十分乐意，能够完全使自己与他们的父母互相认同——这些父母在过去的往日，曾在他身上施加很严厉的限制。于是孩童的超我，在事实上并不是以其父母为模范，而是以其父母的超我为蓝本而建立的。其所包含的内容乃是一样的，而且它成为传统的传递，以及超越时间、日久弥新的永恒价值判断的传承者，它们自身一代一代地以此方式流传。你们也许可以轻易地猜测，如对超我加以考虑，会使我们对人类的社会行为——例如少年犯罪的问题——有更透彻的理解，也许甚至对教育方面的实际影响也将更加了解。一般人所知道的历史唯物论的思想罪恶，似乎很有可能是由于它过分低估了这一因素。他们不屑一顾的将之弃置一旁，而宣称人类的“意识形态”（ideology），只不过是人们的当代经济条件的产物及上层构造。这点固然有理，但却大有可能不是全部真理。人类从未完全生存于目前的时刻。过去历史，种族及人民的传统，也在超我的意识形态中继续存在，并且只是相当缓慢的受到现在的影响，以及迟缓逐渐的发生新的变化；而只要它经由超我运作，就会在人类生活上发生强大有力的作用，而独立于经济条件之外。

我在一九二一年关于团体心理学的探究上，曾努力应用、发挥超我和自我之间的差异。我获得如下的公式：一个心理团体乃是若干个人的集合，这些个体把彼此相同的人，引入他们的超我中，并且根据这一共同成分的基础，使他们自身在其自我上彼此互相仿同。当然，这点也只适用于有一个领导者的团体。假如我们能对这类情形有更多的发挥运用，超我的理论对我们而言，就不再是奇异陌生的了，而我们也不会再感到难堪——在我们更转向、更表面、更高层次的心理机转时，由于习惯了处身于潜在世界的气氛内，因而会感到难堪。当然我们并不假定，由于超我的分离、脱出自我，我们就已对自我心理学表达了最后的见解，或一切该说的皆已说尽。这毋宁是一个起步；不过在这例子中，并不只是起步才是惟一艰难的。

然而，现在有一个问题正等着我们——我们不如说，它在与自我相反的一端上。它是借着精神分析工作之观察——这实际上是相当古老的观察——而陈示、展现给我们。正如它并非不常发生的，要能了解、欣赏其重要性，也需要很长久的时间。正如你们所熟知的，精神分析的全部理论，在事实上，乃建基于病人所给予我们的阻抗作用之透视——这阻抗作用乃是我们意图使他的潜意识进入其意识时所产生的。这阻抗作用的客观征象，乃是他的联想失败了，或者和那正在讨论的主题相去甚远，他也许也会在主观上承认阻抗作用这一事实，因此他在探究这课题时，会有不快的感觉。不过这一最后讯号也可能不存在。于是我们向病人表示，我们从他的行为获知，他现在正处于阻抗的状态。他回答道，他对此一无所知，并且只明白他的联想已越来越困难了。最后的结果是我们正确无误。不过在这种情形下，他的阻抗作用也正如我们所压抑的一样是属于潜意识的，我们正努力将此潜意识提升至意识里。我们很早以前，就应提出这一问题：从他的心灵之那一部分，会产生如这种潜意识的阻抗作用？初学精神分析的人，可能会不加考虑的马上回答道：当然，它是对潜意识的阻抗作用。这真是一个暧昧不明及不完全的答案！假如这表示阻抗作用，是从潜抑作用产生的，则我们一定会回答说：绝非如此！我们反而会赋予潜抑作用，一股强大的向上驱力及突破进入意识的冲动力量。阻抗作用只能够属于自我的表现，它在原意上，是推动潜抑作用发生作用，现在则希望使它维持不动。尤有甚者，这是我们所一直采取的观点。由于我们假设了自我之中的一个特别物——超我——的存在，它代表一禁制与拒斥特性的要求，因此我们不妨说，潜抑作用乃是这一超我的工作，而且它不是为了自身的目的才实施，也不是自我为了服从其秩序而实行的工作。假若因此之故，我们在进行精神分析时，遇见病人的意识所未觉知的阻抗作用，这就表示，若不是在十分重要的情境中，超我及自我可以潜意识地运作，不然就是——这甚至更为重要——这两者（即自我与超我本身）之若干部分，皆为潜意识的。在这两种情形中，我们必须考虑一下下述为人所不赞同的发现，即一方面是自我及意识，另一方面是被压抑的及潜意识，彼此完全不相符合。

诸位先生女士，现在我觉得我必须在这里稍微停顿一下，以喘一口气——你们也必然会乐意轻松一下——同时我在开始再讲之前，得先向你们表示歉意。我的本意，乃是向你们补充我于十五年前所讲过的精神分析入门方面的问题，同时我的行为仿佛需假定，你们同我一样，在这十五年之间，除了实际实施精神分析外，就没有再做其他事。我知道这一假定不符实情，但是我除此之外别无他法。毫无疑问的，这与下一事实有关：即一般而言，要让任何本身不是精神分析家的人，获得关于精神分析的洞识，乃是相当困难的。当我告诉你们，我们并不喜欢让人产生一种印象，以为我们乃是一种秘密会社的成员，并且在实施神秘奇异的科学，你们可以对我的话深信不疑。然而我们却不得不承认，并且表示我们的信念，即任何人如本身不是精神分析家，就无法获得特别的经验，而如果没有这种特别经验，就没有权利参与精神分析的讨论。我于十五年前发表演讲时，曾设法避免告诉你们若干我们的学说之玄想部分，但是显而易见的，从这些玄想中产生了新的见解，故我必须在今天向你们谈一谈。

现在且回到我们的本题。在面对各种质疑，如自我与超我本身，究竟是属于潜意识，抑或只是产生潜意识的效果时，我们可基于很好的理由，而决定赞同前者的可能性。而且情形确实如此，有大部分的自我及超我，不但可以属于潜意识，并且是属于正常的潜意识。换言之，个人对其内容一无所知，而若要使它们成为意识，则需要花费很大的苦心努力。自我与意识，被压抑的与潜意识，并不吻合，这诚然是件事实。我们觉得有必要修正我们对意识——潜意识问题的基本态度。首先，我们不得不努力地把意识当作判准的重要性极力减低，因为它显得令人难以信任，不值信任。但是如此一来对它显然并不公平。正如我们可以表示我们的生命，虽然并没有多大价值，但它却是我们所有的一切。假如缺少了意识之性质所发挥的光亮照明，我们就会迷失于深层心理的迷雾里了。不过我们必须设法发现我们的新方向。

我们并不需要再讨论所谓的意识，它已是毋庸置疑的了。“潜意识”这名词的最古老及最佳的意义，乃是描述性的；我们把一种心理历程称为潜意识，乃因我们不得不肯定它的存在——由于我们从其效果中获得线索的缘故——但是对它我们却一无所知。在这种情形之下，我们与它有相同的关系，正如我们与别人的心理历程的关系一样，除了它在事实上属于我们自身之外。假如我们希望更正确无误，就必须修正我们的见解，而表示我们之所以称呼一个历程为潜意识的，乃因为我们不得不假定它在“那一刻”正在活动，虽然在“那一刻”我们对其一无所知。这一特性使我们回想起，大部分的意识历程只有在极短时间内才是意识的。它们很快地就会成为“潜在的”，但却可以轻易地再度成为意识的。我们也可以说，假如可以确定，在潜伏状态下，它们仍然是属于心理的，那么它们就成为潜意识的了。至目前为止，我们尚未学知任何新颖的东西；我们也没有获得特权，而可以把潜意识的概念引入心理学。然后新的观察发现了、产生了，亦即我们早已能够同时进行，并行不悖。举例而言，为了说明语误现象，我们发现自己不得不假定，意图作一特殊的主张之意向，乃是存在于说话者内心。我们从他的主张所发生的干扰作用内，确切不移地获得这意向。但是意向并没有使自己经过潜意识，并因而成为潜意识。假如我们接着把它放在说话者面前，他立即会十分熟悉的认出它，因此它对他而言只是暂时未觉知而已；不过，假如他拒斥它，视它为不属于他的陌生奇异念头，那么它就永远是潜意识的。从这一经验中，我们回顾地获得了，把曾经描述为潜在的东西，也宣称为潜意识的东西之权利。对这些动力关系的思索考察，使我们现在可区分两种潜意识——其中之一，在经常发生的情境下，轻易地转化成意识的；至于第二种，则转化作用难以完成，并且只有在经过相当的努力，花费了许多的苦心才会发生，或者很可能根本绝不会发生。为了避免如下的暧昧不明情况：即我们到底是表示这一潜意识或另一潜意识，到底我们是以描述性的意义，或动力性的意义（dynamic sense）来运用这个名词，我们不妨利用一种被允许的且简单的方式来解决。我们把那只是潜在的，因为容易变成意识的潜意识，称为“前意识”（preconscious），而把“潜意识”保留给另外的一种。于是我们现在有了三个名词，“意识”，“前意潜”及“潜意识”，我们用这些名词来描述心理现象。再说一次吧！前意识也是最纯粹描述意义的潜意识，不过我们并不以此名词称呼它，只有在我们随口而谈，或者必须拥护那心理生活中，一般的潜意识历程之存在时才如此。

我希望你们会承认，至目前为止，我的见解还不太拙劣，并且可以便利的采用。不错，可惜非常不幸的，我们发现从事精神分析的研究时却不得不以另外的第三种意义，来运用“潜意识”这名词，但我们也必须明白，如此可能造成混淆不清。由于我们有新发现及强烈印象，即在心理生活中存在着一个广大而重要的领域，它在正常状态下并不为自我的知识所觉知，因此其中所发生的历程，必须被视为真正动力意义的潜意识，于是我们必须也以一种形态区域性（topographical）或系统性的意义来理解“潜意识”这名词。我们必须提到一种前意识的“体系”，以及潜意识的“体系”，提到介于自我及潜意识体系间的冲突，并且必须越来越把这名词用来指涉一种精神的领域，而不是心理的性质。对自我与超我的若干部分，也同样是动态意义下的潜意识的发现——事实上是不合宜的发现——在这一点上成为一种解放而运作——它使某些并发症有可能消除。我们明白，我们没有权力把那外在于自我的心理领域，称为“潜意识体系”，因为潜意识的特征，并非只局限于此。很好，我们不再使用体系意义下的“潜意识”这名词，同时我们要对至目前为止所描述的，给予一个更适当的及不再会引起任何误解的名词。依照大哲尼采所用的词汇，以及为名医葛罗狄克（Georg Groddeck）于一九二三年所接受而采用的辞，我们在未来将称之为“原我”。这非人格性的名词，似乎特别适合于表达这一心灵领域的主要特征——即外在于自我的事实。超我，自我及原我——于是成为三个领域，范围及天地，我们把个人的心理装备分成三层次，而我们将在下文，讨论它们三者之交互关系。

但且让我们先作个简短补充。我怀疑你们会因为，意识的特征之三种性质，以及心理装备的三个领域，并没有结合成为三个和平相处的同伴，而感到失望，同时你们可能会把这一点，当作在某种意义下，会使我们的发现混淆不清。然而，我并不以为我们应该感到后悔，同时我们该告诉自己，我们并没有权利期望任何这种平稳安逸的安排。且让我举一个比喻给你们看。诚然不错，比喻并没有决定什么，但是它们可以使我们感到更为熟悉，更为安逸自如。我正在想像一个景色优美，地形多样的国家——山脉连绵，平原辽阔，湖泊纵横，并且人口杂多，它的居民有德国人，匈牙利人，捷克人，而且从事各种不同的活动、工作。现在这些人的分布情形如下：牧养牛羊的德国人，住在高原山脉上；种植五谷及酿酒的匈牙利人，住在平原上；而捕鱼及织芦苇的捷克人，则住在湖边。假如这种分布配置，可以如此的干净利落而界限分明，则威尔逊（W. Wilson，美国总统，民族自决之标榜者）必将因此而欣喜万分；而且这也将非常适合于地理课程上的演讲。然而，很有可能的乃是，假如你们在这个国度到处旅行，将会发现杂乱无秩序，以及更多的混合。匈牙利人及捷克人一起混杂生活；在高原山脉间，也有耕地存在，而牛羊也在平原牧养。不过有若干少数情形，自然而然的正如你的期望，因为无法在山上捕鱼，而葡萄也不会长在水里。事实上，你们所随身携带的有关这国土的图片，可能全部皆合乎事实；但是你们都必须忍受那细节上的不同差异。

关于原我之新的事实，除了其新名词外，你们不必期望我会有多少可告诉你们的。它乃是我们人格之中黑暗的、不可理解把握的部分。我们对于它来说，所知甚少的部分，可以从我们对梦运作的研究，以及精神官能症症状的形成探究中，学知若干，而且其大部分乃是否定的性质，可以描述为只是自我的对立物。我们试以比喻来了解原我：我们称它为一种混乱，一个充满沸腾的兴奋的大釜。我们将之描述为，在其目的上是深受身体的影响，以及在那上面把本能需要一网打尽，并在其中发现其心理的表现，不过我们无法说明它究竟是在那种基体（substra-tum）中表现。它充满了能量活力，而从本能中获得能量，但是它没有组织，产生不了任何集体意志，只不过竭力带来臣属于快乐原则的本能需求的满足。思维的逻辑法则，并不适用于原我，而这点超越了所有矛盾律（law of con-tradiction）的真理。相反矛盾的本能彼此并行不悖，而不会互相解消或彼此消除减弱：它们最多也只会在支配性的经济压力下集合一起，以在能量的发泄中获得妥协。在原我之中，没有任何事物可以与否定作用互相比拟；同时我们十分惊讶地发现，主张空间与时间乃是吾人心理行为的必要形式之哲学理论，在此却有了例外（这一哲学理论，乃由康德所提出）。在原我之中，没有与时间的观念相对应的东西；在那里没有时间的过逝之任何认知，同时——这是在哲学思想中最可观惊人，且需要再加以思考的——在其心理历程中，并没有因时间的消逝而产生任何变化。那从未超过原我之上的欲望本能，及那由于潜抑作用而进入原我内的印象两者，都几乎是不朽的。即使经过若干年代后，它们的行为也仿佛才刚刚发生似的。它们只能够被认知为属于过去，只能够丧失其重要性，并且被剥夺了其能量的感情依附作用——当它们由于精神分析的探究而进入意识知觉时——也就是在此点上，精神分析治疗的治疗效果，占有极大的部分。

我一再地于心中有一印象，即我们太少就以下这一毫无疑问的业已建立的事实加以理论性的运用，即被压抑的东西并不随时间而改变，也就是说它是不可改变的。这点似乎提供了最深刻发现的探究方法。十分不幸的，我本身也对此没有任何进展。

原我当然不知道任何价值的判断：无善无恶，非善非恶，无道德性。那经济的因素，或者如你们所愿称呼的数量的因素，乃与快乐原则有密切的关联，而且支配了其所有历程。本能的感情依附，在于寻常发泄——依我们的观点，这是原我内的一切，甚至这些本能冲动的能量活力，似乎是属于一种与心灵其他领域不同的状态，它更加活泼好动而且更能够发泄。否则取代作用及凝缩作用，就不会发生了，而这两者乃是原我的特征，同时它完全不考虑那被依附的东西，即我们在自我中称为观念的东西——之性质。我们对这些事情，应该有更深入的了解——自然而然的，你们可以发现，我们正处于一个立场，即除了必须把原我的特征，赋予潜意识外，也应承认它有其他特征，同时你们可以认出，自我与超我之部分，可以不必拥有相同的原始及非理性特征，亦即可为潜意识的可能性。

我们最好经由检视自我与心理装备的最外在的表面部分——我们将之描述为知觉意识（percept ual-conscious）体系——的关系，而获得对实际自我的特性之了解，只要它可以与原我及与超我互相区分。这一体系乃倾向外在世界，它是由此产生的知觉媒介，在其发挥功能期间，意识的现象即在其中引发。它是全部机体的感觉器官；进而，它不只可容纳接受外在所产生的兴奋刺激，也能容纳接受那些从心灵内所产生的刺激兴奋。我们几乎可以不需要寻求这观点的正当理由，就能把自我当作原我的部分，它为外在世界的接触及影响所修正变更，它被收纳以接受刺激，并且作为防止刺激的保护性盾牌，而可与一小部分的生成质所包围的形成层（树皮层）互相比较。与外在世界的关系，对自我而言成为决定性的因素；它担负起把外在世界呈现给原我的任务——这对原我是幸运的，这原我如在其追求本能满足的盲目努力中，忽视了优势强大的外在力量，则可能完全无法免于毁灭。自我在完成这一功能时，必须观察外在世界，而可以在其知觉的记忆痕迹内；忠实地描绘出一个正确的图像，并且借其“现实测验”（reality testing）功能的活动，必须把这外在世界的图像内，任何从内在的刺激兴奋来源所衍生的添加物，置于一旁。自我在原我的命令下，控制了自动性的通路。但是在一个需要及一个行动间，它以思想活动的形式，推行一种迟延现象，并在此迟延期间，利用了经验的记忆残滓。自我以此方式，废弃了快乐原则，这快乐原则不但毫无限制地支配原我内的事情发展过程，并且以现实原则来取代它，这现实原则承诺更多的确定性及更大的成功。

与时间的关系——这相当难以描述——也为知觉的体系，引入自我之中；我们几乎不能怀疑，该体系的运作方式，乃是造成时间观念的来源。但是那区分自我与原我之特殊不同的，乃是一种在其内容中的综合倾向——要在其心灵历程之中融合及混合作用的倾向，这倾向在原我中完全缺乏。目前，当我们在开始处理心理生活的本能时，我希望我们能够成功地把自我的这种基本特性回溯至其根源。它独力产生了高程度的组织，而这组织是自我为了达成最大最佳的成就所需要的。自我从知觉行为中发展了控制它们的本能；但是这最后的一点，惟有凭借本能的心理代表才能达到，而这本能由于被放在一贯的脉络中，而得以相当大的集合分配于适当的地方。姑且采用一种通俗的说法，我们可以说，自我代表理性及善良意志，至于原我则代表未驯服、无拘束的热情。

至目前为止，我们已使自己对自我的益处及能力，有了深刻的印象。现在该是讨论它另一面的时机了。毕竟自我只是原我的一部分，一个由外在世界及其接近而来的危险威胁，加以合宜适当的修正后的部分。从动力学的观点来看，它本身是软弱无力的，它从原我中获得能量活力，同时我们并不是完全对这方法——我们不妨把它们称为巧计——毫无洞识；而借着这一巧计，它从原我中汲取更大量的能量。例如，这种方法之一，即是自身与实际或放弃的对象互相认同。对象感情依附作用，乃从原我的本能要求中萌生而来。自我一开始就已注意到它们，然而由于它使自身与对象认同，遂取代了原我的对象，而把自己推举给原我，并设法转移原我的原欲于自己身上。我们早已看到，在自我的生命过程中，它使自身获得了以前的对象感情依附作用的大量残滓。自我在其全体上，必须实现原我的意向，借发现那使这些意向可以得到最佳成就的情境，而实现其工作。自我与原我的关系，犹如一个骑师在骑马。马提供了动力的能量，而骑者则有权力决定方向目的，有权力引导这强壮有力的动物的运动方向。但是自我与原我之间，只是极端经常地会产生显而易见、非属理想的情境，亦即骑师有时不得不反被马所牵引，依随马的意志而往不同的方向奔驰。

在这原我中的一个部分里，自我由于潜抑作用所产生的阻抗作用，而使自身与原我分开隔离。不过，潜抑作用并没有移入原我内：被压抑的事物，遂融入原我的残余部分。

我们常为一句成语而引以为戒，即“不要同时服侍两个主人”。可怜的自我甚至遭遇了比这更为糟糕的事：它服侍这些严厉的主人，并尽可能的使它们的命令及要求，彼此和谐调和。然而这些命令永远是五花八门的，并且往往似乎是彼此不相关联，格格不入的。难怪自我的工作往往失败，它的三个专制主人就是外在世界、超我与原我。当我们依循自我的努力，以逐一满足它们——或者不如说，逐一服从它们——时，我们并不会为了曾把这自我人格化，并且把它建立成为分开独立的有机体，而感到后悔不止。自我感到在三方面受到包围、三面受敌，而受三种不同危险的威胁；如果对这些危险难以压制，它就以一般的焦虑不安来反应。由于自我乃起源于知觉系统的经验，因此遂被烙上记号，而成为外在世界的要求之代表，不过它也尽心竭力地成为原我的忠实仆人，并与它保持良好关系，尽力使自己适应它，成为其客体对象，并吸引原欲于其本身。

在它设法以媒介联系原我与现实的意图中，往往不得不以自身的前意识的合理化作用，来掩饰原我的潜意识命令，遮掩原我与现实间的冲突，不得不以言不由衷的外交辞令，来声明它注意到现实，甚至在原我仍然固执不化、冥顽不灵，顽抗到底时亦然。另一方面，它观察了严厉的超我所采取的每一步骤，立定其行为的明确标准，而毫不考虑来自原我及外在世界的各种困难。而超我在这些标准一旦未能服从它时，就以强烈的自卑感及罪恶感来加以处罚。于是自我为原我所推动，受超我所限制，为现实所拒斥，而努力奋斗，企图完成那使各种力量以及其所发生的影响两者之间，得到和协的经济的任务。同时我们可以了解，何以我们往往无法压抑一种呐喊："人生并不容易，真是艰辛！"假如自我不得不承认其软弱无力，它就会崩溃而发生焦虑不安——和外在世界有关的现实性焦虑，和超我有关的道德焦虑，以及与原我内的强烈热情有关的精神官能症的焦虑。

正如我前文所向你们描述的，我愿意以我现在在你们面前所展现的简单图案，来表示心理人格的结构关系：

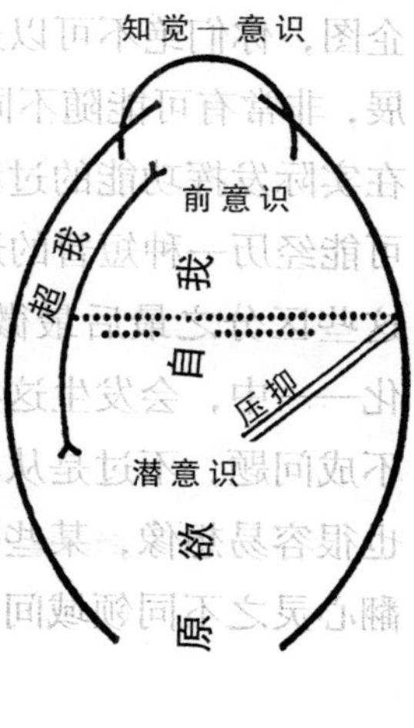

正如你们由此图所看见的，超我混入原我中；确实不错，作为伊底帕斯情结的继承人，它与原我有十分密切的关系。超我与知觉体系的距离，要比自我与知觉体系的距

离，更为遥远。原我惟有经由自我，才能与外在世界互相沟通来往——至少，依据这一图表所示乃是如此。今天，要说明这一图表究竟有多大的正确性，确实相当困难。而在某一方面，则毫无疑问的，它并不正确。那为潜意识原我所占有的空间，应当比那自我或前意识所占有的空间，更为广大而且无可比拟。这点我必须请你们在你们的思维中加以修正。

在结束这些见解之前，尚有另一确实正确无误，但也许并不十分明晰的警告。你们在思考把人格区分为自我、超我及原我之三种构造时，当然不致于有如政治地理学上所描述的人工地图般的，把它描绘得界限分明。我们无法把心灵的特征，以画图或原始人的图画般的、线条分明的、正当合适的加以描绘，反而只能以现代艺术家所展现的各种颜色彼此混合交融的图画来代表。在完成这一区分后，我们必须允许为我们所分开的东西，再度混合一起。针对要提出一张描述如心理历程这样抽象的东西的图表之初次企图，你们绝不可以过分苛刻地加以批判。这些区分的发展，非常有可能随不同个人的极大差异而改变，而有不同。在实际发挥功能的过程中，它们非常有可能会改变，并且可能经历一种短暂的退化状态。尤其是就系统发生学而言，这些区分之最后最微妙的情形——自我与超我之间的分化——中，会发生这类的事情似乎是真实无误的。这点倒不成问题，不过是从心理疾病而来的相同事情罢了。我们也很容易想像，某些神秘的实际行为，也许可以成功地推翻心灵之不同领域间的正常关系，于是——举例言之，知觉也许能够把握自我的深层所发生的事，以及那在其他时候不能把握的原我内所发生的事。然而，我们可以毫不动摇地怀疑，这一道路是否能指引我们走向终极的真理，而由此真理吾人可期望得到救赎，然而不论如何，我们可以承认，精神分析的治疗努力，也是选取同样的探究方式。事实上，其意向是要加强原我力量，使它更独立于超我之外，扩大其知觉领域，增大其组织，如此它才可以获得原我的新颖部分。原我所在之处，自我就在那里。这是文化的事业——有点像苏伊德海（Zuider Zee 荷兰西北之海湾）的海浦新生地的开筑。

6. 女性的问题

诸位先生女士！在我向你们发表这次演讲的准备期间，我一直为了内心的困境而挣扎搏斗，不妨如此说，我对我的职业的合格范围，并不太敢确定。固然精神分析在这十五年来的发展过程中，曾历经修正变动并成长得更茁壮、丰盈。但是尽管如此，我们对精神分析的介绍，却可以毫不添加、改变或补充。在我的脑海里，始终有这念头存在，即这些演讲并没有“存在的理由”（raison d’être）。对于精神分析家而言，我所说的不但太少了，而且一点也不新奇；但对于你们而言，我却说得太多了，我所说的事，你们并无法十分了解，毕竟这不属于你们的专长。我曾寻找各种借口，同时尝试依不同的立场，而使每一次的演讲合情合理。第一次的讲题之所以讨论梦的学说，乃是为了让你们再度回到精神分析的氛围里，并向你们指出，我们的观念是如何的可以绵延持续。然后我发表了第二次的演讲，从关于梦的学说，进入所谓的神秘主义领域，而使我有机会能毫无顾忌的发表，存在于我的脑海里那对某一工作部门的思想见解；在这部门里，各种属于偏见的观念，在今日正与激烈的抗拒者互相攻击对抗；同时我希望你们的判断，已被教育成对精神分析采取容忍的态度，而不至于拒绝和我一起探讨这方面的问题。第三次的演讲，即关于人格的分析，由于主题使人颇感生疏，以至于你们了解起来相当困难；但是我却绝不可能不把这种属于自我心理学的发端，向你们解释清楚。假若我们在十五年前就已拥有这个自我心理学，那么我在那时就会告诉你们了。最后，针对我上次的演讲，你们很可能只有竭尽莫大的努力，才能听懂，其中我讨论了若干必要的修正——对解决最重要的谜题的新尝试。如果我完全不提及它们，我的介绍将会使你们误入歧途而迷失。正如你们所见，当一个人开始找借口时，最后一定仍会暴露其真相，这是无可避免的，所有这一切皆注定是无可避免的。我完全臣服于命运，并且也要求你们如此。

今天的演讲，也不应属于一种入门性的介绍；但是它可以让我提供你们一个与精神分析工作的详情细节有关的实例，同时我也可以告诉你们两件事以证实此点。它并没有带来任何新事物，所有的只是已观察到的事实，也几乎没任何幻想性的附带物。它所讨论到的，乃是一个你们必然会喜欢、有莫大兴趣，且几乎再没有其他更令你们感到兴趣的主题。在古往今来的历史中，吾人莫不绞尽脑汁，苦心竭力的探索、追寻女性问题的本质之谜——

神秘难解的帽子内的头
及头巾与黑色面纱内的头，
毛发松卷的头，以及其他无数的，
可怜的、流汗不止的人类的头……

——海涅

你们也无法避免地会为这问题而感到苦恼困惑——至少你们之中属于男人的人，即不免如此。至于不是男人，而是女人的人，这点就不能适用——你们本身就是个令人困惑的难题，假若你们遇见一个人，所要作的第一个分类就是:“他是男人或女人?”同时，你们通常一般都毫不迟疑的就能确定这种分别。解剖的科学也与你们一样共享相同的确定性，但除此之外，却未能有更进一步的了解。男性的性器产品，精子及睾丸，乃是男性的表征；卵及产生它的器官及有卵的生物，即为女性、雌性。在这两性里，器官皆完全是为了性功能的作用而形成的；它们很可能是从同样的“内在”倾向发展而成为不同形式。除此之外，在这两性中，其他的器官、身体形状及组织，皆显示出个体差异的影响；不过这并不是永远固定不变的，反而是可有许多变异的。这些就是我们所知道的第二种性特征。科学尚会告诉你们，和你们所期望的相反的事物，而这一切很可能会使你的感觉发生混乱。它引起你们注意到这一事实，即男性的部分性器官，也在女性的身体上出现，虽然是以萎缩的状态出现；同样的，反之亦然。这表示它们之出现，乃是有“双性化”的现象，仿佛一个人并不完全是男人，也不是女人，而是两性兼具——只是在其中某一性别成分比另一性别成分为多。于是你们会要求你们自己，弄清楚下述的观念：即男性与女性成分，在个人身上混合的比例，有非常大的变动起伏。然而，由于除了十分罕见的病例外，只有一种性的产品——卵或精子——无论如何，只出现于一个人身上，于是你们就不得不怀疑，这些成分的重要决定性，并且一定会下一结论，以为构成男性或女性的事物，乃是神秘未知的特征，而不是解剖学所可能显示出来的。

是否心理学可以如此予以说明解决？我们通常把“男性”与“女性”包含于心理的性质内，并且以同一方式，把双性化的观念转移至心理生活内。因此我们谈到一个人时，不论其为男人或女人，在某一方面的行为如表现为男性化，则称之为男性；反之就称之为女性。但是你们很快就会发现，这只是就解剖学上而言，或只是约定俗成的看法。你们无法赋予“男性”及“女性”的概念，任何新的意义。这种区分并不是心理学上的区分。当你们说“男性的”时，你们通常指“活泼主动的”，而你们说“女性的”时，通常是指“被动的”。现在我们可十分确定，这种关系是存在的。男性的性细胞，确实是主动游走而寻找女性的卵细胞，另一方面，卵却是静止不动而被动地等待。性器官的这种基本行为，确实是性交时个人性行为的模式。

男性追求女性时，为了性结合的目的，而抓住她的身体，并且进入她身体里面。但是，凭借此点，你们已很明显的把男性的特征，归诸为攻击性的因素，这是就心理学方面而言的。你们也许会十分怀疑，你们是否从这点获得任何真正的利益。尤其你们只要思索一下，若干种动物的雌性，乃是更强壮而且更富于主动攻击性，男性只有在性结合这单一行为上，才显得主动积极，就会明白此点。例如蜘蛛就是如此。甚至如照顾幼虫及养育幼虫的功能——这种功能我们以为完全属于女性，也会使我们异常震惊地发现，在动物里，这并不一定属于雌性的工作。在比较高等的动物里，我们发现雌雄两性皆要共同照顾年幼者，或者甚至只有雄性担任这一工作。甚至连从人类的性生活领域中，你们也会很快地发现，假如将男性的行为完全归为主动积极，女性则归为被动，乃是相当不适宜的。一位母亲对孩子的态度行为，无论如何都是主动积极的。哺乳行为本身，就可以同样地一方面描述为母亲哺育婴儿，或一方面描述为婴儿吸吮她的乳房。一旦你们从狭隘的性领域向前迈进一步，那“过分重叠的错误”就越明显。女性可以在诸多方面表现出伟大的积极主动，而男人假如没有发展许许多多的被动适应性，就无法与别的男人一起生活。假若你们告诉我，这些事实都缺乏明确的证明，男人与女人两者在心理意义上，都是双性的，那么我就会下结论说，你们在自己内心，早已决定把“主动”归诸“男性”，而把“被动”归诸“女性”。不过，我建议你们不要如此。依我之见，这目的是毫无益处的，而且对我们的知识也未能有所增进。

我们也许可以用心理学指出，女性的特征乃是喜欢完成被动的目的。当然，这一点与被动性并不相同；要达到一个被动消极的目的，也许需要极大的主动积极。也许有如下情况存在，即一个女人，站在她对性功能的共享基础上，喜欢被动的行为，而在她的人生中，多多少少也实现了被动的目的，其程度既不致遭到过分的限制，也不致受到过分的渲染，因此她的性生活遂以此为模范。但是我们必须注意，这完全过分低估了社会习俗的影响力，因为社会习俗也同样的强迫女人处于被动的情境。所有这一切仍然尚未为我们所完全明白清楚。我们并不希望忽略了介于女性及本能生命之间，存在有特别恒久的关系。女性在身体构造上，天赋有对攻击主动性的压抑作用，并且社会也如此加诸她们身上，因而产生了强大的被虐本能的发展，也因此正如我们所知道的，她们把那朝向内在的破坏性倾向，赋予性欲意义，而与被虐本能互相结合。于是被虐性，正如人们所说的，属于真正女性的气质。但是正如经常发生的，一旦你们看见男人的被虐心理时，你们将如何表示呢？除了说这些男人，表现出清楚明确的女性气质外，还会说些什么呢？

现在你们早已胸有成竹地明白，心理学也无法解决女性的谜题。毫无疑问的，这种说明必须由其他方面来提供，而且除非我们已学知，一般而言，生命有机体如何区分为两种性别，否则这种说明就无法成立。我们对此尚一无所知，然而两性的存在乃是有机生命的最惊人特征，是有机生命与无机物质最尖锐鲜明的区别。然而，我们却发现有足够的资料研究那些人类中的个人，这个人由于拥有女性性器官，而其特征遂在表现上主要的是呈女性化的。在面对其特殊性质时，精神分析并不尝试要描述女人是什么——这是它很难完成的工作——它只是要探究，她究竟如何形成，以及一个女性如何从一个小孩发展成双性的倾向。在最近，我们已开始对这一点有若干了解，这必须感谢我们的许多杰出的女同事，她们在精神分析的领域里，已开始对这个问题进行一些研究。关于这一点的讨论，从两性的分别方面，已获得特别引人入胜的成就。对女士而言，不论何时，总会产生对她们这性别似乎并不比较有利的情况，她们也许会提出一个疑问，认为我们这些男性分析家，并无法克服某些根深蒂固的成见，也无法避免对女性的偏见，而这一点的代价，就是我们的研究之片面褊狭性。另一方面，我们却是站在两性性质的基础上，所以可毫无困难地避免失礼。我们只要说："这并不适用于你们。你们是例外；在这点上，你们比较男性化，而非女性化。"

我们对女性的性发展之研究方向，带有两种期望。首先是，在这种体质上，并不是毫不挣扎反抗地再变使其自身适应其功能。第二个是，决定性的转折点早已准备完全，或在青春期以前就已完成。这两种期望皆得到了深刻的证实。进而言之，把男孩身上所发生的与女孩互相比较，我们即可发现，小女孩发展成长为正常女人，乃是更加困难且错综复杂的，因为它包含了两项额外的课题，关于这点，在男人的发展上并没有对应相当的情形存在。让我们以这平行现象来进行讨论，且从它们的最初开始吧。毫无疑义的，我们所讨论的材料，在男孩与女孩身上，其开端是不同的：这并不需要精神分析来确立这一差异性。性器官的构造之不同，也伴随着其他身体上的不同，这一点人尽皆知，不必再指出。在本能倾向中，也萌生了差异，这种倾向表现出女人的后天性质中一些具体而微的现象。一般而言，小女孩皆比较缺少攻击性、反抗性，也较不会自我满足；她似乎是显出对更多的情感的需要，并且在这方面更加依赖并柔顺驯服。很可能就是由于这种柔顺的结果，她可以更容易及迅速地学知，控制她的排泄行为：小便及大便乃是他们给予那些照顾他们的人之礼物，而控制它们，则是使小孩子的本能生活可以萌生的第一个特许。我们也产生一种印象，即女孩比其同龄的男孩，更为聪明伶俐可爱。她们比较喜欢接触外在世界，同时形成强烈的对象感情依附现象（object-cathexes）。我无法说明，这种在发育上的倾向，是否可由精确的观察来证明，但是无论如何，毫无疑问的，女孩无法被描述为智力比较落后或低下。然而，这些性方面的差异，并没有产生多大结果：它们可为个别的差异所掩盖。不过为了我们目前的目的，我们暂时不讨论这些。

这两性似乎是以相同的方式，经历了早年的原欲发展。我们也许会期望在女孩身上，淫虐——肛门性欲期的攻击性，早已有若干残留，但是事实上并非如此。针对小孩的游戏加以分析，正如我们的女精神分析家所指出的，女孩子的攻击本能，在其强度及暴力上，并没有多少表现。而随着她们的进入性蕾期，两性间的差异，完全为其相同性所掩盖。我们现在不得不承认，小女孩是一个男生了。正如我们所知道的，男孩子在这个时期，明显的显出这一事实：即他们已学知从他们的小鸡鸡中获得快感，并且把其兴奋状态与他们心目中性交的观念互相联系。小女孩也对她们那仍然小小的阴核，获得相同的快感。这些女孩似乎把其一切自慰的行为，完全加诸这相当于阴茎的东西上，而属于真正的女性阴道，仍然尚未为两性所发现。固然不错，有少数孤立的对早年的阴道快感的报告发表过，但是要拿这种感觉，与肛门或阴阜的感觉，互相区分，乃是一件不容易的事。无论如何，它们无法占有重要地位。我们不得不保持以下这一观念，认为在女孩的性蕾期，阴核乃是最主要的性觉区、乐欲带。当然，它不会永远如此。由于女性性质的改变，阴核会把全部或部分的敏感性，以及其重要性，交出让给阴道。这是女性在她发展过程中，所必须实行的两个课题之一，至于那比较幸运的男性，则只要持续其在性成熟时期的活动，亦即在其性欲之早期开花阶段所实行的活动。

我们将回头谈谈这阴核所扮演的角色；且让我们现在回到女孩在其发展成长中，所要承担的第二个课题任务。对男孩而言，母亲乃是他性欲的第一个对象，而她在他的伊底帕斯情结形成期间，也一直如此，甚至在本质上，终其一生皆如此，就一个女孩来说，她的第一个对象也必然是其母亲（以及保姆和继母等取代母亲的人）。第一个对象感情依附现象，在对主要及单纯的生命需要的满足之密切关系中发生；而照顾小孩的环境，对两性而言，则皆相同。但是在伊底帕斯情结中，女孩的父亲成为她的爱恋对象，同时我们期望她在发展的正常过程中能发现自己的道路，而从以父母为对象，转向她最后对象的选择。因此，随着时间的过去，一个女孩必须改变她的性感带，以及她的对象——这两种现象皆保留于男孩身上——于是遂产生了以下这些如何发生的问题：尤其是一个女孩如何在感情上从母亲转向她的父亲？或者换言之，她如何从其男性阶段转向女性阶段，而这女性阶段乃是她在生物学上的命运。

假如我们可以假定，从某一特别的年龄以后，两性间的互相吸引、异性相吸、同性相斥的基本影响力，即为人所感知，并且使女孩不得不倾向男人，而这同一法则，却使男孩继续与其母亲一起，则这将是个简单的理想解决方法。除此之外，我们也可以假定，在这方面，小孩乃遵循其父母对两性之偏爱所给予他们的指示方针。但是我们发现事情并非如此简单容易；我们很少知道，我们是否也严肃正经地相信，诗人所经常并且如此热烈地谈到的力量，而这力量我们却无法再进一步加以分析研究。我们可以借苦心努力的研究，而发现一个完全相反的答案，至少其材料可以很容易地获得。因为你们必须明白，有相当多的女性到了晚年，仍然亲密地依赖父母般的对象，或者事实上是依赖她们真正的父亲。关于这些女性，我们已建立了某些令人震惊的事实，即她们对自己的父亲有长期持久的强烈亲密感情事实。当然，我们也明白有一种对母亲的依恋之最初阶段，但是我们却不知道，其内容可以如此丰富及如此持久，并且后来可以留下许多固着作用及习性的机会。在这段期间，女孩的父亲成为一个麻烦的敌手；在某些情形下，对她母亲的依恋已超过了四年。我们后来在她与其父亲的关系内所发现的每一件事，几乎皆早已存在于这种早年的依恋中，并且延续地转移至其父亲身上。简而言之，我们业已得到一个印象，即除非我们接受她们的依恋其母亲的前伊底帕斯情结阶段，否则我们就无法了解女人。

于是，我们很高兴地明白了女孩与其母亲之原欲性关系的本质。答案是它们有诸多不同的种类。由于它们在女孩子的性欲三阶段中，一直稳定持续存在，因此它们也承袭了三个不同阶段的特征，并且表现出口腔、虐待——肛门及性蕾期的愿望。这些欲望代表积极主动的本能，也代表消极被动的本能。假使我们把它们与两性的不同分化——这是后来才出现的分化——加以相关联——虽然我们应尽可能避免如此——那么，我们不妨称它们为男性及女性。除此以外，它们完全是模棱两可、矛盾对立的，一方面是亲密感情，一方面是敌对及攻击的性质。后者往往在变成焦虑不安的念头后，才为人所知。要指出这些早年性欲望的公式，并非永远是轻而易举的。表现最清楚的，乃是一种使母亲与子女在一起的愿望，以及与她生一个小孩的相对应愿望——两者皆属于性蕾期，并且十分令人惊奇，不过它已为精神分析的观察所建立，而毋庸置疑。这些探究的吸引力，存在于它们所带给我们的令人惊奇的详细发现里。举例言之，我们发现被谋害或下毒的恐惧——这后来可能会形成妄想病的核心——早已在伊底帕斯时期前存在，而与母亲有关联。或者另一实例：你们该记得，在精神分析探究史的一个有趣的插曲，它使我久久不快而未能释怀。在这阶段时，人们的主要兴趣乃朝向发现幼孩时的性创伤，几乎我的所有女病人，皆告诉我她们曾被其父亲所引诱。直到后来我才明白，这些报告都是虚假的，并因而逐渐了解歇斯底里症，乃是从幻想的事情中造成，而不是由于真正发生的事形成，一直到后来，我才能够从这被父亲引诱的幻想中，明白女人之典型的伊底帕斯时期，再度发现了被引诱的幻想，但是引诱者通常是母亲。然而，在此刻的幻想却触及了现实的基础，因为真正实在是母亲，由于她对孩子的身体卫生方面的照顾活动，而不可避免地刺激了她的生殖器之快感，也许甚至是首次，激起了她的性快感。

我毫不怀疑，你们随时随地会质疑，这种对小女孩之与她母亲的性关系上，丰富繁多而强烈性的描写，未免过分的夸大渲染。毕竟，我们有许多机会看到小女孩，但却丝毫未注意到这一类事情。不过这异议并未一针见血，而且也不够中肯。假如我们明白如何观察，就可以充分看到小孩许多这方面的事。除此以外，你们也应考虑一下，小孩所能将之引入前意识中加以呈现出来，或与人沟通的性欲望，是如何的稀少罕见。自然而然的，假如我们回顾性地研究这一情感世界的残余及结果，则针对那些在发展的过程中，获得一些特别清晰，甚至极端过分扩大的程度之人进行探究，乃刚好是我们的正当权利，尚未逾份。病理学永远会借在正常情状下保持隐蔽不明的情境，成为孤立及夸大的情境，而提供我们对这情境的清楚辨明。而由于我们的探究曾加诸那绝不能说是严重异常的人身上，因此，我想我们应该把它们的结果，当作值得相信的信念。

我们现在要把我们的兴趣，转向如下的简单问题：那造成女孩对其母亲如此强大有力的依恋关系消失结束的，究竟是什么？正如我们所知道的，以下是它的通常命运：它注定要让位，使她对父亲有依恋关系。在这里我们面临了一个事实，它可作为我们进一步的进展的指针。这一进展的步骤，并不只包含了单纯的对象改变。随着离开母亲而来的是敌对感的产生。对母亲的依恋关系以憎恨为终结。这种憎恨也许会变得十分强烈惊人，并且终生不变，但它后来也许会谨慎地加以过分补偿。一般而言，其一部分可为人所克服，而另一部分则坚持不变。后来几年的经历，自然而然的对此影响既深且巨。然而，我们只要将研究范围局限在那女孩子转向其父亲的那几年，并且探讨其动机何在即可。我们于是提出了一大堆对其母亲加以指责及控诉的理由，这些理由被假定为可使孩子的敌对感觉正当化。它们具有不同的有效妥当性，我们必须加以检讨反省。其中有若干显而易见的合理化作用，而敌意的真正来源仍然有待发掘。假若在这方面，我指引你们遍历所有精神分析研究的详情，我希望你们会对它感到兴趣。

对母亲的指责，可以归根溯源至最遥远的过去，此即她给了小孩太少的奶水——这表示她缺乏爱心。现在在我们的家庭里，这种指责具有正当的理由。母亲通常没有足够的营养供给她们的子女，并且只哺育他们几个月的时间，如半年或九个月，就已满足。在原始民族里，小孩子在母亲怀里哺养，通常达两、三年之久。那哺育小孩的保姆或乳母，一般而言，取代了母亲的角色；一旦这一点并未发生，则责难就会转向另一个人——那个十分心甘情愿地哺育小孩的保姆，却被母亲过早地加以辞退解雇。但是不论事情的真正状态如何，孩子的责难要如平常般的正当，乃是不可能的。相反的，似乎是小孩对最早年的营养之渴求，完全没有得到满足，他从未克服失去母亲哺育所造成的痛苦。假如我们对原始人的孩童——这孩童虽然早已能够奔跑和讲话，仍然可以吸吮其母亲的乳房——加以分析，将会使这同样的责难呈现出来。对被下毒的恐惧，也很可能与脱离母乳的情形有密切关系。毒药乃是使人生病的养分。也许孩童把他们早年的疾病，也归溯至这一挫折。很多的智识教育，乃是教人相信命运偶然机会的必要条件。原始人及未受教育的人，无疑的也包括小孩子，能够针对每一件发生的事，皆赋予根据基础。也许在原本上，这是物活论的思想之理由。甚至在今天，在我们的某些部分里，如有人死亡，便必须以被别人所杀害的方式来表示——最好是透过医生之手。而一个精神官能症病人，对其有亲密关系的人之死亡的一般反应，乃是责怪自己造成了这一死亡。当第二个婴儿在养育室出现时，对孩子的母亲之第二种斥责，就如火如荼了。若有可能，就发生了与口腔挫折有关联的情形：母亲无法或不愿给予小孩任何更多的奶，因为她需要将这养分给予新来的婴儿，在两个小孩年龄十分接近的情况中，母亲由于第二次的怀孕而造成乳汁分泌的中断，这种责难指斥就获得了真正的根据；而令人感到震惊的事实是，小孩子纵使只比新生儿大十一个月，也不会因年幼而未注意到发生的事。但是这小孩之所以怨妒那讨厌的闯入者或敌人，并不只是在哺乳方面，也包括所有其他母爱的标示。他会感到被遗弃、冷落及剥夺了权利。他对新婴儿投以嫉妒的憎恨，并对那不忠实的母亲发展了怨恨心，因而往往在他的行为上出现了令人不快的改变。他成为“厌人精”，调皮捣蛋，也许脾气暴躁且不服从，并且回复至要控制其排泄行为的时期。所有这一切现象，我们长久以来就十分熟悉，并不证自明的接受它。但是我们对这些嫉妒冲动的强烈性，和它们所固持不变的冥顽不灵，以及它们对后来的发展之巨大影响力，却很少形成一正确的观念。尤其是这种嫉妒心，在童年之后的几年中，一直不断地接受崭新的滋养，同时由于每个新的弟弟妹妹的出生，而使全部的震惊一再出现。即使这小孩刚好仍然是母亲最疼爱的一个，也没有什么多大不同。小孩子对爱的需求，乃是无节制的，他们需要占有的、独有的爱，并且无法忍受任何分享。

孩童对其母亲之敌意的丰富来源，乃由其五花八门的性欲所提供，这性欲依照原我的各阶段而改变，其中有大部分并且无法获得满足。假如母亲禁止小孩从性器中获得快乐的行为——往往以严厉的威胁，以及各种不快乐的表示——而这种行为，毕竟是由她自己引介给小孩的，于是这种挫折就会在性蕾期发生最强烈的程度。我们将会认为，这已足以有充分的理由，来证明女孩子远离母亲的原因了。假若如此，人们就会断定，那所谓的疏离感就无可避免地会随孩童的性欲本质、从他们对爱的需求之无节制特性，以及他们的性欲望之不能满足而出现。也许有人会以为，这种孩童的第一个性欲关系，确实会由于它是第一个的理由，而注定消灭，因为这些早年的对象情感依附关系，一般而言皆极其暧昧不明、矛盾对立。朝向攻击的有力倾向，永远伴随着强大的爱而一起呈现。一个孩子愈热烈地爱其对象，就愈会对那对象感到失望及遭到挫折。而直至最后，这爱必须臣服于那不断累积的敌意。或者那认为在性欲感情依附关系中，有一种原初的矛盾对立情感的观念，可能会被拒斥，此外，我们也许可指出，母亲与子女的关系之特质，亦以同等的不可避免性，引起孩子对爱的破坏。因为纵使最温和的抚育方式，也无法避免运用强制及行使限制，而对孩童的自由而言，任何此种干扰皆必然会导致一种反动，而产生朝向反叛与攻击的倾向。我想，对这些可能性的讨论，也许是最令人感到兴趣的地方。但是，为了迫使我们的兴趣转往另一方向，却突然萌生了一种反对意见。所有这一切因素——最轻微的因素，爱的失望、嫉妒、由禁止而来的引诱——毕竟，也在男孩与其母亲的关系内运作，同时一直不能使他脱离母亲或母性人物。除非我们可以发现对女孩而言是专门特定的事物，却不在男孩身上呈现或不是以相同方式呈现，否则我们就等于没有说明女孩对其母亲依恋的中止情形。

我相信我们已发现了这一特定因素，而且它确实正是我们所期望发现的，虽然是以有点出乎我们意料的形式发现。我认为我们所期望发现的因素，乃是阉割情结。毕竟，两性之间在解剖学上的区分必须在心理结果中表现出来。然而，我们从精神分析中很惊讶地学知，女孩子认为她们之缺少阴茎，乃由于母亲的责任，因而无法原谅她造成了她们这不利不便之处。

于是正如你们所知道的，我们也把阉割情结加诸于女人身上；而且理由充分，虽然其内容无法与男孩的理由相提并论。在后者身上，阉割情结只有在他们见到女性生殖器，而发现向来为他们所珍视的器官，并不必然是每个身体皆有以后，才会产生。由此，男孩遂在脑海中回想起，他由于玩弄自己的性器所引起的对自己的威胁，因而他开始相信这些威胁，而深受阉割恐惧的影响，这乃成为他在日后的发展中，最强大有力的动机力量。女孩的阉割情结，也由于看见异性的生殖器才开始产生。她们会马上就注意到其间的差异不同，而我们必须承认，她们也注意到其重要意义。她们内心感到严重的错误，常常会宣称她们希望“也拥有那样的东西”，并且成为“嫉妒阴茎”的受害者，这会在她们的成长发育中以及她们的性格形成中留下不可磨灭的痕迹，并且甚至在最有利的情况下，也会造成心理能量的严重浪费。女孩子一旦发现她缺少了阴茎，绝不至于表示出她轻而易举地便会臣服于这事实。正好相反，她有很长久时间会继续希望自己拥有像那样的东西，并且相信这种可能性，而精神分析可以显示出，在现实的知识许久以来已因欲望之不可获得而拒绝其满足实现的时期，它在潜意识内固持不变并保留大量可观的能量活力的依附情形。那希望获得渴望已久的阴茎之愿望，自然而然会不顾一切，造成促使成熟女人求治于精神分析的动机，而她在理性上对精神分析所期望的——例如，进行智识性职业的能力——也许往往全被了解为这一被压抑的愿望之升华了的修正。

我们无法强烈怀疑嫉妒阴茎的重要性。假如我主张这种羡慕及嫉妒，在女人的心理生活上，甚至比男人更占有巨大的地位，你们也许会以之为对男性不公平的例子；我并不以为这些特性在男人身上不存在，或者以为除了羡慕阴茎外，它们在女人身上并没有其他的根源。但是我意图把它对女人后来的影响力，赋予更大的成分。然而，若干精神分析家，显然有意轻视这性蕾期首次阴茎嫉妒的形成之重要性。他们主张，我们在女人身上所发现的这个态度，主要是二度次要的构造，它是在后来由于退化至这一早期幼年本能冲动，所产生的内心冲突中形成的。然而这是深层心理学的一般问题。在许多病态的——或者甚至不寻常的——本能态度中（举例而言，在所有性心理变态里），就产生了一些问题，如他们的坚强力量有多少可以归诸早年的幼稚附着作用，以及有多少可归诸后来的经验与发展成长的影响。这些情形几乎永远是互补互成的，正如我们在讨论精神官能症的病因时所提出的一般。两种因素皆在这原因上，以不同的成分占有一席地位。若一方面的成分为少量，则另一方面的成分即为多量，以求平衡。幼年的因素在所有病例中，皆树立了型式，但虽然往往如此，却并不永远是决定性的，很明显的在阴茎嫉妒的情况中，我会毫不迟疑地，斩钉截铁地赞成幼年因素的优势。

女孩发现她被阉割的事实，乃是她成长的转折点。由此开始了三条可能的发展路线：一条引向性的禁欲或精神官能症；第二条指向性格的改变，而形成男性情结；最后第三条指向正常的女性气质。我们对这三条路线，已学知了相当多，虽然并非一切。

第一路线的基本内容如下：至今为止，小女孩一直以男性方式生活着，能够借她的阴核之兴奋而获得快感，并且把这一活动行为与她朝向母亲的性欲望互相关联，这行为往往是主动的；现在，她却由于受到阴茎嫉妒的影响，而丧失了性蕾期性欲的快乐。她的自恋情结，由于与男孩之更为优越的器官比较，而受到阻碍中断，结果造成她放弃从其阴核中获得自慰的满足，拒绝她对其母亲的爱，并且同时往往会压抑她的一般性欲倾向的极大部分。毫无疑问的，她之远离其母亲，并非马上就发生，因为从一开始，女孩子便把她的阉割情形当作一个人的不幸，然后逐渐把它扩大至其他女性，最后才扩大至母亲身边。她的爱是朝向她的性蕾期母亲；由于她发现其母亲也是被阉割的，于是就可以把她当作物体而加以遗弃，于是那许久以来早已逐渐累积的敌意的动机，才取得了优势。因此，这表示由于发现女人缺乏阴茎的结果，女人的地位遂在女孩心目中贬抑降低，正如在男孩心目中一样，而也许后来在男人心目中也是如此。

你们皆明白，我们的精神官能症病人，他们的自慰行为，所占有的巨大病因重要性。它们使它成为他们一切苦恼的原因，因此我们在劝诱他们，告诉他们是大错特错时，遂遭遇最大的困难。然而，事实上，我们必须向他们承认他们是正确的，因为自慰行为乃是幼年性欲的刽子手，由此所发展的情况，的确使他们受苦生病。但是精神官能症病人所最深恶痛绝的，乃是青春期的自慰行为。他们几乎大都忘记了早年幼孩期的自慰，而它却是问题的真正制造者。我希望我以后有时间及机会详细地向你们说明，早年自慰行为的所有实际详情，对个人后来的精神官能症或性格具有如何重要的意义：它是否被发现，父母如何反对或允许它，或者他是否成功地自己压抑它。所有这一切对其成长发育，皆留下永久不变的痕迹。不过我非常高兴，我不需要如此做。因为这是一件困难万分及冗长乏味的工作，并且到了最后，你们一定会质问我，要求我给你们若干实际的忠告，如父母或教育家应该如何对待、处理小孩子的自慰行为，因而使我陷入尴尬难堪的情境中。从女孩子的发展中，这是我目前这次演讲所要谈论的，我可以给你们一个实例。一个女孩要自己设法尝试去除自慰行为，戒掉手淫，并非永远能成功。假使对阴茎的嫉妒，激起对阴核自慰行为的强大有力冲动，但无论如何仍拒绝完全地放弃，于是遂产生追求自由的强烈挣扎和奋斗，在其中女孩自己取代了她的被免职的母亲之角色，并且由于努力反对从阴核获得满足，而表达了她对其低劣的阴核之完全的不满。许多年以后，当她的自慰行为早经压抑许久后，仍然会有一件事固持不变，我们必须将之解释为，防止那仍然令人恐惧的诱惑的心理。它在对那些也具有相同困难的人所萌生的同情心之中，呈现了自身；并且在缔结婚姻的动机中，占有部分地位，甚至确实不错，它也许也决定了她对丈夫或爱人的选择。处理早年幼稚的自慰行为，确实不是一件容易的事，更不是一件无关紧要的事。

随着阴核的自慰行为之放弃，若干程度的主动积极也被放弃了。被动消极性现在终于占有了优势，而女孩之转向其父亲，主要是借助于被动的本能冲动，才得以完成。你们可以发现，像这种的发展浪潮，会把性蕾的活动清除掉，而使女性气质的道路平坦易走。假如它并未由于潜抑作用而在发展成长中丧失太多，则就可以变成正常的女性气质。那女孩转向其父亲的欲望，毫无疑问的，在起源上本来是对阴茎的希望，而这是其母亲所曾拒绝她的，现在她期望从其父亲处得到这阳具。然而，惟有对阴茎的愿望为一个婴儿所取代，换言之，依照一个古代象征的比拟，即婴儿取代了阳具之后，这女性情境才得以建立。我们也曾注意到，女孩在更早年时，在未受干扰的性蕾期，就已希望拥有一个婴孩：这当然是她喜欢玩娃娃的意义所在。不过这玩娃娃的游戏，在事实上并不是其女性气质的表现。它代表对其母亲的仿同作用，并且有意要以主动积极来取代被动性。她扮演着其母亲的角色，而那娃娃则是她自己，现在她可以如她妈妈素来所对待她的一样，也对婴孩做所有同样的事情。一直到对阳具的愿望萌生后，这玩偶娃娃才成为从女孩的父亲出生的婴儿，而自此以后，也成为最强大有力的女性欲望的目标。假使到后来，这种渴望婴儿的愿望，在现实上得到了满足，她就会欣喜万分，而尤其令她欣喜若狂的是，假如这婴儿是个小男孩，有她渴望已久的阳具在身上。在她之“从其父亲得到一婴儿”的混合图像里，重点往往是放在婴儿身上，而其父亲遂不再被重视。以此方式，古老的希望拥有一个阳具的男性愿望，仍然经由现在所达到的女性气质而朦胧可见了。但是，也许我们反而应该把追求阳具的愿望当作完全属于女性的愿望。

女孩由于把希求拥有阳具的婴儿愿望转移至其父亲身上，因而进入了所谓的伊底帕斯情结的情境。她对其母亲的敌意并不需要重新再创造，现在反而得到了莫大的增强，因为她成为女孩的敌人，她从她父亲处获得一切她希望从他身上得到的。女孩的伊底帕斯情结，有很长一段时间会把她对其母亲之前伊底帕斯期的依恋遮掩起来，而使我们无法看见，虽然它无论如何相当地重要，并且留下了持久不变的固着作用。对女孩而言，伊底帕斯情结的情境，乃是一长久而艰苦的发展结果；它是一种初步的解决，一种休息的立场，却不至于很快就放弃，尤其是在性潜伏期开始之际，已为时不远了。我们现在却由于两性之间的差异而感到震惊，这差异很可能相当大，尤其是在伊底帕斯情结与阉割情结的关系上。在男孩身上，伊底帕斯情结——因此他希望得到母亲，并且以父亲为敌人而避之惟恐不及或敬而远之——自然而然的，是从其性蕾期的性欲阶段发展形成的。然而，对阉割的恐惧迫使他放弃了这一态度。由于深信有丧失阳具的危险，他的伊底帕斯情结遂被放弃了、压抑了，并且在大部分正常情况下，完全地被毁灭了，另一方面则建立了严厉的超我为继承者。而在女孩身上所发生的几乎是背道而驰。阉割情结反而成为伊底帕斯情结的预备，而没有遭到毁灭。女孩由于对阳具怀着嫉妒，影响所及，对其母亲的依恋遂逐渐消失，并且进入伊底帕斯情境，有如逃入天堂以求得庇护。在对阉割的恐惧不存在时，则促使男孩克服其伊底帕斯情结的主要动机遂告缺乏，女孩子则有更长久的时间留在此情结中；她们很晚才消除它，而纵使如此也是不完全的。在这些环境下，超我的形成必然受到伤害，它无法获得坚强及独立，而使其具有文化的重要意义，而当我们向女性主义者指出，这一因素对一般的女性性格的影响时，她们往往十分不悦。

且再略为回顾一下。我们在前文曾提过，发现女性去势的第二个可能反应，乃是一强大有力的男性情结的发展形成。关于这一点，我们说，女孩仿佛拒绝承认这令人讨厌的事实，同时大胆地反叛，甚至夸大她以前所具有的男性气质，依附她的阴核性的活动，并且借对其性蕾期的母亲或她父亲的仿同作用，而寻求庇护。那造成这一结果的决定因素，究竟可能是什么呢？我们只能假定这是先天体质因素，亦即更大量的主动积极所致，它是男性的普通特征。不论那因素可能是什么，这一历程的本质乃是在发展的这一点上，被动性的浪潮被避免了，此外，它还开启了转向女性气质的道路。这种男性情结的极端成就，将会对对象的选择发生影响，而表现出明显的同性恋。我们必须阐明精神分析的经验，它教示我们，女性的同性恋很少或从未是幼年男性气质的直接延续。甚至对这种女孩而言，她似乎有必要把她的父亲当作对象一段时间，并进入伊底帕斯情境。不过到了后来，由于她不可避免的对其父亲感到失望，结果她遂倾向退化至她较早年的男性情结中。我们绝不可以夸大渲染这些失望不满的重要意义。不过，注定要成为女性的女孩们，并不能免除它们，虽然她们并没有相同的结果。体质的因素，似乎无可争论地具有优越性；不过，女性同性恋发展中的两阶段，在同性恋者的实际行为中有很好的反映，这些人彼此扮演母亲与婴儿的角色，正如丈夫与太太一样的经常及清楚明确。

我现在所告诉你们的，可以描述为女人的史前史。它乃是最近几年的产物，并且可以作为详细的精神分析工作的实例，想必能使你们深感兴趣。由于主题乃是女人，我在此不得不尝试提到若干女性的名字，她们对这一项研究的贡献巨大。露丝·布伦维克（Dr. Ruth Brunswick）于一九二八年的著作中，首度描述了精神官能症的病例，它可回溯至前伊底帕斯时期的固着作用，并且根本从未达到伊底帕斯情境。这种病例乃是以嫉妒妄想病的形式表现，而最终证明了它可以接受治疗而痊愈。珍妮·狄·古露（Dr. Jeanne de Groot）在一九二七年曾借若干肯定的观察，而建立了女孩朝向其母亲的难以置信的性蕾活动。同时海伦·杜意兹博士（Dr. Helene Deutsch）也曾于一九三二年，指出同性恋女人的性行为，又产生了母亲与婴儿之间的关系。

我的意图并不是要探究女性经由青春期到成熟期的进一步的行为。而且，我们的知识对这目的也是不充分的。

不过我要在下文中，把若干事实相提并论，并把其史前史当作起点，我只想在此强调，女性气质的发展，由于早年男性时期的残留现象而遭受干扰。故回复到前伊底帕斯阶段的固着作用之退化，经常发生。在某些女人一生的过程中，男性化及女性化两者之间，究竟哪一个获得优势，往往有重复交替起伏的变化。我们男人所谓“女人之谜”的一部分，也许可以从女人生涯的两性性质的表现中衍生出来。不过在这些探究过程中，似乎其他的问题已足够成熟，而可加以判断了。我们曾把性生活的动机力量，称为“原欲”。性生活乃为男性——女性之两极性所支配统治；因此这一论点本身，即把原欲与这两种对比互相关联了。假如最后的结果是，每一性欲皆有与其相当的特定原欲，那么某一种原欲即追求男性性生活的目的，而另一种则为追求女性性生活目的，对此我们将不致感到很惊讶。但是这一切都不是真的。事实上，只有一种原欲存在，它发挥了男性及女性两种性功能。对其本身我们无法赋予任何性的东西；假如依照通俗的把主动积极与男性化等同的看法，我们倾向于把它描述为男性，则我们就绝不可忘记它包括了被动消极的目标之倾向。无论如何，将“女性的原欲”与“男性的原欲”并列，并没有任何正当理由。尤其，我们有一种印象，当原欲被迫发挥女性的功能时，它的范围受到了局限——以目的论来说——则大自然就对其功能的要求比较漠不关心，此点较诸男性功能的要求更为不如。而这一点的理由，也许在于——再度以目的论来思考——这一事实，即生物学的目标之完成，曾被归诸于男人的攻击性，并且在若干程度上，独立于女人的许可之外。

女性性冷感的经常出现，仍是未经充分了解的现象，这一论点似乎可以被肯定。有时候它是心因性的，而在这情况下很容易受到影响；但是在其他情形下，它暗示了这一假说，即它是由先天体质决定的，甚至有一种贡献重大的解剖因素存在。

当我们在精神分析的观察中发现此点时，我曾允诺告诉你们一些成熟女性的更多的心理特性。我们对这些主张，只不过宣称具有一般的有效正确性而已；而要区别那应归诸于性功能的影响，以及归诸于社会生育之间的不同，也并非易事。于是，我们把大多数的自恋归诸于女性气质，它也影响女人之对对象的选择，因此对她们而言，被爱比起爱人，乃是更强大的需要。更进一步地说，阳具嫉妒也在女性的生理虚荣上占有一席地位，因为她们注定会把她们的迷人魅力作较高的评价，以作为她们之原本性自卑感的晚期补偿作用。羞耻心被认为是特别专属于女性的特征，但它超乎一般世俗所假定的情形，我们相信，其目的在于遮掩性器的缺陷。我们并未忘记，在后来的时刻里，羞耻心又有其他的功能。女人在文明史上，对各种发现及发明创造，似乎贡献很少；然而，有一个技术却可能是她们发明的——即编织与织布。假若真的如此，我们就禁不住要猜测这一成就的潜意识动机。大自然本身似乎曾针对这项成就提供过模仿的模型，因为它使人在成年时，长出阴毛而遮蔽了性器。如此留下来必须踏出的一步，乃在于，使丝线彼此交叉联合，而在身体上，则这些毛发深入皮肤内并且交织一起。假如你们把这观念当作凭空幻想而拒斥它，并认为我之相信缺乏阴茎对女性气质的形成有影响，乃是一种偏执观念，我当然无话可说，招架无力。

女性抉择对象的决定因素，往往由于社会条件而无法为我们所认知。一旦这抉择能够自由地显示本身，则它往往是依照男人的自恋理想——这是女孩子希望变成的理想人物——而选择。假如女孩保持对其父亲的依恋——换言之，仍保留着伊底帕斯情结——则她的抉择，即依照父母的典型而定。由于她在从其母亲转向父亲时，其矛盾关系的敌意，乃保留在母亲身上，于是这种选择就在于保证一桩快乐的婚姻。但是结果往往皆表现出，对这由于矛盾感情而来的内心冲突之安顿的一种普遍威胁。由此所留下来的敌意，依随积极正面的依恋关系的痕迹，而扩大至新的对象上。女人的丈夫，在一开始是其父亲的继承人，经过一段时间后，也成为她母亲的继承人。因此以下这件事会很容易发生，即女人一生的后半辈子，也许会充满了抗拒其丈夫的挣扎反抗，正如她前半辈子充满了抗拒其母亲的反叛。当这种反应已经渡过后，第二度的婚姻也许很容易就变得更令人满足。女人本质的另一变化，也许会在第一个小孩出生后的婚姻中发生。由于受女人自己变成了母亲的影响，于是可能再出现她对自己母亲的仿同作用——对于这仿同作用，她曾一直在努力搏斗直到她结婚时为止——而这也许会吸引所有可获得的原欲于自己身上，因此这重复出现的强迫行为，遂又在其父母间产生不幸的婚姻。母亲对出生的是儿子或女儿，在反应上的差异，可显示出那缺乏阴茎的古老因素，这个因素迄今甚至尚未失去其强大力量；母亲惟有生下一个儿子，或在与儿子的关系中，才会带来无限的满足快乐；这一切皆是所有人类关系的最完美的，免于矛盾感情的最自由状况。一位母亲可以把她曾经被迫，加以压抑的野心，转移至儿子身上，她也可以从他身上期望所有的满足，而这满足是她在其男性情结中所留下来的。甚至在一桩婚姻里，惟有太太能成功地待其先生如小孩；并以母亲般的行为来照顾他，才能够安稳。

一个女人与对其母亲的仿同作用，可以让我们区分成两个层面：一是前伊底帕斯期，它乃奠基于对其母亲的感情依恋上，并以她为模范；二是伊底帕斯情结时期，寻求抛弃母亲并取代她的地位而与其父亲一起。对这两者的大部分问题，我们要留待未来才能完全说明，同时，我们毫无疑问的有正当理由作如此表示：它们两者皆不能在发展成长过程中，被适当地加以克服。但是那充满感情的前伊底帕斯依恋时期，乃是女性之未来的决定因素：在这期间，业已形成她后天的性格，这性格在后来会使她实现她在性功能方面的角色，并使她施行无可估量其价值的社会工作。也就是在这仿同作用里，她获得了其对男人的魅力，这男人对其母亲的伊底帕斯依恋，乃化为热情。然而，往往会发生的是，惟有他的儿子才获得他自己所希望的——我们遂产生两个印象，即一个男人的爱及女人的爱，在心理上隔了一个阶段。

四、梦的解析

1. 儿童的梦

各位！我们好像进行得太快了，姑且退回一小步再说。我们在应用分析法以克服梦的伪装（dream-distortion）的困难，而做最后的实验前，最好暂时将注意的范围缩小，以那些未曾伪装的梦为例（假如有这种梦的话），借此避免由伪装而引起的困难。其实照这个办法，未免又和精神分析的发展过程背道而驰了，因为在事实上，只有一贯地应用我们的释梦技术，并且对于曾经伪装的梦做彻底的分析之后，我们才能明白有未曾伪装的梦的存在。

我们寻找的梦就是儿童的梦：儿童的梦又简短、又清楚、又有条理，容易了解，其意义绝不会模棱两可，而又不失其为梦。然而，你们绝不可以为儿童的梦，都属于这种。儿童期的早年便已有了经过伪装的梦，五岁至八岁间的儿童的梦，业已具有成人的梦之种种特点。但是假如仅以初有精神活动时期至四、五岁为限，便可发现一大群所谓的幼年的梦，到了儿童期的末期还可以有类似的梦；甚至到了成年后的人，在某些情形之下，也可和婴孩的梦同样幼稚。

现在由这些儿童的梦，便不难对梦的主要属性获得可靠的了解，我们希望这项了解可证明是具有决定性且证据确凿的。

一、为了解这些梦，我们不需要任何分析，也不必应用任何技术，也不必质问做梦的小孩。然而关于他的生活，我们却必须略有所知；在每一个实例上，这些梦都可用做梦前一天所发生的经验来解释。因为梦就是心灵在睡眠中对于前日经验的反应。

现在自举一些例子，以作为进一步论述的依据。

（1）一个一岁十个月的小孩，须送另一小孩一篮樱桃作为他的生日礼物。这自然是他所非常不愿意做的事，虽然自己也可因此得到少许樱桃；第二天早晨，他说自己梦见："赫曼[1]已把樱桃全部吃光了。"

（2）一个三岁三个月大的女孩子第一次去游湖。当到了岸边，她不愿意离开船而号啕大哭。在她看来，在湖上的时间飞也似的过去了。第二天早晨，她说自己梦见："昨天晚上我在湖上游玩。"我们或可揣想她梦中游湖的时间必较长于白天。

（3）一个五岁三个月的男孩和他人同去哈斯塔[2]附近的伊斯显塔（the Escherntal）地方游玩。他以前曾经听说哈斯塔在大契斯坦山（the Dachstein）的山麓下，他对此山很感兴趣。从奥斯湖（Aussee）处的房子内，可以看见大契斯坦山，而如果有望远镜，还可以看见山顶上的西蒙

① He（r）mann 是除了赫曼人名之外，还有"那个人"的意思。——译注

② 哈斯塔（Hallstatt），是位于奥地利西部萨尔兹堡州的观光胜地之名。这里有湖水、盐泉、城市、山谷等。——原注

尼小屋（Simony Hut）。这个小孩遂一再地用望远镜看这个山顶上的小屋，但没有人知道他是否看见了。这个郊游，开头便带有一个愉快的热切期望。每有新山在望，他便问那是否就是大契斯坦山。可是每次皆得到否定的答复，于是他渐感扫兴，而不再作声，也不愿再和他人爬上几步去看瀑布。人家以为他太疲倦了，但是第二天早晨，他很高兴地说："昨天晚上我已梦见在西蒙尼小屋里面了。"所以他之加入这次郊游，心中即怀着这个期望。关于其他细节，他只是重述以前所听过的话："你必须在山上走六小时，才能到达。"

由这三个梦，已够我们所需要的讯息了。

二、我们明白这些儿童期内的梦并非毫无意义的；它们是完整的、可以了解的心理活动。你们应该还记得医学对梦所作的见解，我在以前曾告诉过你们，同时你们也必记得有人曾喻梦为不谙音乐者在钢琴键盘上的乱弹。由上文所引的儿童的梦，你们可以发现绝对和此说互相抵触。这自然是最奇特的，一个儿童能于睡眠时完成完整的心理活动，而在同一情境下的成人，反而仅以无条理的反应而获得满足。何况儿童的睡眠更比成人深熟呢。

三、这些梦由于未经过伪装，所以不必解释：其显意和隐意实相一致。我们因此可以断定伪装作用不是梦的根本属性。我希望你们一定要相信这句话。然而仔细地加以研究，我们不得不承认这些梦也有伪装，只是程度很浅，同时梦的显意和隐意之间，亦有若干区别。

四、儿童的梦乃是对于目前的经验之一种反应，例如他感到一点遗憾、一种渴望，或不会满足的愿望，就会做梦。儿童借梦以直接满足这个愿望，丝毫无所掩饰。现在且思考一下我们以前所讨论的，体外或体内的刺激在干扰睡眠和产生幻梦上所占的地位。在这一点上，我们虽已知道一些明确的事实，但是这些事实只适用于一些极少数的梦，从儿童的梦，则无法看出这种身体刺激的影响；我们可毫无错误的确定此点，因为儿童的梦是完全可以了解，而且可以完全把握的。但是我们也不必因此即放弃了这个刺激生梦的观念。我们只要问为什么我们一开始就忘记了，扰乱睡眠的刺激，除了身体的刺激外，也有心理的刺激呢？我们当然明白，扰乱成人睡眠的大半是这些心理的刺激，因为这些刺激往往使成人们不能引起睡眠所需要的心理情境，亦即和外界脱离关系的情境。他们不愿意中止其生活；他们宁可继续他们正在做的工作，这就是他们不睡眠的原因。所以侵扰儿童的睡眠的心理刺激，乃是未曾满足的愿望，也就是他对此的反应所做的梦。

五、我们遂因此捷径而知道梦的功能。假如做梦是对于心理刺激的反应，那么梦的价值在使兴奋得到相当的发泄，以消灭其刺激而持续睡眠。我们并不知道这个在梦中产生的发泄作用，究竟如何发生作用，然而我们却知道梦不是睡眠的干扰者（如此想者颇不乏人），而是睡眠的保护人，使其不受干扰的影响。我们原本以为，没有梦则睡眠较深，然而这个见解却是错误的；其实没有梦的帮助，则睡眠将不可能，我们之所以睡得好，皆由于有梦。梦原本不免会使我们稍微受到干扰，然而这正如警察把扰乱治安者驱逐时，有时不免会发一枪一样。

六、梦因愿望而引起，梦的内容即表示这个愿望，这点乃是梦的主要特征之一。此外尚有一个通性，那就是梦不仅使一个思想有表示的机会，而且借一种幻觉经验的方式，来表示这个愿望的满足。“我希望在湖上游玩”是产生梦的愿望，至于其梦的内容则为：“我在游湖了。”所以即使就这些儿童期内的简单的梦而言，梦的隐意和显意之间仍略有区别，将愿望化为经验，便已是一种潜在的伪装作用。在释梦的时候，我们须设法先将这种伪装作用还原。假如这是一切梦的最普通的特性之一，那么我们便可明白如何解释前述各梦的方法了：“我看见兄弟挖土”的意思，并不表示“我的兄弟正在节省开支”，而是“我希望我的兄弟会节省开支，他该节约。”本文所说的这两个普遍特性中，显然第二个较为大众所公认，但两者并不互相抵触。

惟有经过更详细广泛的研究后，我们才能确定那引起做梦的永远是一个愿望，而不是一种成见、忧虑、目的或谴责；但是其他特性并不因此而改变，换言之，即梦不仅重复引起这个刺激，而且因为转化成一种经验，遂使刺激移走、离开、消灭而解脱。

七、就这些梦的特性而言，我们又可将梦和过失互作比较。在过失里，我们曾区分出一个牵制的倾向和一个被牵制的倾向，而过失就是此两者的妥协调合。梦也属于这个范畴，当然，其被牵制的倾向只是睡眠的倾向，而牵制的倾向乃是一种心理的刺激，我们称之为（力求满足的）愿望；因为目前我们还找不到牵制、妨害睡眠的其他心理刺激。梦也是一种妥协调合的结果；我们睡着了，但仍经验到愿望的满足；我们满足了愿望，同时也继续入睡。所以两种倾向各有一部分成功和一部分失败。

八、你们该记得我曾希望借某些所谓“白日梦”的十分明显的幻想形成（phantasy-fomations）来了解梦的问题。这些白日梦乃是满足野心或爱欲的愿望。然而它们是以思想的方式表现出来，而其想像力无论如何生动，却绝没有幻觉的经验。因此梦的两个通性之一较不确定，虽然也为“白日梦”所共有，却较不确定；为睡眠时所持有而为清醒时所不能有的那一特质，在“白日梦”来说是完全缺乏。所以在语言中，我们发现了一个线索，即满足愿望乃是梦的主要通性。例如我们庄梦中的经验只不过是想像力表现（imaginative representation）的另一形式——这个形式只有在睡眠的特殊状态之下才有可能——则我们或可称之为“晚上的白日梦”（a nocturnal daydream）——那么我们便马上可以知道做梦的程序究竟如何消灭晚上的刺激，而满足愿望；因为白日梦便是满足愿望的一种心理活动，这也就是人们所以做白日梦的惟一原因。

此外，尚有其他的俗语也具有相同的意义。我们皆十分熟悉如下的格言：“猪梦橡实，鹅梦玉蜀黍。”“小鸡梦什么呢？梦见谷粒！”这个格言所谈及的更由儿童而至动物，其所主张的也是梦的内容乃为愿望的满足。还有许多成语亦复如此。譬如说：“美满如梦！”“我从来不敢做这种梦。”“我在最荒唐的梦里也不会有此想像。”可见俗语的陈义正和我们的见解互相呼应。当然也有所谓的“焦虑的梦”（anxiety-dream），痛苦的梦或无关痛痒的梦，不过并没有特别的成语用以陈述这些梦。我们固然也有“噩梦”这个名词，但是根据普通的简单用法，“梦”总带有一种满足愿望的涵义。无论何种格言，都不会说猪或鹅梦见被杀戮吧！

梦的这个满足愿望的通性，竟然为一般谈梦的人所忽略，当然十分令人费解。其实他们也往往明白这一点；只是没有人承认它们是梦的普通特性，并以之为解释梦的指南。他们究竟为何如此呢，我们一加揣想便可明白，我们后文再讨论吧。

现在且看看研究儿童的梦，究竟让我们毫不费力地获得了多少知识！我们已知道（1）梦的功用在于睡眠；（2）梦由两种相互冲突的倾向所引起，一要睡眠以保持安定，一要满足心理的刺激。（3）梦为富有意义的心理动作。（4）梦有两个主要的特性，即愿望的满足和幻觉经验。然而我们几乎已忘掉我们正在研究精神分析了。除了前文所举出的梦和过失的关系之外，我们这个研究并没有什么特别的标志，无论哪个心理学家即使对于精神分析的假定一无所知，然而对于儿童的梦也能作相同的解释。但为什么没有一个人能作如此解释呢？

假若一切的梦都如此幼稚，那么梦的问题早已解决，而我们的研究也早已完成，不必再询问做梦者，也不必再谈什么潜意识或引用什么自由联想的方法了。这显然是我们所应继续努力的方向。我们已知道，有些本来说是普通有效的通性，到后来却证明只能适用于某些少数的梦。所以现在要解决的问题，就是儿童的梦所呈现的通性，是否较为普通；或者意义不明显而不易看出愿望的梦是否也具有此种属性？我们的意见是认为，这些梦已经过多次伪装，所以无法立即加以判断。我们更怀疑，如要揭露这些伪装，便非求助于精神分析方法不可，而研究儿童的梦的意义则没有这个需要。

至少还有一种梦和儿童的梦相同，也未经过伪装，而且很容易认出系为愿望的满足。这些梦都由迫切的生理需要——例如饥饿、口渴、性欲等——所引起，其之所以为愿望的满足，即在于它们系这些体内刺激的反应。例如我曾记载过，一个一岁又七个月的小女孩，梦见一份上面也有她自己名字的菜单（安娜……草莓、山桑子、鸡蛋、乳酪面包）。前一天，她因吃了水果（这水果在梦里出现了两次）而导致消化不良，不得不挨饿一天，此梦便是这个情境的反应。同时，她的祖母已六十八岁了，因为“浮游肾”[1]的关系，不得不断食一天，当夜她即梦见有人请她吃饭，面前摆满了山珍海味。又如饥饿的囚犯，和饥饿的探险家或旅行者，皆常梦见得食充饥，由此可知在这些情境下，他们常梦见自己的愿望得到了满足。诺登斯玖[2]在其讨论南极的书（一九〇四年）内，叙述他自己和探险家在南极的冬天生活如下：“我们的梦很明显的表示出我们当

① 浮游肾（floating kidney），固定肾脏作用的组织松弛，使肾脏移动而离开正常位置的一种现象。有先天性和后天性，后天性是多次怀孕后造成。——原注

② 诺登斯玖（N. A. E. Nordenskiöld，1832 ~ 1901），瑞典的极地探险家。——译注

时的愿望。我们从来没有像那时那么经常地做梦，而且梦境又是那么的鲜明。就是那些很少做梦的朋友，在我们于早晨互相交换自己在幻梦中的经验时，也常常有长梦可供谈兴。我们所有的梦都与千里之外的遥远乡土有关，但有时也梦见我们当时所处的情境——饮食是主要的对象。有一位朋友往往在梦中大吃大喝，并且于翌晨说自己吃了三道大菜而十分高兴。还有一位梦见其高与山齐的烟草；又有一位梦见一艘满帆的船破冰而来，把冰扫除了。此外尚有一梦也值得一述：邮差手持信件而至，并反复解释他们迟来的原因；他说信最先送错了，然后又大费周章的把它们一一收回。当然，我们睡着后的意识也充满了更奇特的事物，但是最令人感到惊异的就是我自己的，我听他人所述及的梦，几乎都缺乏想像力。假如我把这些梦全部都记载下来，一定充满浓厚的心理学的趣味。梦既然能满足大家内心的愿望，因此我们究竟如何的渴慕睡乡，你们便可推想而知了。”此外我想再引述一段，这次是杜普荣（Du Prel）的话：“派克先生（Mungo Park）在非洲旅行几乎死于口渴时，常梦见自己在家乡的水源丰富的山谷之间。而淳科（Trenck）先生在马得堡（Magdebourg）的星型阵地内挨饿时，曾梦见自己身旁四周皆为美食。乔治贝克（George Back）曾加入法兰克村的第一次探险队，由于物资极端缺乏，缺粮将死时，经常梦见有许多食物可吃。”

无论何人如果因晚餐多吃美食，入夜大渴，睡眠时便不免全梦见喝水。大饥或大渴当然不能因做梦而解除；因此常会口渴而醒来，真的去喝水。在此梦确实没有实际的功用，但多少可见梦之所能引发，乃是为了保护睡眠，使其不致受促成行动的刺激所干扰。而如果愿望的强度较低，则只要“满足愿望的梦”就足以达到目的了。

同理，性欲刺激的影响也可因梦而得到满足，但是这个满足另有特殊性值得我们注意，因为性欲的冲动并不如饥渴那般，很少依赖于对象的特质，所以梦遗也可以使做梦者得到真实的满足；不过由于其对象关系中（这一点后文会再谈到），为了有某种的困难，结果真实的满足常常也形成一种模糊不清或扭曲的“梦之内容”；正如兰克（O. Rank）所说过的，梦遗的这一个特点正是用以研究梦的伪装作用的适当工具。而成人愿望的梦常于满足之外，兼有其他经由心理产生的事物，而要了解这个梦，就必须加以分析解释。

然而我们并不主张，成人的这种幼儿型的满足愿望的梦，完全只是对于身体的需要之反应。她们也同样知道，有些简短明白的梦，是由某种强而有力的情况引起，毫无疑问的也是心理刺激的结果。例如有些“预期的梦”（impatience-dreams），做梦者或预备旅行，或预备听戏，或预备演讲，或预备访友，都将他的期望预先在梦中实现，在前一夜即梦见到达目的地，或梦见在戏院，或梦见已和其所欲访问的朋友互诉别情。又如所谓的“懒惰的梦”（comfort-dreams），做梦者欲继续酣睡，乃梦见自己已起来洗脸或已在学校，其实他依旧睡着，这表示他宁可在梦中起来，而不愿真的起床。至于睡眠的愿望——我们承认它往往在梦的形成上占一特别重要地位——很明显地在这些梦里表现出来，并且成为梦的真正起因。所以睡眠的需要和其他的身体需要同等重要。

在这儿我想请你们参考看慕尼黑的沙克画廊（Schack Gallerg）内画家史文德（Schwind）的作品，并请你们注意这位画家很明确地知道梦可因强有力的情境而引起。此画名为“囚人之梦”（The Prisoner’s Dream），梦的主题显然就是逃脱出狱。囚犯从窗口逃出，因为阳光正由窗口照入室内，把他从睡眠中唤醒。画中重叠起来的侏儒，即他攀缘上窗口所应继续站立的位置；而假如我没有误解或牵强附会这位美术家的本意的话，那么站在顶端而靠近窗口的侏儒（即囚犯所想取得的位置）的脸孔，正好与做梦者的脸孔相似。

我们说过，除了儿童的梦以及幼儿型的梦外，其他所有的梦都不免多有伪装，不易解释。我们虽然认为这些梦也属满足愿望的梦，但是一时也不敢立即加以肯定；我们也不能由梦的显意来推定其所由起的心理刺激；或证明它们和其他的梦相似，也努力想消灭或解除这刺激。事实上，它们也需要分析解释或翻译；其伪装作用的程序亦必须作溯源的研究；此外，其显意也要为隐意所代替，必须如此之后，我们才能明确地断定因研究儿童的梦而获得的种种结论，是否可用以解释一切的梦。

2. 梦的检查作用

各位！我们已学习梦的产生，透过儿童梦的研究，了解其基本特性和功能。梦乃是借幻觉的满足来消除干扰睡眠的心理刺激。至于成人的梦，我们所能解释的确实只有一种，我们称之为幼稚式的梦。至于其他种种，我们则既不知其所以然，也不了解它们。不过，我们迄今所获得的结果的重要性却不可忽视。每次，我们一旦完全了解一个梦，所得结论皆证明该梦为愿望的满足；这一巧合绝非偶然或不重要的。

其他种类的梦，我以为是一个未知其内容之伪装的代替品，针对这个未知的内容必须加以追根溯源；我们之所以有此假定，除了其他许多理由外，也因其与我们的过失论有很大的类似之处。因此我们的下一步工作，便是探究与了解梦的伪装作用（dream-distortion）。

梦之所以奇异而不可解，即在于它的伪装作用。在此我们有许多事要弄清楚。首先是伪装的起因（即动因）；其次是伪装的功用；最后是伪装的方法。我们还可以进一步说，伪装作用是“梦运作”（drearm-work）的产物。现在且让我们叙述梦运作，并追溯其中的力量所在。

现在让我告诉你一个梦，这是由精神分析学界中的一位知名女士所记载的。她说做梦者是一位教育良好，年高望重的太太。这个梦并未被分析过，因为记载者以为由精神分析家的眼光看来，它不必分析解释即可明白。反之，做梦者也未加以解释，只是批评并怒斥其非，仿佛自己也深知其梦的隐意，她说：“你看一个五十来岁，日夜仅以其孩子为虑的老妇，竟然有这么一个荒唐的梦！”

我马上要告诉你们这个有关“战时爱情服务”（love

service in war-time）的梦："她到第一军用医院去，对门口的警卫说，她希望进院服务，必须和主管医生谈谈（她说出了一个她并不知道的名字）。在说话时，她特别强调'服务'两字，以致警卫立即明白她所指的乃是'爱情服务'。因为她是个老妇人，所以警卫迟疑了一下，才让她进医院。但是她却未见到主管医官，反而走进一间很大的暗室内，室内有许多军官和军医，他们或站或立于一张大桌子四周。她对一个军医说明自己的来意；他也立即意会她的意思。她在梦里所说的话仿佛是：'我和维也纳的无数妇女，愿意供给士兵、军官或其他人等'最后变成喃喃细语。然而她一看到军官们半感不安和半怀恶意的表示，便知道他们都已领会其意了。她又继续说：'我知道我们的决定似乎骇人听闻，但是我们都十分热诚。绝对没有人会问战场上的军人是否他愿意战死。'然后继之以一分钟的痛苦的静默；军医遂将两臂围在那太太的腰际说：'夫人，如果真的如此，那么……（喃喃声音）'她挣脱其臂而退，想道：'他们都是一样的。'乃回答说：'我是一个老太婆，也许不会有这么一回事。但是必须先声明一个条件：必须注意到年龄，因此一个老太太和一个女孩或许不……（喃喃声音）这太可怕了。'军医说：'我非常了解。'但是有几个军官纵声大笑，其中的一个在年轻时曾和她做过爱，于是那老太太遂要求会见她所认识的院长，以求合理解决事情。然而她不禁感到骇异异常，因为她竟不知道院长的名字。那医官则以十二分的敬意及热心，告诉她登上二楼的楼梯，再登上一条很狭窄的螺旋形铁梯，由这个暗室直通楼上。她在上梯时，听见一个军官说：‘不管她年纪多老多小，这真是个伟大的决定！向她致敬吧！’她只觉得她是在尽义务，遂走上一个没有尽头的铁梯。”

这个梦在几星期内做过两次，虽然内容略有改变，但是据这位太太说，所改变之处是十分不重要而且完全无意义的。

这个梦的进行方式和白日梦相仿佛；不连贯的地方很少，有许多内容只须一加质询便可明白，然而如前所述这梦并未经过分析。但是最令人惊异而最饶富趣味的是许多语气忽然中断的地方；这不是在回忆中的语气，而是在梦的内容里，这种情形发生了三次。语气一断，便代以喃喃之音。因为我们尚未分析这个梦，严格而言，我们绝没有揣测其意义的权利；不过也可由若干蛛丝马迹，获得结论；例如“爱的服务”四字。此外最重要的是，在喃喃之前中断的话，也都需要加以补足，而它只有一种可能性。假如我们加以补足，结果将使我们产生一种幻想，其内容是做梦者自己愿意随时献身尽职，以满足军中各色人员的性需要，不论其官阶的大小。这的确是一个可怕的、无耻的幻想，然而——梦却于此不着只字。每当在梦中需要说到此点的时候，在显梦内便有不知所云的喃喃之音：大约有些意思已丧失或受到了压抑。

我希望你们明白其所以引起压抑的缘故，乃因为这些话太令人骇异。你们能在哪些地方找到类似于此的事呢？你们大可不必舍近求远。试取任何一种有政治色彩的报纸，便可发现删削之处触目皆是，于是报纸上屡有空白。你们都知道这是新闻检查的杰作。这些空白所占据的地方，原来必有为新闻检查员所不赞许之处，因此便被一字不留地删去。你们也许会以为这太可惜了，因为被删去的部分一定是新闻中最有趣的文字。

另一方面，有时被检查的并非全部的句子。因为作者预料到某段文字必为检查员所反对，乃将这些句子化硬为软，或略加修改，或仅含沙射影，暗示其事，便自以为足。于是在新闻中不复有空白，但是从那些迂回曲折而又隐晦的表达方式上，你们便能够明白作者在执笔的时候，内心已作过一番检查的工作了。

根据这个比喻，我们亦可说梦里删去或伪装成喃喃之音的话，也必为检查所牺牲。我们事实上也使用梦的检查作用（dream-censorship）这个名词，并以之为梦的伪装的原因之一。每当显梦有中断之处，我们便可知其系由于检查作用；而我们确实应更进一步的明白，在其他较明确的成分内若有一种在记忆里较模糊、较欠明确，又较可怀疑的成分，那么我们便可将之视为检查作用的证据。然而无论如何，检查作用很少像在“爱的服务”的梦里那般毫无伪装，那般朴素。比较常见的是检查作用常采用上述的第二个方法：即借修饰、暗示、暗喻来代表真正的意义。

梦的检查作用还有第三种实施方法，这就不是新闻检查法所可比拟的了；我可以向你们展示以前曾分析过的一个梦，来说明梦的检查作用的这种特殊活动方式。你们还记得以一个半 florin 买三个坏座位的梦吧。在这个梦背后的隐意里，“太匆忙了，太早了”占有重要的地位；意义即是“结婚那么早是又呆又傻的，买戏票那么早也是呆的，兄嫂那么匆忙地花钱买珠宝也呆得可笑。”这个梦的隐意之中心成分在显梦中不见踪影，而显梦则集中于去戏院看戏及买票的事。因为梦的原素有这种重心的转移作用及重组，于是梦的显意乃大异于梦的隐意，而造成不再有人会怀疑显意背后的隐意之存在。这个重心的转移（displacement of accent）乃是伪装作用的主要方法之一；而梦之所以如此奇异，使做梦者自身也不愿意认为它是自己内心的产物者，也便是由于这一转移作用。

材料的删除、改变更动和重组——便是梦的检查作用活动方式及伪装作用所用的方法。我们现在所要研究的是伪装作用，而检查作用则为伪装的主因，或主因之一。转移作用一词往往用以包含材料的改装及秩序安排的更动。

我们已知梦的检查活动略如上述，现在可将我们的注意力转而集中于其动力学方面。我希望你们不至于以拟人说（anthropomorphic）来表示“检查作用”，因此必然不至于以为检查者为一寓居于脑中小室之内实行其职权的严正短小的鬼怪；也必然不至于指定它的位置，而以为有一“脑中枢”（brain-centre）系检查的影响力所起源之处，那中枢一旦受伤害或消失，则这个影响力必随之停止。目前，我们仅可视它为用以表示一种动态关系的有用名词。但我们也不必因此而不问这个影响力的实施者和接受者各为何种倾向；尤其我们也不必因为知道了自己业已遇见检查作用，竟视若无睹，而感到惊异。

这的确是事实。我们必须记得我们在应用自由联想时，曾有一种惊讶的经验：我们发现我努力由梦的原素，探求其背后的潜意识思想时，不免会碰见一种阻抗作用。我们也说过，这个阻力有时大有时小。阻力若小，则分析梦的工作仅须几个联想便成；阻力若很大，则不得不有冗长的一连串联想，带我们远离那最初的观念，而且一路上必须困难万分地克服因联想而引起的种种批判。这种分析梦时所遇到的阻抗作用，现在乃为“梦运作”内的检查作用：阻抗作用只是客观化的检查作用；由此可证明，检查的力量并不因其促进了梦的伪装而枯竭，或完全被消灭，反之它依旧存留，甚且成为永久组织，其目的即在维持其已造成的伪装。而且，正如分析梦时的阻抗作用之大小随每一原素而异，由检查作用所引起的伪装程度，也随着全部梦中的各原素而不同。由显梦和隐梦的比较研究，便可知有些潜伏的原素完全消失，有些则略有更动，有些则仍呈现于显梦中，毫无改变或更加变本加厉。

然而，我们的目的在发现运作的检查作用到底是何倾向，而受检查的又为何种倾向。这是了解梦境以及人的生活的基本问题，我们如将它解释过的各梦作一概观，便不难答复了。那使检查作用运作的倾向，就是做梦者清醒时所承认或赞许的倾向。你们如果对自己的梦的正确分析有任何抗议，便可知此时所有的动机，实即运作检查作用促成了伪装作用的动机，因此乃有分析梦的必要。请回头看看那位五十岁老太太的梦吧：她的梦虽然未经我们的诠释，但是由她自己看来，则深觉惊异。假如赫尔姆医生（Dr. von Hug-Hellmuth）曾将其梦无可怀疑的意义如实相告，她恐怕会非常愤怒。梦里污秽的话所以变为喃喃之音，乃是由这种批驳拒斥的态度所引起。

但是我们可用这种内在批判标准的观点，来描述梦的检查作用所反抗的倾向。完成后，我们只能说这些倾向往往带有可反对的性质，违反了伦理的、艺术的或社会的立足点，这些我们平时根本不敢想像，即使想到也会深感不悦。最重要的，这些被检查而在梦里伪装的愿望，亦即无限制的、无思虑的利己主义（egoism）的表现；因为做梦者的自我呈现于各梦中，因此占有重要的地位，虽在显梦里也知道遮掩的方法。这个梦的神圣的利己主义（sacro e-goismo）和睡眠时所需有的心理态度确实不无相当的关系：此即和整个外界不发生关系、不发生交涉的态度。

打破一切伦理束缚的自我，乃完全受美育所拒斥、道德律所制裁的性欲本能的支配。而追求快乐——即“原欲”[①] 遂肆无忌惮地选取一般人所禁止的事物作为对象：不仅以他人的太太，甚至以一般人皆视为神圣不可侵犯的——自己的母亲和姊妹为对象，女人则以自己的父兄为对象（甚至那位五十来岁的老妇人的梦也是一个乱伦的梦，其原欲显然是以其儿子为对象）。其他我们所认为反人性的欲望，一旦强烈起来也会引起做梦。憎恨也毫无顾忌地放肆起来；而复仇的愿望、杀人的愿望也屡见不鲜，而且都以至亲至爱者，如做梦者的父母、兄弟、姊妹、夫妇及子女为其对象。这些被禁制、检查的愿望似乎乃是由地狱

① 原欲（the libido），指性的欲动是在本能的根底，亦即引起性欲动的精力。后来广泛的指性本能或生本能根源的精力。——译注

魔鬼所引起；在醒时，对于这种愿望，我们皆认为须加以万分严格的制裁及处罚。而在梦本身，对这种邪恶欲望可不必负责；梦的功用复在保护睡眠使不受侵扰，我想你们都还没有忘记这一点吧。邪恶并不是梦的本性；你们也知道有些梦乃是为了满足正当的愿望和身体的迫切需要。在这些梦里，诚然没有经过伪装，然而也没有伪装的必要，因为它们在行使其功能时，不至于抵触了自我的伦理与美育的倾向。你们也要记得，伪装的程度和下面两个因素系成比例:（1）被检查的愿望如果越骇人，则伪装的程度也越高;（2）检查若愈严格，则伪装也愈复杂。所以一个严受管束而过于拘泥的年轻少女，常会用一种非常严格的检查作用，使梦兴奋（dream-excitations）不得不改变、伪装，其实这种兴奋由医生看来，均明白它是可允许的且无害的原欲，而由做梦者本人在十年后看来，也将会有相同的结论。

除此之外，我们现在仍未有多大进展，你们对我们分析工作的结果大概感到愤怒了。我想我们对此仍然没有相当的了解；然而我们首先仍必须抵御某些可能的攻击。这个研究的弱点是不难看出的。我们的解释乃基于以前所采用的假定：梦确实含有意义；由催眠而得到的潜意识心理活动的观念，可用以解释正常的睡眠；一切联想皆受限制及束缚。现在，如果能将这些假定加以演绎，使分析梦获得可靠的结果，则我们或可断定这些假定是正确的。但是假如我们所发现的正为我所叙述过的那一种，那又如何呢？在这情形下，当然有人要说：“这些结果是不可能的、荒谬的，至少是十分不可能的，因此这些假定必然有些谬误。也许梦终究并不是一种心理现象，或者我们的技术尚有缺点，或许在正常的状态下，一定没有什么潜意识。接受这三种假定，不是比接受那由我们的假设演绎而得的可恶结论，更令人满意吗？”

不错，简单固然简单，完满固然完满，但不会因此更正确。我们尚需时间等待，此刻尚无法遽下判断。首先，我们的解释还会引起一种更强有力的抗议。如果说我们的结果不为一般人所喜好，反为一般人所厌恶，也许尚不是最强烈的抗议理由；我们分析了做梦者的梦，以为其背后有某些愿望倾向，而做梦者则坚持异议，这确实是一种更强烈有力的抗议。有一个做梦者说：“什么？你要从我的梦证明我不愿替妹妹办嫁妆，愿培养弟弟受教育吗？这根本不成问题。为弟弟妹妹勤劳终日，恪尽职责乃是我生活的惟一兴趣，因为我是长子，已以此事允诺我已过世的母亲了。”又有一妇人说：“你说我希望丈夫死掉吗？那真是胡说八道！我的婚后生活不只很快乐，虽然你也许不相信，而且一旦他过世，我就失掉人世间的一切了。”另外一人则说：“你的意思是说我对我的妹妹怀着性欲望吗？这未免太可笑了；我对她毫无恋慕之情；我们兄妹素不和睦，不相谈话已有数年了。”假如这些做梦者既不承认，也不否认那些本属于他们所有的倾向，我们或可毫不为所动；还可以说这些就是他们所不能意识到的事物。然而假使他们在自己内心发现一种和我们所称的愿望相反的愿望，而且以其生命的全部行为，证明这个相反愿望的势力，那么我们便不得不知难而退了。到这个时候，我们尚不宜将这整个梦的分析工作，驳斥为一种引起谬论的工作（reductio ad Absurdum）吗？

不，现在尚非其时。甚至这个较强有力的抗辩，在经过严厉的批评后，也无法站得住脚，而不攻自破。即使在精神生活中确实有潜意识倾向的存在，但是在意识生活中相反倾向之较占势力，也无法证明任何事。在吾人心灵内也许有容纳两种相反倾向或相抵触倾向的位置，彼此并排而立。事实上，很有可能某一倾向的优势，可以决定其相反倾向的潜意识性质。所以前面所提出的第一种反对抗议，只是说分析梦的结果，不仅不简单，而且十分令人不快。对于这一抗议，我们可以说，你们无论如何地喜爱简单，也无法由此而能够解决梦的任何一个问题；一开始你就必须下定决心，接受其繁复关系的事实。至于第二点，你若以好恶作为评判科学是非的动机，便显然大错特错了。如果你发现分析梦的结果，令人不快，或甚至于令人恼羞成怒，又有什么关系呢？“这是无害于存在的”（Ca n’empêche pas d’exister）——正如我尚是个年轻医生时，听我老师沙考[1]如此说过，假使我们要对这世界的实在有所了解，便不得不低首收心，将好恶喜厌之感坦然放在背后。一个物理学家可以向你证明，地球上的有机生命不久必将完全绝种，你必然不敢向他抗议说：“那可不然，我

① 沙考（J. M. Charcot，1825 ~ 1893），法国神经病学及精神医学的学者。对歇斯底里、催眠现象、神经症等有极大贡献：；1885 年，弗洛伊德投效巴黎的沙考门下，目的在研究神经症，从这位硕学之士那儿，他习知心理上是可能发生歇斯底里症状。——译注

不喜欢作此期望。”我想，如果没有第二个物理学家来证明第一个物学家的前提或估计的错误，则你必不会轻率地予以赞成。假如你拒斥你所不喜欢的，而接受喜欢的，那么你只是在重复形成梦的机构罢了，而不是在透彻了解梦。

你也许会放弃这个论点，另外提出一个抗议，而忽视被检查的梦的愿望之不快本质，以为人性绝不至于有这么大的部分竟包含了邪恶。然而你能以自己的经验证实你这句话吗？我且不说你在自己眼光中是什么样的人，但是你可曾见过比你优秀的人和比你低下的人，有如此的善良心地；你的仇人有如此的侠义情操，而你的朋友有如此少的嫉妒心，所以你乃不得不驳斥性恶的观念，反对人性中有自私自利的倾向呢？你岂不知一般人在性生活中，都很难以控制且很难信赖吗？或者你竟不知道事实上，我们在晚上所梦见的一切放辟邪侈，离经叛道的行为，都是我们大家每天在清醒时，所亲自犯下的罪恶吗？精神分析所做的，也只不过证实了柏拉图所说的话：“恶人所实际犯的罪恶，善人只是将之在梦中实现，即感满足。”

现在且不谈个人，而看看现在仍危害于欧洲的大战：试想想那仍在文明世界泛滥、肆虐的暴戾、残酷及诈欺现象吧。你真的相信，如果没有千万个同流合污的追随者，那少数几个杀人满地、腐败不堪的野心家，便能只手遮天，让潜伏的邪恶大肆猖狂吗？你敢在这种残暴环境下，还大言不惭的表示人性不充满邪恶吗？

你也许会攻击我对大战怀着偏见，而想告诉我人类最善良美好及高贵的天性，如英雄侠义，自我牺牲及大公无私的精神，也在大战中表现无遗。这诚然不错，但是你可不要因为分析肯定这一面，便诋毁否认另一面的存在，这是我们屡次遭受的冤枉。我们绝不愿否认人性的高尚，也从未贬损人性的价值。正好相反，我不仅向你显示出有被检查的恶念，也有压抑这些恶念并使之隐而不见的检查作用。我们之所以较着重人类的恶性，是因为别人否认这点，如此不但无法改善人们的精神生活，反而使精神生活难以理解。我们现在如果放弃了这种片面的道德价值观，则对人性中的善恶关系，必可发现更正确的公式。

这个问题可以就此结束了。分析梦的结果虽然奇特，我们也不必因而放弃它的结果。将来，我们也许能够有另一条路，借以更深入地了解这些结果；目前我们只要坚持此点：亦即梦的伪装，乃由于自我有某些可知倾向，检查夜间睡眠时所有干扰之恶念的结果。很显而易见的，我们如果问这些恶念何以出现于晚上，或者这种恶念如何产生，就会发现尚有许多仍须研究和许多尚需答复的问题。

然而假如我们于此时忽略了这些研究的另一结果，则不免大错特错了。我们最初并不知道那些干扰睡眠的愿望；我们所以知道，乃是由于分析梦；所以我们曾称这些愿望为“当时属于潜意识的”，其义已如上述。但是我们必须确实承认，它们不仅是当时属于潜意识的；因为我们已屡次说过，做梦者虽因分析梦而获知它们的存在，却仍不改其否认的态度。此种情形正好像解释“打喷嚏”那一语误时，在餐后，演说者曾愤怒地表示，自己不论是在当时或在任何时候，皆从未对他的主管有轻侮之意。我们在那时候，即怀疑他的辩护是否可信，而以为演说者其实永远不知道，他内心里的这种感觉的存在。每当他们解释伪装繁复的梦时，便不完全遇见相同的情形，因此我们的见解遂有更深一层的意义。我们现在简直可以说，在精神生活中有些历程和倾向是我们所不明白的，所未曾明白的；或者许久不明白，或者竟然永不明白的。这便使“潜意识”一词有了新颖的意义：“当时”或“暂时”等形容词并不是此词的要义，潜意识不仅是“当时是潜隐的”（latent at the moment），也是指“永远的潜意识”（permanently unconscious）。我们于后文，将更进一步讨论这一点。

3. 梦的象征作用

各位！我们已发现阻碍梦的理解，乃由于“梦的歪曲”所致，而梦的歪曲则又为检查不道德的潜意识欲望本能的检查活动的结果。我们当然不敢说，检查作用乃是伪装作用的惟一原因；只需对梦作进一步的研究，便可发现歪曲作用尚有其他原因；换句话说，即使“梦的检查”作用业已消灭，我们仍然无法了解梦，而显梦也不能和梦的隐意互相一致。

看看精神分析术的缺陷，便可对这个使梦更趋难解的又一原因，了然于心了。我早已承认，有时候，被分析者确实无法对他的梦的单独原素引起任何联想。这种情形当然没有如他们所说的那么多，就大多数的例子而言，分析者若坚持不懈，仍可使被分析者引起联想；但是就某些少数的例子而言，确实无法引起联想，尔后纵有联想，也不是我们所需要的。精神分析的治疗中，如遇此种情形，便有意义可寻，但此时暂不讨论；不过这种情形也可发生于正常人的梦的分析中，或我们在分析自己的梦时。在这个情形下，我们发现无论如何地劝诱催促，都实在无法自由联想；我们知道，每当梦中有特殊原素，便常有此不受欢迎的障碍发生；我们最初原以为这只是技术失败的特例，现在才知道这实际上是由于某些新原则作用的结果。

因此我们乃试用己意诠释这些“不引起联想”（silent）的原素，并设法采用我自己的资源来翻译它。而每当我们作此翻译时，常常可得到完满的意义，反之，我们如不用这一方法，梦便显得毫无意义，缺乏连贯。最初我们对这种实验并没有自信，但是由许多相同例子的累积，我们终于充分确定并怀抱信心了。

我在此所陈述的只是一些适用于演讲上的大纲，虽然它较为简略，但绝不至于错误。

我们于是由此对于一连串的梦的原素，均用一个固定的翻译，正如在通俗的论梦的书中一样，梦里的各种事物都有其不变的固定解释。你们该不会忘记，我们应用自由联想法的时候，梦的原素从没有这个固定的代替物。

你们也许会立刻表示，这种分析方法似乎比自由联想法更不可靠，而且更可为人指摘、批评。但是我仍然有些话要说：我们已从亲身的经验中，收集了许多可以引用这种不变的翻译的例子，因此乃知道，分析梦有时可不必借助于做梦者的联想，只要应用我们的知识便已足够。至于如何产生这种知识，我们如何得知其意义，则在本章下半段再讲。

我们把爱的原素和梦的解释间的固定不变关系，称为一种象征（symbolic）的关系，而梦的原素本身则称为梦的隐意之潜意识的象征。你们该记得不久以前，我们研究外在梦原素与其背后隐意之间的不同关系时，我曾提出三种不同关系：以部分代替全体；暗喻；最后是意象。我又曾说过，还有第四种可能的关系，但那时并未明确论及。这第四种关系就是我方才所说的象征关系；关于这一问题，在未提出我们的特殊观察之前，先请对于那些趣味十足的各点，予以相当的注意吧。象征作用也许便是我们有关梦的学说中，最特别的部分。

首先，既然象征和被象征的关系，固定不变，而后者似乎又是为前者的解释，则我们的释梦技术虽然和古代梦占卜者与通俗梦的判断者的理想相去甚远，然而象征主义却在某些地方合乎古人与一般人的观念。由于有了象征，所以能在某些情形下解释梦而不必询问做梦者，其实做梦者无论如何也不能告诉我们象征。假如我们知道梦中所常有的象征、做梦者的人格、其生活的状况，及做梦前的心灵印象等，则我们常常可以立即直接的分析梦；那情形就好像是一见面便可诠释。这种成功不但使分析梦的人自满，也使做梦者叹服；此外，这个方法远胜于麻烦的质问法。然而我们千万不要因此误会：掉花枪、使诡计绝不是我们的技术，而基于象征作用的释梦法也绝不能代替或比拟自由联想法。象征法乃是联想法的补充，而象征法所得的结果，只有和联想法配合才有成效可言，至于我们对做梦者心理情境的知识，你们必须明白，你对于那引起梦的前一天所发生的事情大概一无所知；而那被分析者的联想，才是我们获得所谓心理情境的知识来源。

要特别注意的是，这个介于梦与潜意识之间的象征关系之存在的问题，已引起了最激烈的抗议，尤其是就后文即将讨论的几点而言。不精于判断及立场坚定的人，纵使在其他方面对于精神分析深表同情，可是在这一点上也力持异议。我们如果记得下列二事，则这个行为就更令人感到惊异了：首先，这个象征作用并非梦所特有，也有不是它们所独有的特征；其次，精神分析虽不乏独创卓见，然而梦的象征作用则非创自精神分析。假如我们要举出近代此学说的前人，则当首推哲学家谢纳（K. A. Scherner）；精神分析只是将他的学说加以证实并略加修订而已。

你们或许希望举出一些例子，说明梦的象征作用的性质。我也很乐意说出我所知道的一切，但是我要承认我们的知识并不如我们所期望的那么丰富。

象征的关系在基本上乃是一种比拟（comparison），但却不是任何种类的比拟。我们必会以为象征的比拟受某些特殊条件的制约，虽然我们无法指明这些条件究竟如何。一物一事所可比拟的事物，不仅可呈现于梦而成为象征，反过来说，梦也不以象征代表任何事物，其所象征的只是梦的隐意之特别成分；因此就两方面来说，都各有其限制。我们必须承认，我们目前无法针对象征的概念赋予十分确定的限制。因为它容易以代替作用（substitution）、表现作用等等出现，甚至以暗喻出现。有些象征的潜在的比拟不难看出，有的则必须细求其比拟中所含的共同因素或公比（the tertium comparationis）。有时细加思考便可发现其隐义；有时思考之后，其隐如故。而且纵使其象征确实是一种比拟，这种比拟也不因自由联想程序而显露，做梦者于此虽无所知，却未自觉的用此象征，所以纵使引起他的注意，他也必然不愿承认。可见象征的关系乃是一种特殊的比拟，至于其性质如何，我们尚未知悉。也许稍后我们可以发现一些指示，以透彻了解这未知之物。

梦中以象征代表的事物为数不多。如人体、父母、子女、兄弟、姊妹、诞生、死亡、赤裸，此外尚有一物暂时不提（即指性的关系），代表整个人体所常用的象征，乃是房屋，谢纳也知道这点，只是他所视为这个象征的重大意义，不免有些牵强附会。一个人会梦见在房屋的前面攀缘而下，有时感觉愉快，有时则深感恐惧。如果这屋墙是平滑的，则房屋代表男人；如果有棚架及阳台，则房屋代表女人。父母在梦里现身为皇帝或女王、国王或王后或其他高贵的人物时，其梦的态度是孝敬的。子女、兄弟、姊妹等则较受不良的待遇，往往象征为小动物或小虫。生产的象征常常梦见与水有关的场景；或梦见跌落水中，或由水中爬出；若梦见救人出水，或被人救出水，即象征母子的关系。死亡的象征，则常为出发旅行或坐新车旅行；而表示死亡的状态，则用种种阴晦的暗喻；至于表示赤裸，则反用衣服或制服。由此，你们可见象征和暗喻两种表现形式之间的分界，已逐渐消失。

以上这些事物的象征可说很贫乏，而且数目不多。相较之下，关于另一事物的象征却丰富得令我们不免感到惊讶。我所指的乃是关于性生活的事物——如生殖器、性交、性活动等的象征。梦中之绝大多数的象征乃是性的象征。令人感到好奇的是，和性有关的事物为数很少，而其所用的象征数目则多得不可胜数，所以每一事物皆各有许多同一意义的象征。我们如加以分析，则这种特殊的结果往往引起普遍的怒斥，因为梦的象征方式多彩多姿，而其解释却甚为单调。尽管这是大家所不乐意的；但事实如此，又有何办法呢？

这是我在这些演讲中首次谈到性生活的问题，我自然必须把讨论这个问题的态度略加说明。精神分析对于任何事皆无所隐讳，以为讨论这种重大问题并不必感到羞愧不安；更以为无论何事都须先正名，正名之后才不再有无谓的争辩。此间听众男女皆有的事实，并不会使我感到畏缩，所持态度也没有不同。演讲科学时，不能只求适用于“王室的”（in usum delphini）的脾胃，或只适用于学校的女生，而应一视同仁。座中各位女士既然来此听讲，便已表示她们希望和男人受同等的待遇了。

男性生殖器在梦里有各种不同的象征，就大多数而言，其比拟所根据的共通观念是很明显的。首先，那神圣的数目“三”是整个男性生殖器的象征。其更重要而更为两性所注意的部分——阳具——之象征可为长形直竖的东西，如手杖、伞、竹竿、树木等代表；也可为有穿刺性和伤害性的物体——亦即各种利器：小刀、匕首、枪矛、军刀等；

也可为种种火器：如枪炮、手枪、左轮等，后列各物以其形似，所以是很妥切的象征。少女在梦中感到焦虑不安时，往往梦见为佩刀或佩来福枪的男人所追逐。这也许是最常见的梦的象征，你们很容易就可以自己加以翻译。有时男性生殖器以水所出之物为象征，如水龙头、水壶或泉水；有时则以可以拉长之物为象征：如有滑车可拉的灯、自由伸缩的铅笔等等。其如铅笔、笔杆、指甲刀、铁锤以及其他工具等，显然也是男性的象征。这些皆以男性器官的形状为本，其意义是很容易明白的。

阳具因为有违反地心引力而高举直竖的特性，所以也用气球、飞机以及近代的齐柏林飞船来象征。但是梦仍有其他更有力、更令人印象深刻的象征，来代表阳具的举高直竖，它们使生殖器成为整个人的根本部位，于是做梦者遂梦见自己在飞翔。梦见高飞是大家所熟悉的，而且也是美事一桩，现在如果把这个梦分析为性兴奋的梦或勃起的梦，你们大可不必闻而惊异。精神分析研究者费登[1]曾证明这个解释的可靠性；而以精明能干著称的毛利·佛德（Mourly Void），也曾实验手臂和腿的不自然的姿势，其理论本来与精神分析大异其趣（事实上他最初可能不知道精神分析的存在），但由其研究所得的结果也作同样的结论。你们也不必因为女性也会梦见高飞，遂对我们的学说加以驳斥；你们要知道，做梦的目的在于满足欲望；而妇女往往于不知不觉间，有做男人的愿望。尤其，如果你们熟悉

① 费登（P. Federn，1903 ~ ），弗洛伊德之早年弟子，建立了自我心理学。——译注

解剖学，必然不至于假定，女人不能以同于男人所有的感觉来实现这个愿望；要知道女性生殖器有和阳具相同的部分，即阴核，它在儿童期时及性交之前，确实和阳具占同样的地位。

有些男性的象征，如爬虫和鱼类则较难领会；尤其是著名的蛇的象征。至于帽子和外套为什么也可以做为此种象征，也不易推知，其象征的意义是不成问题的。最后，手脚代表男性生殖器，或身体的某一部分代表阳具，是否也可名为象征，则不无可疑。但是由其部分与全体的关系来看，以女性的相当部位来看，则应不致有此疑问。

女性生殖器则以一切有空间性和容纳性的事物为其象征，例如地坑，洞穴、小孔等，又如缸瓶罐筒等，各种大箱小盒及橱柜、口袋、抽屉等等皆是。船舶也属于此类。有许多象征是表示子宫，而不是表示其他生殖器官、例如碗碟柜、火炉，尤其是房间。房间的象征乃是与房屋的象征互相关联，而门户则代表阴户。妇人的象征则为各种物质中如木头、纸张及其制造品，如桌子、书本等。而从动物界里，蜗牛及蚌毫无疑问可视为女性的象征。而就身体各部分而言，则嘴巴为阴户的象征；至于建筑物，则教堂、小礼拜堂等都为女性的象征；你们由此可知这一切象征，并不是全都同样易于了解的。

乳房也应属于性器官；乳房及女性之较丰满部分，如臀部，乃是以苹果、桃子及水果为其象征。两性的阴毛在梦里则为树林、竹丛。女性生殖器官的位置形状，则常常以有石头、有树木、有水流的风景来代表，而男性器官的构造，则以各种复杂而无法描述的机械来象征。

女性生殖器还有一种可注意的象征，那就是珠宝盒。而“珍珠”、“宝贝”则在梦里代表爱人的象征，糖果则往往用以象征性交的快感。由自己的生殖器而得到的满足，则以各种游戏为象征，包括弹琴。而手淫（onanism）的象征表示，则以溜走、滑动以及折枝为喻，这是很典型的象征。而特别值得注意的手淫的象征，则为拔牙或牙齿掉落。这个象征的主要意义，乃指以阉割去势为手淫的惩罚。至于性交的特殊象征，在梦中则不如我们所期望的那么多，但在此也可举出一些，如有节奏的活动，如跳舞、骑马、登山等，又如遭受暴力的经验，例如为马蹄所践蹈。这种象征又可加上某些人为的暴力，当然包括为武器所胁迫。

你们千万不要以为这些象征的用途和解释都很简单：其实，在各方面所遇见的都常出乎我们意料之外。例如，这似乎是很难令人相信的，两性所用的象征居然可互相交换。有许多象征可用以代表男性和女性：例如小宝宝、小男生或小女孩。有时候，代表男性的象征也可用以指女性生殖器，而女性的象征也可用以指男性生殖器。这是不易理解的，除非我们针对人类对于性的概念之发展拥有若干知识。在许多情形下，这种象征似乎带有歧义，而实则不然；最为显著的乃是如武器、口袋及橱柜等，则永为单性的，绝非两性所可互用。

现在我要略述性象征的起源，不过仅从象征本身，而不从被象征的事物说起。对于取义较隐晦的象征，则要特别的谈一谈。这种比较隐晦的象征，可以帽子或一切盖在头上的东西为例；帽子虽然带有女性的意义，但是亦常常有男性的意义。同理，外套的意义是男人，但也许并不特别表示性器。你们当然可以随时质问何以如此。领带是下垂悬挂的东西，又不是女性所用，显然是男性的象征；而内裤内衣则为女性的象征。至于衣衫、制服乃是裸体或人体的象征，我们前文已经说过了。鞋子与拖鞋则象征女性生殖器。桌子和树木，正如我们所说过，乃象征女性，这虽然有些令人困惑，但仍可信不疑。至于爬楼梯的行动、登山或登楼的动作，显然是性交的象征。更深入的回想，我们会发现这种攀登的有节奏性质，乃是两者之共同点，而也许随之而来的兴奋的增加——如登高考上升时呼吸短促——也是二者所共有。

我们已明白女性生殖器可以“风景”来代表。高山岩石乃是男性生殖器的象征；而花园则往往为女性生殖器的象征。水果代表乳房，不特指孩子。野生动物则指感官兴奋的人，也有指恶欲热情的人。花卉则代表女性生殖器，尤其是处女的生殖器。关于这一点，你们应当记得，花卉原为植物的生殖器官。

房间的象征意义是我们早已知道的，这个象征还可扩大，于是窗户及门户（房间的出入口）遂用以指阴户；房间之开敞、关闭的象征意义，也可以此类推；开房间的钥匙，则无疑的是男性的象征。

这些都是研究梦的象征作用的一点材料；当然它们是不完备的，我们尚可以一边更加扩充，一边也更加深入。然而，我以为你们会认为如此已太多了，你们也许已深感不快，你们会问道：“我确定生活于充满性的象征世界吗？和周遭的一切事物，我们穿的一切衣物，以及我所接触的一切都只是性的象征，而非其他吗？”这些惊奇的疑问确实不无理由，而第一个理由是：做梦者对于梦的象征，既然毫无概念又不说半句，我们究竟如何揣知这些梦所象征的意义呢？

我的回答是：我们知识的来源不一而足：有神仙故事、童话和神话，有笑话和戏语，有民俗传说；有关于各民族习惯、风俗、格言和歌谣的传闻，又有诗歌和习惯的俗语。在这些不同的领域内，处处都有相同的象征，其意义皆可自然了解，不必任何特别指示。假若我们将这些来源一一分述，便可见其和梦的象征作用有许多雷同之点，使我们不得不相信上述解释的正确。

我们曾说过，依照谢纳的见解，人体往往在梦里以房屋为其象征；如果把这象征加以引申，则窗户和大门、小户都可为体腔出入口的象征，而这房屋的正面可平滑无物，或有阳台和棚架。俗语中也可看到相同的象征；例如，我们会说心房，头顶，脊梁、脊柱等。在解剖学内，凡属身体的出入口都称为“户”或“门”，如阴户幽门等。

我们最初听见父母在梦中，会成为国王、皇帝及女王、王后等，不免感到惊异，但是在童话故事里，确有此种象征。有许多童话故事，一开场便说：“从前从前有一个国王和王后。”我们知道其意义仅是：“从前有一个父亲和母亲。”在家庭生活中，儿子有时称为王子，而长子则为太子，国王自称为“万民之父”。有时候，小孩子则被戏称为小动物，例如在康瓦尔（Cornwall）一地，称之为“小青蛙”，在德国称为“小虫”，在体贴孩子、疼爱小孩时，德国人就说：“可怜的小虫虫。”

现在且让我们回头谈房屋的象征作用。房屋突出的各部分在梦里可作攀登之用，这就暗合一句著名的德国俗语，它讲到胸部特别发达的女人时则说：“她有供我们攀登之处”（Die hat etwas zum Anhalten）。此外还有一句与此相同的俗语：“在她的屋前有许多木材”（Die hat viel Holz vor dem Hause），我们曾说过木材是女性母性的象征，这一句话仿佛就是要证明我们的诠释一样。

关于木材一物还有许多话可说。木材何以可代表女人或母亲，是不易看出的，但是如把各国语言加以比较，对我们会有不少助益。德文 Holz（木材）和希腊字 mat 源出同一语根，mat 意即原料、材料。自原料的通名一变而为特种材料的名词，这种化广为狭的历程并非少见。现在大西洋里面有一个岛，叫做马德拉（Madeira），此名为葡萄牙人发现此岛时所定，因为那时岛上有丛密的森林，而葡文“木材”字为 madeira。然而你们一定知道，这个 madeira 只是拉丁字 materia 的变化，而 materia 则又有原料的意思。materia 源出 mater（意即母亲），而制造任何物品的原料都可视为该物品的生母。所以说木材是女人或母亲的象征，我们即援用这个字的古义。

表示生产经常用与水有关的事情：例如我们沉入水中或由水中浮出，那就是说我们生孩子或自己出世。我们可千万不要忘记，这一象征与进化的实际事实之间存在有两重关系。不只人类所由出的一切陆上动物，皆从水生动物进化而成——这是两种关系中较远的一点——而且每一哺乳动物，每一个人，都在水中过第一期的生活——这就是说，尚为胚胎时，生活于母亲的子宫胞衣或羊水内——所以生产时，皆由水里浮出。我自然不主张做梦者都知道这件事；我甚至以为他也没有知道此事的必要。也许他在孩提时代，听人家说过，但我以为这也无关于象征的形成（symbol-formation）。小孩子在育儿室内听说婴孩是鹳鸟带来的，但是这鸟从那里得到婴孩呢？则得自池中或井底——那又是由水中出来了。我有一个病人，他在孩提时代（那时他是个小伯爵）听到此事后，不知跑到那里去，整个下午都不见踪影，最后找到时，才发现他正躺在邸内的湖边，面向着清澈的湖水，一心一意想要在湖底，看见婴孩的存在。

著名心理分析家奥图·兰克曾把神话英雄的降生故事加以比较、研究。在这些神话里，最早的乃是阿卡德城（Akkad）的沙贡王（King Sargon），约在公元前二八〇〇年，把孩子置于水中再从中救出一事，占一重要地位。兰克知道这就是生产的象征，其象征的方法和梦所应用的相同。无论何人如梦见救一个人出水，他便以其人为其母亲，或至少是一个母亲；而在神话里，救孩子出水的便自称是他的生母。有一人人皆知的笑话，说有一个人问一位聪明的犹太小孩说：谁是摩西的生母，这小孩说是“公主”。那人说：“不对啊，她只是将他从水中救出而已。”小孩说：“那是她说的啊。”可见他对于神话的解释，很正确中肯。

出发旅行在梦里乃为死亡的象征；在育儿室内，儿童如果问一个死者或不见了的人到哪里去了，保姆们常会告诉他说，那人已“远行”了。不过，在此我不赞成梦的象征也是由此儿童的回答中起源的观念。诗人也有相同的象征，他说死后的世界是“没有任何旅人能够回来的乌有之乡，”又在日常谈话里，也屡次把死喻为“最后的旅行”，无论何人，假使深知古礼，便知道丧礼或引死者之魂走向西天的仪式，皆非常隆重严肃，例如在古埃及的信仰里，埃及人留下了“死者之书”（The Book of the Dead），他们把它放在木乃伊旁边，作为其最后旅程的指南。由于墓地和活人的房屋总有相当的距离，所以死者的最后旅程也真的成为确实之事了。

性的象征也不仅属于梦。你们都知道有时候侮辱一个女人，会戏呼为“铺盖”（a baggage），也许人们并不知道这便是一种生殖器的象征。新约说：“女人是较脆弱的器皿（vessel）[①]”。犹太人的圣书（其文体相当近于诗）里，也颇多性的象征表示，由于这些象征不常有人正确了解，所以其注释，例如在所罗门的歌内，曾引起许多误会。在后来的希伯来文学内，女人也经常以房屋来代表，门户代表生殖器的阴门；例如男人若知道他妻子不是处女，便说：“我发现这门已开了。”桌子之为妇人的象征，也见于希伯来文学；譬如有妇人说及先生：“我为他把桌子摆开，但是他把它推翻了。”跛足的小孩之所以跛足，乃由于男人“把桌子推翻了。”这些例子我皆引自布伦（Brunn）的

① 彼得前书第三章第七节。——译注

李维（L. Levy）的书:《圣经与塔姆经的性象征》(Sexual Symbolism in the Bible and the Talmud)。

船在梦中意思即为女人，这个信仰也为语源学家所主张，他们说 Schiff（船）的原义为泥造的器皿，而和 Schaff(意即木桶或木制器皿）相同。至于火炉意即代表女人或母亲的子宫，也可证于希腊柯林兹（Corinth）的培里安德王（Periander）及其妻子梅莉莎（Melissa）的故事。据希腊史家希罗德①所述，培里安德王本深爱其妻，但因嫉妒而加以杀害之后，他看见妻子的影子，遂要求影子证明她即是她，于是那已死亡的女人遂说，他（指培里安德）"曾将面包放在一个冷火炉内"，这是一句隐语，非第三者所能了解。又如克蒂斯（F. S. Kraus）所编的《人类生活百态》(Anthropophyteia）一书，乃是研究各民族的性生活所必读的课本，此书说某些地方的德国人讲到生产孩子的女人，便说:"她的火炉已成碎片了。"起火及和起火有关之事，都深含性的象征，火焰代表男性生殖器，而火灶或火炉则代表女人的子宫。

假如你们因为梦中屡用胜境或全景象征女性生殖器，而大为惊异，那么你们从神话便知道，"大地之母"(Mother Earth）这句话在古代宗教仪式所占的地位，而整个关于农耕的观念，也都受这个象征的支配。至于梦中以房间代表女人的事实，你们亦可以在德国的俗语中追溯其起源；德语以 Frauenzimmer（即妇人的房子）代表 Frau

① 希罗德（Herodotus，484 ~ 425 B. C.），希腊史家。见其所著《历史》第五卷九二。——译注

（女人）。那就是说，人可以其住所为代表。同样的，我们谈到土耳其宫廷（The Porte），意即指苏丹及其政府，而古埃及的国王法老（Pharaoh），也只是指“大宫廷”的意思（在古代东方，两重城门之间的宫廷是集会的地方，正如希腊罗马古典时代的市场）。但是这个溯源的推论太过肤浅，依我之见，房间之所以象征女人，乃因为它有“人居住于其内”的性质。我们早已知道房屋含有此义；由神话和诗歌中，我们更可视市镇、城墙、城堡、炮台为女人的象征。只要研究不说德语也不了解德语的人所做的梦，就很容易了解这一点。近年来我所治疗的病人，大多数为外国人，而据我所记得的，他们的梦也同样以房子代表女人，虽然在他们的语言中没有和德文 Frauenzimmer 相当的字。还有一点，象征作用可超出于语言的限制之上，这个事实早已为以前的研究梦的专家舒伯特（Schubert）于一八六二年所主张过。不过我所有的外国病人都略谙德文，所以这个问题只好让那些分析不谙德文而仅知其本国文的外国病人之精神分析家，去做最后的决定。

男性生殖器的象征许多都出于笑话、俗语或诗歌之中，尤其是古典希腊、拉丁的诗歌。然而，我们在这些方面不仅看见梦中所有的象征，也看到许多新的象征，例如各色各样的工具（imple ments），其中尤以锄犁（plough）为最。尤其，关于男性生殖器的象征，范围既大，争论尤多，我们为节省时间，最好存而不论。我想只约略谈一谈一个象征本身，我所指的即是“三”这个数目。这个数目之所以神圣是否因为它的象征意义，我们姑且不谈，但自然界有许多分成三部分或三瓣的事物，如幸运草、金花菜叶等，就因为它们的象征意义而被用作徽章的图式。又如所谓“法国”三瓣百合花，以及相隔甚远的西西里岛和曼岛[1]所用的同样的怪徽章“三脚人”（the trisceles，一个三只脚的人像，其脚跪着由中心向外伸出），也都是男性生殖器的伪装形式，因为古代相信生殖器的形象，乃是消灾避祸之最强大有力的工具；现在所有的护身符或幸运符也许都可以认为是性的象征。这种护身符有以小小的银饰做成的，如四个花瓣的金花菜、猪、香菇、马蹄铁形物、长梯、扫烟囱的人等。四瓣的金花菜系用以代替三叶的，而这个三叶的象征，当然更适合作为象征。猪是古代多产丰饶的象征。香菇显然是阳具的象征，有一种香菇即因为形状非常像阳具，所以学名为“淫根菇”（Phallus impudicus）。马蹄铁形物的轮廓和女性的阴户相仿佛，而扫烟囱的人和其长梯之所以也属于这一范围，乃因为扫烟囱的动作为一般人拟为性交（请参看《人类生活百态》Anthropophyteia）。我们已知道长梯入梦乃是性的象征，而由成语看来，又可见“升登”（steigen）一字完全带有性的意义，例如 Den Frauen nachsteigen（追求女人、追逐女人）和 ein alter Steiger（年老的登徒子）。法文表示“阶段”（step）的字为 la marche，而表示年老的登徒子一词，即为 un vieux marcheur（原文意为登上阶段的老人）。这个联想很可能是以下列这个事实为根据：即有许多大形动物（如狗、马）于性交时，雄性自然会攀登或“骑登”于雌性背上。

① 曼岛（He Isle of Man），爱琴海中的小岛。——译注

折断枝叶为手淫的象征，不仅因为折枝的动作有如手淫，而且在神话里，二者也有颇多类似之点。然而尤可注意的，是以落牙或拔牙为手淫或手淫的惩罚——阉割的象征；我们在民俗里也有这种传说，但只有极少数的做梦者知道。我想许多民族所施行的割礼仪式，即是阉割的代替及相同行为。近来我们知道，澳洲有若干野蛮的原始部落，于成年时须行割礼，以表示该少年已进入成年期、长大了，另有若干附近的部落则以拔牙礼来表示成年仪式。

我想就以这些实例作为本讲的结束。这些只是例子而已；假如搜集这种事例的不是一知半解的我们，而为神话学、人类学、语言学、民族学的研究专家，那么其所搜集到的将更丰富而更引人入胜，我们对于这个问题也必然所知更多了。但是我们不得不在此下一结论，虽然不无挂一漏万之弊，但也足供我们作为思考的材料了。

首先，我们面临如下事实，即做梦者虽然能够作一种象征的表示，但是对于这种象征，不但一无所知，而且清醒的时候，也不再认识。这个事实未免太奇怪了，正如你忽然惊异地知悉你的女佣人懂得梵语，你向来知道她生长于波西米亚的一个乡村内，从未学过梵语一样。这个事实当然不易和我们的心理学说相符合。我们只好说，做梦者所有关于象征的知识是潜意识的，而且是属于其潜意识的心理生活；但纵然有这一假定，对我们也无多大助益。我们从以前直到现在，只假定潜意识的存在，有些是我们暂时不知的，有些则是我们永远不知的。现在这个问题可更大了，我们不得不相信潜意识的知识、思考关系（thoughtrelation)，以及不同事物的比拟，而由于有比拟，所以一个观念常可用以代替另一观念。这些比拟并不是每次皆要新颖的，而是要现成的，临时可以应用的；何以见得呢？因为语言不同、文化不同的各民族，都用完全一致的比拟。

这个象征的知识究竟来自何处呢？语言的习惯只是这个知识源流之一小部分，至于其他方面相当的事实，则大多不为做梦者所知道；因此我们首先须将这些材料加以整理。

其次，这些象征的关系，并非做梦者所独有，或者是象征所以表现的梦运作所独有；因为我们已发现同样的象征，也见于神话和童话故事内，也见于俗语及俚歌、散文、口语及诗歌之内。象征的范围非常广泛，而梦的象征只占一小部分，所以我们不能只由梦入手即想精研整个象征的问题。有许多象征虽常见于他处，却不见于梦中，纵然见之于梦，次数也非常少。另一方面，有许多梦的象征并非出现于每个地方，而且也只是偶尔见于他处，这是你们皆已知道的。我们由此深感象征乃是一种古代所用而今废弃的表示方式，不过这种方式仍片断的存留于不同之处，有些只见于此，有些只见于彼，有些则稍微改变方式而散见于各方面。于是我不禁想起一个趣味十足的精神病人的幻想，他想像世上必然有一种所谓“基本语”(a pri-mordial language，Grundsprache)，而这些象征则为这种基本语的残留物。

第三，你们一定感到奇怪，我所说的见之于其他方面象征，并不完全是以问题性为限，在梦中其象征却完全只用以代表性的对象和性的问题，这又是很难说明的。我们是否要假定那原属于性的象征，后来却用于其他不同方面，而象征的方式又降而为其他表示的方式呢？这些问题都不是仅根据梦的象征便可予以解答；我们惟一能做的是坚决主张，真正的象征和性有特殊密切的关系。

关于这一方面，我们最好请教优普沙拉市（Upsala）的语言学家史必伯（H. Sperber），他的研究工作乃独立于精神分析，不受其影响。他最近曾表示，性的需要在语言的起源与发展上占极重要的地位。他说，动物在进化上初次的发声，即一种招呼性伴侣的工具，而随着后来的发展，语言的元素遂成为原始人做各种工作时所发生的声音。这种有韵律的声音，乃和工作发生联系，于是其工作遂也含有性的趣味。所以，原始人好像是以工作为性活动的代替及相等性质，因而使其工作更为愉悦。而工作时所发出的声音遂带有双重意义，一是有关于性的动作，另一则是关于性的动作的代替物：劳动。久而久之，其字音乃逐渐失去了性的意义和原来用法，而专用于工作。经过几代之后，具有性的意义之另一新字亦复如此，于是此字也改用于新的工作形式上。由此乃形成许多语根（root-wcrd），这些语根本来属于性的意义，后来却失去了性的意义。假如这个说法正确的话，那么我们至少可用作了解梦的象征之方法。梦本保留着这些原始情形的一部分，所以梦中为什么会有这么多的性象征，而武器和工具为什么一般皆代表男性，材料与事物为什么皆代表女性，我们也就可以了然于心。于是象征的关系也可视为与古字相同的遗产；例如古代和生殖器同名的事物，现在可入梦而成为生殖器的象征。

进一步说，我们所有和梦的象征互相平行的事实，皆可以使你们了解精神分析何以引起普遍的兴趣，而心理学和精神医学则否；精神分析的研究和许多的其他学科如神话学、语言学、民俗学、民族心理学（folk-psychology）及宗教学等，有非常密切的关系，而研究的结果又赋予这些学科饶富价值的结论。因此你们一旦知道精神分析的学者曾专以促进这种关系为目的而创办杂志，应不至于感到奇怪才是。我指的是刊行于一九一二年的《心像》杂志[①]，其编者为汉斯·萨克斯[②]和奥图·兰克二人。精神分析和其他学科的关系，最初实是施多于受。精神分析所有令人惊讶的结果，确实是因为有其他学科的证实而获得了许多助益；但是总合而言，精神分析实际上亦供给这些学科以技术性的方法与观点；精神分析应用于其他学科，已证明十分有效。由于精神分析对人类个体精神生活的探究，终于产生了可用以解决人类生活之谜的结果，或者至少也可予这些问题以明确的答案。

至于那假定的所谓“基本语”或以“基本语”为主要表示的精神病，究竟如何可以有最深入、最透彻的了解，迄今我尚未提出任何见解。你们只要不知道这一点，就必然无法领会整个问题的真正意义。我们所指的乃是精神官能症。这精神官能症的材料可求之于精神病人的症状和其

①《心像》（Imago）杂志，为国际精神分析协会之刊物，专门研究精神分析方法及其他人文学科的关系、应用。——译注

② 汉斯·萨克斯（Hanns Sachs，1881 ~ 1947），弗洛伊德初期弟子，是始终忠于弗氏的少数人士之一。——译注

他表现方式，精神分析便是在于说明和治疗这些现象。

我的第四个观点，又指引我们回到原来的出发点上，而把旧话重提。我们曾说过，做梦者纵然没有梦的检查作用，我们要对梦加以解释也很困难，因为我们那时仍面临了把梦的象征语言翻译为日常生活语言的工作。象征作用乃成为梦的伪装作用之第二及独立的因素，而与检查作用并存。检查作用却也乐得利用象征，这个结论是显而易见的，因为二者的目的相同：皆要使梦变得奇怪而无法理解。

我们如进一步深入地研究，就可发现伪装作用的另一成因，下文中我们将作明白的说明。但是在结束探讨梦的象征作用的问题之前，我必须将下述这个令人困惑的事实提出：那就是神话、宗教、艺术与语言中虽然无可怀疑地充满了各种象征，但是梦的象征作用却引起有知识、有教育人士的强力反对。其理由不是大有可能因为象征和性有密切关系吗？

4. 梦的运作

各位！你们如果已了解梦的检查作用和象征作用，那么虽然不能完全掌握梦的伪装作用，但至少可以了解大多数的梦了。你们可以运用的方法有两种，而且这两种方法是相辅相成的：（1）你可引起做梦者的联想，直至能由其潜意识思想的代替物透彻了解其原有的潜意识思想为止。（2）运用你自己的知识，去了解梦中象征所代表的意义。至于由此而引起的疑难之点，且容我们以后再说。

我们暂且回到我们以前，没有充分准备时的尝试，此即冲突梦的原素和梦的隐意的关系。我们主张其间的主要关系共有四种：（1）以部分代替全体，（2）暗喻或暗示，（3）象征关系以及（4）造形言语表现（plastic word-representation），亦即意象（images）。我们现在可以将讨论的范围扩充，而把整个显梦和由分析解释而得到的隐梦，互相比较研究。

我希望你们永远不会再把显梦隐梦混淆为一了。假如你们能将此二者加以区别，那么你们对梦的了解程度，恐怕不是拙作的多数读者所能及。但是我还是要提醒你们，隐梦变为显梦的过程叫做梦的运作（dream-work）；而反过来的程序，由显梦回溯至潜在思想（隐念）的过程，便是我们解析梦的工作；所以解析梦的目的就是在揭露、解除梦的运作。在儿童的梦里，其愿望的满足显而易见，然而梦的运作也多少略有活动，因为白天的愿望往往入梦而变为现实，其思想则变为视觉形象。这种梦可以不必解释；我们只须回溯其变化的经过便已足够。至于其他各式各样的梦，其梦运作的进一步工作，则较为复杂，我们称之为梦的伪装作用。对于伪装的梦，和我们必须做解析的工作，以重建其原来的隐念。

由于我曾有机会把许多种梦的解析加以比较，所以我现在可详细的说明梦的运作，究竟如何处理梦的隐念所含的材料。然而你们若期望全部都能了解，那么这一段说明，最好是留心静听。

梦运作的第一道手续便是凝缩作用（condensation），

所谓凝缩作用，乃指显梦的内容比隐念更简单，有如隐念的一种缩写或节译。有时候可能没有凝缩作用，但是一般而言都有，而且凝缩的程度很高。至于和凝缩相反的作用，例如，显梦的范围较大于隐梦，或者显梦的内容较隐梦丰富，却是绝对没有的。凝缩作用的方法有下列几种：（1）某些潜在成分完全消失；（2）在隐梦的许多情意结中，只有某一片段进入显梦之内；（3）隐梦所共有的性质，在显梦中混合起来，并合而为一。

如果你愿意，不妨保留“凝缩”一词来称呼上述第三种方法，至于其结果则不难陈示。你们且以自己的梦为例，就能够毫不困难地汜得“数人而为一人”的凝缩作用的实例。这种混合而成的影像，在外貌上像甲，但衣着则像乙，在职业上则又像丙，但是你始终知道他是丁。四人所公有的属性，当然特别显著地出于这一人的影像上。而当然也受物件或地点混合的影响，正如人一样，这些物件或地点有若干共同的属性，而为隐梦所特别强调。如此一来，一个新的不稳定的概念形成了，且以这个通性为其核心。凝缩的部分彼此混合之后，便常常成为一种模糊不清的图像，好像是几个照片投影于一个银幕上一样。

这个混合影像的形成，在梦运作上应占有非常重要的地位，因为我们可以证明的形成作用，其所需要的通性，起初看来虽不存在，却是有意造成的，例如，选择一种特殊的语言以表示一种思想。这种凝缩成混合作用之实例，我们在以前曾经见过；它们实为造成语误的重要因素。你们该记得有个年轻人说要“送辱”一位女士（beleidigen

为“辱”，begleiten 为送，混合起来便成 begleitdigen）的例子。有些诙谐的话，其技巧也可溯源至这种凝缩作用。

可是除此之外，我们可以说凝缩作用是不常见而且奇特的。有许多幻想的创造，确实和梦中数人合而为一的现象相当，因为也有许多成分在实际上本不相隶属，而在幻想上却合而为一，例如在古代神话中半人牛马的怪物和无稽的动物，或者画家柏克林[①]的图画中的怪物。其实所谓“创造性”（Creative）幻想，并未曾发明新的，而只是把各方面的材料重新结合而已。至于梦运作的进行程序，则有下述的特色：其工作的材料皆含有若干不愉快而可反对的思想，但是这种思想却确切地形成及表达出来。梦运作即在把这些思想转化成其他形式，而十分奇怪及令人无法理解的乃是，在这翻译为另一文字或语言之过程中，竟采用了混合、交融的方法。在别的地方，翻译者总得保留原文所有的区别，尤其是大同小异的事物之区别；而梦的运作正好相反，它正如诙谐语一样，系采用一种双关语表示两种思想，并加以选择淘汰而把两种不同思想凝缩为一种思想。欲直截了当的理解这一特性相当困难，然而你们可以假定它对于我们在梦运作的概念上，占有极重要的地位。

凝缩作用虽然会使梦模糊难解，却不会使我们感觉到梦的检查作用的影响力量。我们反而会以为它是由于机械的或经济的原因所致；然而无论如何，检查作用却因此更加明显。

凝缩作用的成就有时非常出人意料之外：两种完全不

① 柏克林（Boecklin，1827 ~ 1901），瑞士画家。——译注

同的潜在常混合而为一个显梦，因此我们会以为对于梦已经明显地有了满意的解析，而漏掉第二种可能的意义。

尤其，凝缩作用对于显梦和隐梦的关系，还有一种影响：即二者诸因素之间的关系非常复杂，因为互相交错的结果，遂使一个显在因素同时代表若干潜在因素，而一个潜在因素又可化为若干显在的成分或显梦。我们在释梦的时候，可以看到一个显在因素之种种联想，大抵都不依序呈现；我们如要它们呈现，就必须等到解析全部的梦之后。

因此，梦运作遂用一种特殊的方式表示其梦的思想；既不是一种一个字译成一个字，或一个符号对一个符号的翻译；也不是有明确规则可以遵循的选择作用（例如，只保留其字的子音，而删除其母音），更不是一种所谓的代表作用（represention），以某一元素成分代表其他若干个成分。它所采用的是大异于此而远为复杂的方法。

梦运作的第二道手续是“转移作用”（displacement）。幸运得很，我们并没有遭遇完全新的问题；我们知道，这完全是梦的检查作用的工作。转移作用有两种方式：（1）一个隐念不是以自己本身的一部分为代替；而是以较无关系的其他事物代替，其性质近于暗喻；（2）其次，其重心可由某一重要的原素，转移至另一不重要的成分之上，梦的重心既被移位，于是梦遂呈现出奇形怪状的样子。

我们清醒时的思想，也常常以暗喻来代替原意，但这和梦的暗喻有一重要的区别；在清醒时，我们所用的暗喻在基本上易于理解，而其代替物的内容也必与原意有相当的关联。诙谐机智也常利用暗喻，惟此时不必存在有内容的联想条件，而且为不常见的外在联想所代替，例如取其谐音，或取双关的意义等等。不过这个联想仍然可为人所理解：假如我们无法了解暗喻所指的真意，则笑话的原意将完全丧失。至于梦的转移作用所用的暗喻则无这些限制。它和原意的关联，非常浅淡而疏远，因此不易了解；而且即使这关联一经说明，其解析仍使人有牵强附会之感，或者视之为不成功、不太好笑的笑话。只有我们由暗喻不能追根溯源其原意的时候，这梦的检查作用才算达到了目的。

假如我们的目的在发表思想，则重心的转移作用并不是一个良好的方法；虽然我们在清醒时候，也偶尔采用此法以收诙谐之效。我可以多少告诉你，由此结果所产生出的混乱情况，可以下面的一个故事为例。某村内有一铜匠犯了死罪。法官判决他有罪，但是村内只有他一个铜匠，因此他绝对不可以死，而村内有三个裁缝，于是便挑选其中之一代受绞刑！

梦运作的第三种方法，由心理学的观点看来，最富趣味。这个方法乃是将思想变为视觉形象（visual image）。我们当然要弄明白，并不是所有梦的隐念都有这种变化；有许多思想仍然保留其原形，并在显梦内呈现为做梦者的思想或知识；何况，变为视觉形象也不是思想变形的惟一可能方法。但是视觉形象仍然是梦的形成之基本面貌；而且，正如我们所知，纵使我们承认有一些例外，这一部分的梦运作极少变动；而且每个梦要素之“造形语言表现”，也是我们早已熟悉的程序。

显而易见的，这并不是容易的方法。你们如想明白其中困难，不妨假设你们现在要用几张图画来描述报纸上的一篇政治论文；此时，你们必须把文字完全变为图画。文中所有具体的人物自然易于用图画代表，而且可以代表得更形完美；但是，假使你们要把一切抽象的文字及指示各种思想关系的词语，如关系词、连接词等都变为图画，便立即发生了困难。在抽象的文字方面，你们或许将采用种种不同方法：例如将文内字句先翻译为其他各字，这些字也许较为少见，但其语根的成分较为具体，所以较易用这种方法来代表。你们或许会由此记起抽象的文字原来多为具体的；只是其具体的原义现已消失罢了。因此，只要可能，你们便不免会回溯这些字原来所具有的具体的涵义。例如你们将会很高兴地发现；居然有把“拥有”（Possess）一件事物，回溯至其原义“坐于其上”（possess=potis+sedeo）。这便是梦运作进行的方法了。在这种情形下，你们当然不容易获得精确的表示，同时也不至于责备梦运作之往往将难以图示的成分，勉强变为图画的情形，例如婚姻破裂的观念，还原而为一种破损，如断臂伤腿等。如此一来，你们多少可以克服化字为图的困难。

且看下述一段文字

“神罚”：通奸而引起的手腕骨折。

有位国民兵的妻子安娜 · M 夫人，控告克勒孟提尼 ·K 夫人犯了通奸罪。在其诉状上，她说克勒孟提尼 ·K 夫人在其先生出征时，与 K 先生有不可告人的关系，而 K 先生每月送给她七十元。不仅如此，她早已从安娜的先生处，收受大量金钱，而使原告本人及小孩整日挨饿、贫苦度日。她丈夫的同僚曾告诉原告说，被告与原告丈夫曾一起至酒店寻欢，并痛饮至深夜。而被告实际曾经当着许多士兵的面前，要求原告的先生，早日离开他的“黄脸婆”，以便和她共同生活。而被告房子的管家，亦曾屡次看到原告的丈夫一丝不挂地在被告房间内。

而在判决的前日，在法官面前，被告矢口否认认识原告先生：她说，当然他们的亲密关系更不用说是完全无稽之谈。

然而证人 M 先生，却证明曾惊讶地看到被告亲吻原告丈夫。

原告丈夫曾在前几次的审理中作证，否认他与被告有任何亲密关系。然而昨天却手持一封信拿给法官，信内写着撤回其原证言，而承认他直到去年七月为止，确实与被告发生了暧昧关系。在前次审理中，他之所以否认他与被告的关系，只因为她在开庭前，曾到他那儿，并下跪求他救她。这丈夫在信中写道：“今天，我感到必须在法庭上面完全认罪，因为我的手臂受伤了，而我认为这是上帝对我罪恶的惩罚。”

法官认为犯罪行为的时效已过，犯行是去年的事，因此不成立，于是原告撤销某控诉，而被告被释放了。

这故事就是上文所述以手臂损伤表示婚姻破裂的注解。

有些表示思想关系的词语，如“因为”，“所以”，“然而”等，如果要用图画表示，确定不那么容易。因此，这些部分只好缺而不用。同理，梦的思想之内容，也因梦的运作而化为“原料”（raw material），包含了人物及活动。假使你们能用更精致的影像，表示那些非图画所能形容的关系，也许便可以心满意足了。同理，梦运作遂以其显梦形式的怪异形状、明白式隐晦，或分成几部分等，来表示大部分的隐念。一般而言，梦的分段数目和梦的主题或起伏的隐念的数目相当；一个简单的梦，往往为后来长梦的先导或起因；因而显梦内情境的改变，则为次要的梦的隐念之代表。因此梦的形式也非常重要，必须加以解析。同一晚上的数个梦，往往只有同一意义，其系表示做梦者曾努力将一个强有力的刺激，加以渐臻完满的控制。而在单独的一个梦中，则特别困难的元素，可用“双重”（doubling）象征，即一个以上的象征为其代表。

假如我们继续把梦的隐念和显梦互相比较，则无论在哪一方面，皆可发现出人意外的事实；例如梦中荒谬绝伦的事实也有其意义；事实上，在这一点上，医学上与精神分析上的释梦观点，存有更显著的区别。依医学上的观点看来，梦之所以荒谬，是由于做梦时，心理的活动暂告停止；依我们的观点看来，则梦之所以荒谬，是欲将隐念指摘谬误的意见宣示出来。以前我曾说过一个听戏的梦（一个半 florin 买三张戏票），可作为极佳实例；它所要宣示的意义乃是：“结婚如此之早，未免太荒谬了。”

同样的，解析梦时，我们会发现，做梦者往往怀疑及不能确定某一元素曾实际入梦，及入梦者是否就是这个元素而非其他；这种怀疑不决的用意，我们也可揣想而知。一般而言，在梦的隐念中确定没有和这些怀疑及不确定相当的事物；怀疑完全由检查作用所引起，是由于阻抑不能完全成功所致。

我们的惊人发现之一，乃是梦运作处理与隐梦相反意念的方法。我们早已明白，隐梦中的共同成分在显梦中凝缩为一。但是相反的意念也和共同的意念受相同的待遇，也常用同样的显梦成分表示出来。显梦的成分可有正反二面，而其所代表的意义共有三种：（1）仅代表本身的意义，（2）仅代表反面的意义，（3）兼表示正面和反面的意义；解析梦时如何取舍，便需看前后关系而定。所以梦中如果没有“不”要的代表呈现，至少也会有双关的词语。

幸好在语言的发展上，有与梦运作的这个奇怪行为相类比的情形。许多语言学家都主张，最古老的语言中，所有相反的字，如强弱，明暗，大小等对立，都用同一语根表示（原始言语相反之意思的问题 antithetical sense of primal words）。例如古埃及语中，“ken”原用以同表示“强”和“弱”。说话的时候，因音调和姿势的不同，使两个相反意思的语言不致引起误会；在作文时，则加一所谓“决定词”（determinative）：一种不以口语表示的图画。例如“ken”之后，若画一个挺胸直立的人，则其义为“强”，否则，如画一个屈膝跪地的人，则其义为“弱”。只是到了后代，同一原语的两个相反之意，才因语根的小变化而表示两种不同的意义。例如由兼有“强弱”两义的“ken”

一字衍生而成“ken”（意为强）和“kan”（意为弱）二字。不仅最古老的语言如此，即使是较近代的语言，或甚至连目前仍在活用的语言，发展到了最后的阶段，也保存着许多早期所有的两个相反义之字。我在此将引用若干阿贝尔（C. Abel）著作（一八八四）内的实例说明如下：

在拉丁文中有下面两个相反义之字：

altus= 高或深　sacer= 神圣或邪恶

语根变化的例子如下：

clamare= 高呼　clam= 静静地，沉默，秘密地

siccus= 干燥　succus= 液，汁

在德文中 stimme= 声音　stumm= 哑

如将相近的语言加以比较，就可得到许多例子：

英文：lock= 关闭　德文 loch= 洞，穴 lücke= 裂隙，沟

英文：cleave= 分离，黏附[①]

德文：kleben= 黏着，附着

英文：“without”（无，除外）原本兼有正反二义，现在则只用以表示否定之意。但是“with”一字很明显的不仅有“偕同”之意，而且也有“剥夺”（depriving of）之意，看“withdraw”（取消、退缩）“withhold”（阻止）等字即可明白（德文 wieder[②] 一字可用来比较）。

梦运作的另一点也在语言发展上表现出来。在古代埃及语及其他后来的语言内，借声音的位置变换，一前一后，

① 英文 cleave，现仍有二义，to cleave（分离），to cleave to（黏附）。——译注

② wieder 是除“再次，重新”之意外，也有“放回原处”的意思，——译注

造成不同的字以表示相同的基本观念。英文与德文的这种平行例子如下：

Topf（pot）—Pot Boat—tub

Hurry—Ruhe（休息 rest）

Balken（beam）—Kloben（club）wait—täuwen（等待）

拉丁文和德文平行的例子如下：

capere—packen（握，捉）ren—Niere（肾）

梦运作所变换单字音节的方法不一而足。意义之倒置是我们十分熟悉的，例如以相反的字互相代替，但是除此之外，梦中尚有情境的倒置，或者两个人之间的亲属关系的倒置，仿佛身入荒唐奇妙的世界。在梦里，猎人追兔往往变为兔追猎人。而事件前后的次序也经过倒置，所以因随果后到了梦里则变为果在因前，使我们想起二次戏院中所演的戏剧，主角先倒地而死后，致其死命的枪声才由两侧传出。有时梦内各成分位置被颠倒，所以解析的时候，位置最后的成分改放在前，而位置最前的成分反放在后，如此才有意义可言。你们当记得，在梦的象征作用里也可发现这个现象，例如落水和出水，与浮出水面有相同意义，亦即表示生产或诞生，而上梯或上楼的意义也和下梯的意义相同。我们一定要明白，表现梦的隐念之不受限制的自由，乃是有利于梦的伪装作用的。

这些都可称为梦运作的特征是“太古的”。这个特征是古代的表现体系，它们依附着语言文字，如果要解释时带有同样的困难。关于这一点，我们在后文评论有关这个问题时，将再加以谈论。

现在让我们讨论这个问题的其他方面。梦运作所要完成的事，显然是将以文字所表现的隐念，转化成为知觉形式，尤其是视觉的形象。我们的思想原本就是取这种知觉的形式；其最早的材料以及其发展的最初期，便是感觉印象（sense-impressions），或更正确地说，是这些感觉印象的“记忆图像”（memory pictures）。到了后来，才有文字附丽于这些图像，连结起来而成思想。所以梦运作使我们的思想有一种“退化还原程序”（regressive process），而重蹈发展所经的故迹；因此在这种过程中记忆图像发展成为思想时，所有一系列的新生物，皆不得不随之而消失。

这就是我们所谓的梦运作的意义。了解了梦运作的程序之后，我们对于显梦的兴趣，便只好退居次要的地位了；然而，我仍然要对显梦略加叙述，因为我们在梦里直接觉知的部分，毕竟只有显梦。

显梦在我们眼里已失去其重要的地位，这是理所当然的。奇怪的是，对于它究竟是慎重地组合而成，或是分裂成为一连串不相干的图像，我们皆毫不在意。甚至梦的外在表面，明显看来含有意义，但是我们仍知道这种表相，乃由于梦的伪装作用所致，和梦的内容没有有机（organic）的关联，正如由意大利教堂的门面，无法推知其中大概的构造和地基的设计。然而有时梦的表相（facade）也具有意义，它赤裸裸地成为无伪装地表现隐念的重要部分。但这是我们无法知道的，除非我们解析了梦而且明白了其伪装的程序。有时两种成分似乎关联密切，但我们也感到怀疑；由这种关联看来，虽然能够推想其隐梦里的相当成分也有类似的关系，然而我们有时可深信，隐念中相关联的成分，于梦中反倒远远地隔离分开。

一般而言，我们绝不能尝试以显梦的另一部分来解析显梦的这一部分，仿佛梦是互相连贯的观念与表里一致的表现似的。就大多数的梦而言，其构造实无异于岩石（Breccia stone），以水泥将各种石片互相黏附，使其表面上的界线已不再是其里面各石片的原来界线。实际上，梦运作的所谓“二度润饰作用”（secondary elaboration），其目的在于把梦的工作一次的成果连接组合成为一个连贯的整体；在润饰过程中，其材料往往排成和隐念背道而驰的次序，令人无法理解，而为了达到这个目的，于是交错穿插无所不至。

然而另一方面，我们亦不必过分夸张梦运作可能有的成就。它的活动定以本文所述的四种为限：即整个梦的凝缩作用、转移作用、造形表现，及二度润饰作用。除此之外，即英雄无用武之地了。梦中所有判断、批评、惊奇或演绎的推理等表现，皆不是由梦运作所产生，而且也很少是后来对梦反省的表现；但是它大部分都是隐念的片段，改变成和全梦相合的一式，然后进入显梦内。梦运作也无法创造梦中的会话；除了少数例外，都仅仿自做梦者目前所闻所见或所说的话，它进入隐念中而成为梦的材料或诱因。其他如数目的计算也不属于梦运作；显梦中如有计算也都仅为数目的混合，或名不符实的估计（pseudo-calculation），显得十分荒谬，或者只是隐念中所有计算的副本。在这种情形下，难怪我们对于梦运作的兴趣不久即转向于隐念，而隐念则以伪装的形式在显梦中流露出来。然而我们在学理的讨论中，也不应使兴趣转移太远，以致用隐念代替全梦，而以适合于前者的评语妄加于后者。精神分析的结果竟然会使人把此二者混淆，这可真奇怪了。我们要知道，“梦”一词，只适用于称梦运作的结果，亦即隐念受梦运作的处理后所得到的形式。

这梦运作乃是很别致的程序，在精神生活上可算是绝无仅有。所谓凝缩作用、转移作用，及思想还原变为影像等作用，都是新奇的发现，也都是我们在精神分析上努力的成果。你们更可由和梦运作平行的现象，知道精神分析和其他研究之间的关系，尤其是关于语言、思想发展的研究。将来你们如果了解梦运作的机构乃是形成精神官能症症候群的一种范本，便可领会这种洞识的重要性。

我十分了解，我们对于梦的研究，尚未能充分在心理学上提供新的贡献。但我们起码可提出下面两点：(1) 这种梦的解析研究可用以证明潜意识的精神活动——因为它实在是梦的潜在思想——的存在；(2) 解析梦的结果可使我们知道心灵的潜意识生活，想不到会得到这么多的启示，实非我们所能意料。

现在，我认为该举出几个简短的梦，以说明我前文所述各点的时候了。

5. 梦的实例分析

各位！现在我仍然把解析梦的片段指示给你们，而不邀请你们参与大规模的梦的解析工作，你们千万不要失望。你们或许会以为长期预备之后，总该有解析长梦的机会；或者你们会深信，在完满地解释几百个梦之后，应老早就可以举出许多有趣的好例子，以证明本人对于梦运作及梦的隐念之理论。这诚然不错，但是要满足你们这个愿望，困难仍然太多。

首先，我必须承认，没有人会把梦的解析工作当作他的主要事业。那么究竟在何种情形下，我们才会解析梦呢？有时我们也许会毫无特别目的地研究一个朋友的梦，或者长期研究自己的梦，以作为精神分析工作的训练；然而一般而言，我们所研究的主要都是接受精神分析治疗的精神官能症病人的梦。这些人的梦，其材料的丰富不亚于常人，而解析他们的梦为的就是要治疗他们的病，我们一旦能从这些梦里获得有利于治疗的事物，即不再一一加以解析。此外在治疗时，有许多的梦完全不能充分加以解析；因为它们起源于潜意识的材料，而这些材料尚非我们所能明白，所以在治疗未奏效之前，就没有了解这个梦的可能。在把这些梦加以论列之前，须先将精神官能症的一切秘密和盘托出；但这点我们无法办到，因为我们研究梦的问题，目的是在作为研究官能症的预备。

现在我希望你们会愿意放弃这种材料，并听听对正常人或你们自己的梦的解析。然而这些梦的内容往往是不便解析的。如果梦的解析很彻底，便无法避免忌讳，这对自己、对朋友都不好接受；因为你们已知道，梦常不免触及人格之最秘密的部分。除了这个由材料性质而引起的困难之外，还有一种关于述梦的困难。你们皆明白，梦对于做梦者本身而言似乎是陌生而奇异的；在不明其人格的别人看来，其令人万分惊异更不在话下。有关精神分析的著作内，不乏精巧而详尽的梦的解析；我自己也发表了若干解析，用以说明某些病态例子的发展史。关于解析梦最好的例子，或许首推兰克所发表者，内载一位少女的两个梦的分析。这些梦的记述约占两页，而其分析的叙述则占了七十六页。如要详细说明，恐怕须费一个学期。假如我们选取一个冗长而多伪装的梦，便不得不加以多重解释，将这许多材料化为联想及回忆，而且还要曲路旁通，以求佐证。光是一次演讲必然不敷时间，不足以给其梦一明确的观念。因此，我不得不请你们稍安勿躁，我将选取一个较容易的办法，亦即从精神官能症病人的梦里，略述几段，明示其一、二特点。象征乃是最容易陈示出来的，其次是梦的表现作用退化还原程序的种种特点。下列各梦都值得一述，其故何在，待我们慢慢讨论。

一、有一个梦只包含两个简略图像：做梦者的叔父正在吸烟，虽然那天是星期六。——一个妇人正抱着做梦者加以爱抚，仿佛把他当作小孩子。

关于第一个图像，做梦者（一个犹太人）说他叔父是一个虔敬的宗教信徒，从未在安息日吸烟，将来也绝不至于如此妄为。第二个图像的妇人，只让做梦者想到其母亲。这两个图像或两种思想，必然互相关联，然而究竟如何关联呢？因为他明白否认其叔父在实际上会做出如梦中的行为，所以“假设”的情况，立即可在梦中插入。“假如以我叔父这么虔敬的宗教信徒，也在安息日吸烟，那么我也不妨让母亲爱抚我了[1]。”这显然是说，为母亲所抚抱及在安息日吸烟，同为虔敬的犹太人所严禁。你们该记得，我曾说过梦的隐念的所有一切关系，在梦运作中都消失于无形，其思想则分裂成片段的材料。解析梦的工作就是要把这些已经删除的关系，重新补入。

二、我对于梦曾有许多著作问世，因此社会上遂把我当做梦的公共顾问，这许多年来，各方面都有信来描述梦，而且征求我的意见。这些人供给我许多材料，使我有解析梦的可能，有时他们且自愿提出解析，我对他们自然感激不尽。下面是慕尼黑一个医科学生的梦，做于一九一〇年；我引述这个梦，为的是要使你们知道做梦者没有把他所知道的一切相告，那么，欲了解这样的梦绝不是一件容易的事。我认为你们内心之中，必会以为翻译象征乃是解析梦的理想方法，所以必会摒弃自由联想法；然而，我必须打消你们这种谬见。

据该学生所述，一九一〇年七月十三日天将破晓时，他做梦如下：我正在杜平根[2]骑自行车上街，忽然有一只狗随后追来咬住我的鞋跟。我往前几步，即行下车，坐在石阶上。因为狗紧紧咬住我，所以我遂用力打狗赶它走开（狗之咬我及这整个经过却也引起快感）。同时有两位老太

① 星期六是犹太人的安息日，所以这一天只吃蔬菜，当然也严禁烟、酒。——译注

② 杜平根（Tübingen），德国的一个城市。——译注

太坐在对面，面带狞笑注视着我。我于是醒过来，而正如前次做梦时一样，逐渐清醒而且逐渐明白全部的梦。

就这个例子而言，象征对于我们无多大帮助，但是做梦者继续对我说：“我最近在街上看见一个女人，我非常爱慕她。然而苦无自我介绍的方法。我很希望以她所豢养的狗为媒介而和她认识；我原是一个喜爱动物的人，知道她也如此，不禁大为所动。”他又说自己曾几次看见狗相斗，而技巧地将它们分开，以致旁观者皆大感惊喜。我们又知道他所爱慕的女子经常和这一特别之物——狗一起散步。但是在他的显梦内不见女子，只见其狗。也许那狞笑而注视他的老太太即是女子的替身，但是他所说出来的并不能使此点明白无疑。至于梦见骑自行车则仅为他所以得此情境的写照，因为他每次遇见这女子和狗都是在他骑自行车的时候。

三、当人们在最亲爱的人死了之后，往往会有一相当时期做一个特殊的梦，将其人已死的事实和自己希望他复生的愿望，互相调和。有时死者在梦中虽已死亡，但却似乎仍然活着，因为他不知道他已死亡，好像是知道了之后，他才真正死亡。有时候，他似乎半死半活，又活又死，而其情境皆各有其特殊标记。这些梦不能说是全无意义的，因为复活一事在梦里和在童话故事里，同样是被允许的，而童话故事中的复活为常有的事。据我分析这个梦的结果，似乎皆可予以一种合理的解释，然而要死者复活的愿望常常容易有最奇异的表现。我想针对这种梦择述其一，其梦之荒谬实在显而易见，而其分析的结果则可用以说明上述理论中所指示的各点。做梦者是在数天前失去了父亲，其梦如下：

我的父亲已过世，但却从棺木中起来，面有病容地继续活着，但我却尽力阻止他注意到这点……然后他又梦及他事，愈梦愈远。

我们已知道其父逝世。可是，说尸体被挖出来并非事实，但事实上，真正的问题是和其后各事无关的。做梦者又说自己送葬回来，有一蛀牙开始疼痛。犹太人有一格言说："牙齿如使你作痛，就把它拔掉。"他想按照格言去做，因此去看牙医。但是牙医说这不是治牙的方法；牙痛贵能忍耐。他又说："我要放一些药在牙内，杀死齿下神经，你三天后再来，我会将已死的神经取出。"做梦者忽然又说："这'取出'在梦中便成为'起葬'了。"

他的话对吗？其实这件事的平行关系不是绝对的；因为取出的不是牙齿，而只是牙齿已死的部分。根据我们的经验，梦运作是可以有这种遗漏的。我们必须假定做梦者因为凝缩作用，把已逝世的父亲和已死而尚留在口内的牙齿合而为一。难怪其显梦如此荒谬，因为很明显的，关于牙齿的一切说词皆不适用于他父亲。然则其父亲和牙齿之间究竟有什么类似点呢？

这种类似点必然存在，因为做梦者又说他知道俗语说，如梦见失落牙齿，就是家中有人要过世的预兆。

我们知道这俗语的解析是不对的，或者至少该以十分曲解的意义来说，才算正确。因此我们事实上会更感到惊异，因为我们竟能于梦内容的其他成分背后，发现梦的真义。

我没有再加追问，而做梦者又开始细述其父亲的病和逝世情形，以及父子间的关系。他父亲卧病很久，这儿子由于长期侍候和治疗病人，因而花费了不少金钱。但他仍然毫不介意，耐心亦未减少，也绝没有希望父亲早死的念头。他颇自豪于自己能不违背犹太人的孝敬观念，且坚守犹太人的守则。因此，他的梦中隐意遂稍有矛盾之处，足以使我们感到惊异。他曾把牙齿和父亲混而为一。他一方面要以犹太方法治疗牙齿，以为病痛的蛀牙必须立刻拔掉。另一方面又要以犹太法律来对待父亲，以为做儿子的不应顾惜花费或精神上的损失，必须负担整个责任，不可对父亲有任何怨恨。假如做梦者对于生病的父亲和对于蛀牙有相同的情感，或者换句话说，假如他希望父亲的病痛和花费庞大的生活，都可因死亡而早日完结，那么二者情境的相同不就可令人信服了吗？

我毫不怀疑，在事实上，这是他对久病的父亲的态度，我也相信他所以自豪孝顺，其实乃是在于阻止自己的这种念头。一般人在类似的情况下，往往不完全希望父亲早日过世，而又文饰其词，以为“这对父亲也算是慈悲的解脱”。然而我希望你们特别注意，此时隐念上的藩篱已经塌陷。我们可以相信其思想的第一部分乃是暂时性的、潜意识的，换句话说，只为其梦运作的实际进行；另一方面，对于父亲的厌恶感，则或许是起源于孩提时代的永远的潜意识，而这个隐念在其父久病中，隐藏起来并伪装潜入意识内。对于形成梦的其他内容的隐念，我们更可以确定的作此主张。梦中虽然没有对父亲怨恨的表示，但我们如果研究这种在孩提时代怨恨父亲的起源，就能明白他之所以畏惧父亲，乃由于他在童年时期有过手淫行为，而他父亲则往往加以禁止。到了青春期后，他父亲基于社会道德的动机，一再压抑他的性行为。这就是做梦者和父亲的关系；他对于父亲的情感略带敬畏的色彩，而其敬畏的起源则由于早年手淫之被禁止。

我们现在由其手淫的情结[1]，便可解释其梦中的情节了。“他面有病容”实暗指牙医的另一句话——“这里若没有牙齿，就不好看了”——但是同时又暗指青年在青春期内因纵欲过度而流露或怕自己流露的“病容”。做梦者在显梦里的病容由自身转移给父亲——这是梦运作的拿手好戏——精神上便如释重负了。“他继续活着”这句话也一方面指求父复活的愿望，另一方面指牙医留牙不拔的允诺。“我尽力阻止他注意”，其所要注意的当然是指“他已死”这一事实；但又可指手淫这一情结。事实上，年轻人当然会设法遮掩其性生活，以免其父亲知悉。最后，我要告诉你们，所谓“牙痛的梦”通常暗指手淫，和怕手淫所招致的惩罚。

你们由此可见这个不可解的梦，如何因下述三方面而形成：（1）迷离曲折的凝缩作用，（2）将隐念所有一切的中心思想完全删除，（3）造成双关、暧昧的代替物，以代表起源最早也最深入的隐念。

四、我们早已屡次设法了解那些平凡而为社会道德所

① 由自慰的罪恶感所引起，带有不安的观念群。——原注

不允许的梦，它们本身丝毫没有荒谬怪异之处，但却引发以下这个疑问：为什么我们会梦见这种无聊的琐事呢？因此我现在要引述这种梦的一个新例子。此例只有三个梦，发生于同一个晚上，而且互相有关系，做梦者为一少女。

（1）她正从屋内大厅走过，她的头忽然和灯架猛撞，以致血流如注。此事在现实经验中确实未曾发生过；她的说明如下，颇耐人寻味：“你知道那时我的头发可真令人害怕。昨天母亲对我说：‘好孩子，你如果一直如此，你的头将光秃得如屁股了。’”可见这头其实是下体的代替物。至于灯架的象征，不必做梦者诠释，我们自然可以了解：凡属可以拉长的物体，都是男性生殖器的象征。因此这个梦的真意乃指身体之下端因和阳具接触而流血。此外尚有其他意义；由做梦者进一步的联想可知此梦和下面一个信仰有关：月经来潮乃由于和男人性交的结果，这是少女对于性的事件的一个普遍的观念。

（2）做梦者在葡萄园中，看一个深穴，她知道此穴是由于树根拔去所致。关于这点，她说：“树已不见了。”意即她在梦中未见有树。但是这句话却表示另一想法，可使我们毫不怀疑地相信其象征的诠释。这个梦乃指另一有关于性的幼稚的见解，以为女孩本来有和男孩相同的生殖器，后来因被阉割（树根被拔去），所以有了不同的形状。

（2）做梦者站在书桌的抽屉前，这是她非常熟悉的，所以一旦有人动她的抽屉，她便可立即知道。书桌的抽屉，正如一切抽屉、箱柜、盒子，都是女性生殖器的象征。她知道性交（或者据她的意思，任何接触）之后，生殖器便会露出发生过此事的痕迹，而这是她一向害怕的。我以为这三个梦的主要重心，皆在强调“知晓”（know-ing）这一个观念。她记得孩提时代对于性的事件的探索，而此探索所得到的知识乃是她当时所深感骄傲的。

五、这里又是象征作用的一个例子。但是我想在此把做梦者做梦前的心境作简要的叙述。一个男人和一个女人正在恋爱，而共渡一个晚上。他描述那女人的本性为母性的，每当互相拥抱时，她就有生孩子的愿望。但是他们俩幽会的时候，却不得不设法阻止精子侵入子宫，因此乃以早泄方式解决。次晨醒后，那女人说她做了下述的梦：有一戴红帽子的军官在街上追她。她力图脱逃，跑上梯子，他则紧迫在后。她气喘如牛地逃入房里，把门紧闭加锁。那男人被摒于门外，她由门的钥匙孔窥看，看见他坐在门外的椅子上流泪哭泣。

红帽军官的追逐和气喘如牛的上楼梯之事，一看就知道是交媾的象征。至于做梦者把追逐者关在门外，则和梦中发生的移置作用一样，因为事实上，在交媾完毕前即引身而退的是那男人。同理，她把自己的悲痛之情，投射至男人身上，因为在梦里哭泣的是他，而他的涕泪则为精液的代表。

你们一定曾听人说过，精神分析以为一切梦都有性的意义。现在，你们自己至此即可知这个责难是不正确的了。你们已知道那些满足愿望的梦，是用以满足那些最显著的需要——如饥饿、口渴，以及渴望自由——安乐的梦（comfort dream）及不安的梦（impatient-dream），以及贪欲自私的梦。但是你们可要记得，依据精神分析的结果，那些伪装作用特别厉害的梦，大部分（但也有若干例外）都是性欲的表示。

六、我所以给你们这许多梦的象征的实例，是有特别用意的。在第一讲里，我曾说过，要你们相信精神分析的发现，确是一种十分困难的工作，现在你们无疑的该同意我的话了。不过精神分析的各个主张皆彼此相关密切，所以只要相信了一点，便很容易使你们接受其整个理论的其他各点。我们或者可以说，你们如果肯举起一小指头赞成精神分析，不久你们就会举起整只手了。假使你们承认有关过失的解释是令人满意的，那么在逻辑上，你们便绝不至于怀疑其余各点。梦的象征作用也算是引发这种信仰的捷径。我现在告诉你们一个以前已经发表过的梦，做梦者是一位穷苦环境中的女人，她先生是一个更夫。你们可以确信这样的一个女人绝不至于对于梦的象征作用和精神分析有所闻知。因此你们自己便可判断，我们由性的象征而得到的解析，究竟可否视为胡说或牵强附会。其梦如下所述：

“……于是有人破屋而入，她在惊恐中大呼更夫。但是那更夫那时已进入一个教堂内，同时有两个无业游民陪着他。教堂门前有几个石级，后面有一高山，高山上是一片森林。更夫身披甲胄，颔下有甚多棕黄色的胡子，那两个无业游民静静地和更夫同行，腰间穿着形状有如袋子的围裙。由教堂到高山有一小路，两旁生有短草矮树，愈高愈密，而到了山顶则有丛密的森林。”

你们将毫不困难地认出此梦的象征：男性生殖器以三个人的“三位一体”为代表，而女性生殖器则被象征为有高山、教堂、森林的风景，至于性交的象征，就以登梯的行为表示。梦中所谓“高山”的部分，即人体的一部分，与解剖学上所谓的“阴阜”（mons veneris）相同。

七、我现在想再叙述一个也可以象征来解释的梦。尤其，这个梦的做梦者虽然缺乏理论上的知识，但却能解释其所包含的一切象征，因此这个梦遂有更引人注意和可信的价值。这是十分奇异而不寻常的情形，而我们对于其所由起的情境也缺乏明确的观念。

他正和他父亲在维也纳的公园内散步时，看见一个大圆室，室前有一小屋，屋内有一个被绑的氢气球，看起来似乎很松软。他父亲问他这气球有何用；这儿子很奇怪父亲何以有此疑问，但也加以解释。不久他们走进一个内铺有一张大金属片的天井。父亲想剥取一大片金属薄片，他先举目四望，怕被人看见。他告诉儿子说，自己只须和管理员说一声，便可取了。由天井下去，经过几个石级，便可直抵一洞，洞之两旁覆有软垫，仿佛皮椅一般。洞底有一长长的高台，台后则又有一洞。

以下是做梦者自己的解析：“那大圆室代表我的生殖器，至于被绑的气球则为阴茎的象征，因为我嫌它太软弱了。”更详细的说明则如下述：大圆室代表臀部（小孩往往以为此处是属于生殖器），前面木屋则为阴囊。在梦里，他父亲问他生殖器究竟有何用或何种功能。这个情境显然应该倒转过来，发问者乃是这儿子才对。因为实际上这些问题从未提起过，所以我们必须将梦的隐念当成一个假设的愿望或假设的情况：“假如我曾问我父亲要他说明……”这个隐念的结果，我们立刻可以明白了。

铺有金属薄片的天井最初不能用象征加以解释，但暗指其父亲的营养场所。由于我有所顾忌，所以用金属来代替他在梦中所述的真正的营养品；此外对于梦中言词全未更动。做梦者曾承习父业，深耻其父赚钱虽多，却纯用不正当的手段获得。所以上述的梦的隐念似乎在说：“（我如果问他），他也将如欺骗顾客般欺骗我。”至于剥取金属，本为营业诈欺的象征，但做梦者却另有解释：他说，这是用以暗指手淫行为。这个解释不但为我们所熟知，而且暗中手淫而用相反的观念表示出来（即“我们可以公然为之”），也正和这个解析暗相符合。所以事实上，将此事归诸其父亲所为，正如梦里第一幕的发问一层相同，都正好在我们的意料之中。做梦者又将地洞解析为阴道，因为其两旁覆有软垫之故；至于我，则把进入洞穴再出来，当做性交的代替物。

关于第一个洞内的长长高台，和高台之后的第二个洞，做梦者亦从本身的经历加以解释。有一段时期，他曾经和女人有性交关系，其后因太软弱而未能畅所欲为，现在则希望借治疗的帮助来恢复做爱的能力。

八、我再引述下面两个梦，做梦者为一有明显多妻倾向的外国人，因为由此二梦，可知做梦者本人出现在两梦之内，即使在显梦的内容中也已经过伪装，不易看出。梦中的皮箱都是女性的象征。

（1）做梦者正在作长途旅行，行李放在马车上，送至车站。他的皮箱很多，互相重叠，其中有两个黑皮箱类似旅行商人所用的。他对某人宽慰地说："你知道，那些皮箱只要送到车站为止。"

实际上，他的确带了许多件行李去旅行。在接受治疗过程中，他又说了许多关于女人的故事。那两个黑皮箱代表两个黑女人，这两个黑女人，在他那时的生活中，占有重要的地位。其中一个想跟他一起到维也纳，不过由于我的劝告，他发电报去阻止了她。

（2）海关中的一幕：有一个旅行者打开皮箱，一边吸烟一边漠然地说："箱内有没有违禁品。"关员似乎也相信他，但是在搜查的时候，却发现一件严重的违禁物品。旅行者于是让步说："好吧，这可没法了。"该旅行者是做梦者本人的替身，而关员则为我。一般而言，他对我本来很直爽无隐，坦白无讳，但是他新近和某女人所发生的关系，却决意不肯告诉我，因为他知道我认识她。他把被人发觉时的那种羞愧难当的情境往一陌生人身上一推，自己便似乎不曾入梦了。

九、这里又有一个象征的例子，是我以前未曾提出过的：

做梦者在路上遇见其妹和二友同行，这二友乃是一对姐妹。他和这一对姐妹握手，却没有和自己的妹妹握手。

实际上他并不记得有这件事。相反地，他回忆起自己曾于某个时候，对于一个女人乳房发育的迟缓表示惊异。所以那一对姐妹实为乳房的代替物；假如另一个不是他妹妹，他就要伸手摸一摸了。

十、这是梦中含有死亡象征的例子：做梦者正跨过一座很高陡的铁桥，同行者有二人，他原本知道他们的名字，但醒来便忘记了。他们却忽然消失不见，而他所能看见的，只是一个头戴小帽、脚穿套裤，形状如鬼的男人。他问其人是否送电报来的……对方说“不是”。是否是马车夫？对方又说“不是”。做梦者于是继续做梦，在梦里感到非常惊骇；醒来后，他继续幻想，幻想铁桥忽然折断，自己坠入万丈深谷之内。

做梦者如果特别声明梦里人物不是他所认识的，或其人的名字他已忘记，则在实际上，他们和做梦者的关系必甚密切。就这个例子而言，做梦者有三个兄弟。假如他怕其他二人死亡，那便表示他其实希望他们死亡。关于送电报者一节，他说电报经常通知坏消息。从他的制服看来，梦中人物似乎是一个点灯为业的人，因为点灯者，也能灭灯，就像死神毁灭生命之火一样。由马车夫，他想到乌兰德[①]的诗“卡尔王之航海”，又想起湖上风涛的险恶，及同行者二人，而以自己为诗中的卡尔王。山铁桥出发，他又想起一件近事和一句俗语：“生命是一条吊桥。”

6. 梦的愿望满足

各位！我们的研究经过是否有重复一提的必要呢？我们刚要应用精神分析法时，遇见了梦的伪装作用，那时我

① 乌兰德（L. Uhland，1787 ~ 1862），德国诗人。——译注

们决定将这个伪装问题暂时存而不论，先研究孩童的梦，以期对于一般的梦的通性有所了解；而到了研究儿童的梦已有结果之后，再直接研究梦的伪装作用。我希望我们也已逐渐完全把握了梦的伪装。然而我们却不得不承认，由这两方面所发现的结果，还未能互相连贯，所以将其加以融合连贯，乃成为我们此时的必要工作。

这两种研究，都很明显的表示，梦运作的基本面貌，皆在于把思想转化变形为幻觉的经验。这个程序究竟如何完成，本来就令人惊疑迷惑，但这是属于普通心理学的问题，我们在此可不必探究。我们由儿童的梦，已明白梦运作的目的，在于满足某一愿望，而消除那干扰睡眠的心理刺激。关于伪装的梦，在我们知道如何加以解析之前，自然不能下同样的断语，但是我们一开始仍希望能够将关于这些梦的观念和关于儿童的梦的观念，互相连贯。我们如知道一切的梦其实都是儿童的梦，而且都是利用幼年的材料，也都以儿童心理的本能冲动和心理机构为特征，那么我们这个希望便可实现了。我们现在如已完全了解梦的伪装作用，便会进一步怀疑“梦是愿望的满足”这个观念，是否也可用以解释伪装过的梦。

我们以前已经解析过一系列的梦，但却完全未将“愿望满足”这个问题加以讨论。我想我们以前在释梦的时候，你们心中一定屡次兴起这个问题：“梦运作的目的既然是要满足愿望，那么由这些梦为何见不到愿望的满足呢？”这问题颇为重要，因为这是一般外行批评家所常质问的。你们要知道，人类对于新知创见本有厌恶反对的情感；将这个情感表现出来的一个方法，便是把任何新知创见都立即缩小至无可再缩的范围内，而且假如可能，还要加上一个标志（catch-word）。“愿望满足”已成为这么一个标志，用以概括我们这个新的梦理论。他们一听到梦是愿望的满足之说，便问：“愿望之满足如何形成的？”他们提起这个问题，为的就是要推翻这个观念。他们可以马上回想起自己所有的无数的梦都伴有不快的感情，有时甚至引起恼人的恐惧感。因此，精神分析梦的理论之这一主张，似乎很不可能成立。我们很容易就可以回答这个问题，因为就伪装的梦而言，愿望的满足最初并不是公开地表现的，而是要我们去寻求的，所以要证明它，得等到解析过梦之后。我们又明白，伪装的梦的背后潜藏的愿望，乃为检查作用所禁止、摒斥，而且这些愿望的存在，也就是伪装的原因和检查作用所以形成的动机。但我们要使一般外行评家了解这一事实——也就是在梦未经解析之前，我们一定不能问其梦究竟如何满足愿望——可真不容易。他们往往忘记了这一点。其实他们之所以不愿意接受满足愿望之说，也便是梦的检查作用的结果，因为有这个检查作用，所以他才以赝品代替真正的思想，而否认拒斥这些已被检查的梦的愿望（dream-wish）。

至于我们自己，当然有必要说明为什么有这么多内容痛苦不快的梦存在；而且更要了解我们究竟为什么会做

"焦虑的梦"[1]。我们在此首次面临了梦中的感情问题。这是值得特别研究的问题，但不幸得很！我们现在即无法加以讨论。假如梦是种愿望的满足，不快、痛苦的情绪当然没有进入梦中的可能：在这一点上，一般外行批评家似乎是正确的。但是这个问题之所以错综复杂，是因为有下面三点，而这三点竟都为他们所忽略了。

首先，梦运作有时也许不能完全造成愿望满足的局面，因此隐念中的不快情感遂有一部分出现于显梦中。由分析的结果，可见这些隐念的痛苦不快，远比由这些隐念而引起的梦，更加强烈。这点从每个梦都可以得到证实。所以我们承认梦运作无法达到目的，正如因口渴而梦见喝水，口渴并不能因梦而消除一样。做梦者在梦后仍感到口渴，乃不得不起来喝水。然而这也不失为适当的梦，因为它仍保留着梦的基本性质。我们必须说"虽然力量缺乏不足，但仍不失为愿望的实现"（Ut desint vires，tamen est laudanda Voluntas）[2]。无论如何，其显然可辨认的意向，是值得赞美的。这种工作失败的例子，确实不在少数；而其所以失败的原因之一是：以梦运作来改变内容虽然容易，但是如果要以梦运作来产生其所需要的情感的变化，即远为困难。情感常常是很倔强的。所以在梦运作进行时，梦念中所有痛苦不快的内容，虽化为愿望的满足，然而其不

① "焦虑的梦"（anxiety dreams），做梦之时，对梦的状况产生焦虑不安感，因此而从睡梦中苏醒的梦。弗洛伊德将此时感到不安的内容，认为是在追求欲望之满足，而焦虑又有完成伪装此愿望的作用。——译注

② 罗马诗人奥维迪斯（公元前43年～公元17年左右）所说的话。——译注

快的情感则始终不变。于是情感和内容很不调和，遂使我们的批评家有机会肯定梦不是愿望的满足，所以甚至连无害的内容也伴有不快的情感。对于这种不明智的批评，我们可以回答说，梦运作中所有满足愿望的倾向，最显而易见的，便在这些梦里，因为这种倾向在这些梦里呈分离呈现的状态。他们的批评之所以错误，就因为他们不熟悉精神官能症的人们总爱想像内容和情感之间的关系，比其实际的关系，更加密切，因此才无法了解，内容改变的时候，随之而起的情感也可以不变。

第二点更为重要，也更深刻，但同时也同样为一般人所忽视。一个愿望的满足的确会产生快感，但是我们要问："究竟使什么人引起快感呢？"感到愉快的当然是有此愿望的人。然而我们明白，做梦者对于他的愿望之态度即很特别：他摒斥这些愿望，指责这些愿望，总之，不愿意有这些愿望。所以这些愿望的满足并不会使他快乐，反而使他不快；这种"不快"，由经验可以知道，形成了梦者的"焦虑不安"，虽然它仍需要解释。就其愿望而言，故梦者恍如两个人，由于某些共同的要点而紧密地合为一人。我想不再引申扩大这问题，只想告诉你们一个著名的童话故事[1]。从这个故事中，你们便可看出这些关系：一个和蔼仁慈的仙女要满足一个穷人和其妻子的三个愿望。他们非常高兴、乐不可支，因此决定要十分慎重的选择他们的愿望。但那个女人因闻到邻人烧香肠的香味，食指大动，于是希望有两条香肠。她一动念，香肠已出现在面前了，第一个

① 瑞士诗人、寓言作家荷贝尔的作品"三个愿望"。——译注

愿望因此满足了。男人于是为之勃然大怒，愤怒之余乃希望这两条香肠挂在妻子的鼻端上。这个愿望当然也实现了，香肠遂挂上了妻子的鼻端，无法再拿下来，第二个愿望也因此满足了。但是这是男人的愿望，他太太自然深以满足此愿望而愤怒不快，这个故事的结局，你们大概都已知道；因为他们毕竟是夫妇，所以他们的第三个愿望，是使香肠离开女人的鼻端。我们也许可屡次运用这个童话故事，以比喻其他各事，但在这里则只需用以说明一个事实，即一个人的愿望满足可以使另一人深感不快，除非这两人完全一心一意。

现在对于所谓焦虑不安的梦，便不难予以更完满的解释了。还有一点尚需讨论，然后才可采用那为许多观念所支持的假说。这一点就是：焦虑的梦的内容，往往没有伪装作用；换言之，它逃过了检查作用的注意。这种梦常常是一种毫无隐藏的愿望满足，但这个愿望当然不是做梦者所能接受的，而是他所已摒斥的；于是焦虑不安遂乘机产生，进而代替了检查作用。儿童的梦是做梦者所承认的愿望之公开的满足，而普通的已伪装的梦则是被潜抑（repression）的愿望之隐秘的满足，至于焦虑的梦，则为被潜抑的愿望之公然的满足。焦虑乃是表示，其被潜抑的愿望力量太大，不是检查作用所能制服，所以虽有检查作用的牵制，但仍然能得到满足，或接近满足。因为我们站在检查作用的立场上，所以可以了解那被压抑愿望的满足，只会使我们产生不快的情绪而引起我们的反抗。因此你们不妨把在梦中所表现的焦虑不安，当作由于当时无法制服的愿望之强大力量所体验到的焦虑不安。我们无法只由梦的研究，而获知这个抵抗为什么会形成焦虑不安；显然我们仍应在其他方面再加以讨论。

未经伪装的焦虑的梦所可适用的假定，也可用以解释那些稍微伪装的梦，以及其他几乎和焦虑相等的不快的梦。焦虑的梦一般而言往往使我们惊醒。我们往往在梦的压抑愿望尚未制服其检查作用，而获得完全满足前，就已先惊醒了。这种情况下，这些梦并没有达到原来的目的（即保护睡眠的目的），但是其基本特性却未因此改变。我们曾把梦比喻为守夜者或睡眠的守护人，其目的在保护睡眠以免受到干扰。这个守夜者，现在如果力量不够，无法抵抗或赶走那干扰的因素或危险，就必须唤醒睡眠者。梦正和此相同。然而我们有时虽然因做梦而感到不安以至焦虑，却仍然能继续沉睡。我们在沉睡中自我安慰道："这毕竟只是一个梦罢了。"因此能继续安睡。

你们也许要问，梦的愿望在什么时候才能克服其检查作用。这一方面要靠愿望，或另一方面要靠检查作用。也许由于某种理由，其愿望的力量会非常强大，甚至超过检查作用，但是据我们所得到的印象，二者的势力平衡之所以改变，常常是出于检查作用的态度。我们已知道，检查作用随时因不同的情况而有不同的运作，因不同的梦的成分而改变其不同程度的严厉态度；现在我们可以再加一句，即检查作用的一般行为是没有一定的，对于同样的成分也不常有同样严厉的表示。假如那检查作用忽然自觉无力抵抗梦的愿望之力量，它便不再使用伪装作用，而采取最后的对付方法，使做梦者产生焦虑不安，而干扰破坏睡眠。

在这一点上，我们竟仍然没有任何观念、不了解这些罪恶的愿望何以单单会在晚上出现，而干扰我们的睡眠，毋宁是使我们惊奇万分的事。我们如要答复这个问题，一定要采用另一以睡眠的本质为基础的假定。在白天里，检查作用的沉重压力施加于这些愿望之上，自然而然使它们没有侵入意识的可能。但是一到晚上，这个检查作用也像精神生活的其他一切作用，都因睡眠而暂时松弛，或至少力量大为减弱，于是被禁止的愿望遂乘机活动。有些患失眠症的精神官能症病人，自认其失眠最初是主动的（voluntary）；亦即他们不敢入睡，因为他们害怕做梦——这就是说，他们生怕检查作用一旦松弛后所可能产生的结果。你们可毫无困难地了解，检查作用的减弱本来并不造成大害；因为睡眠可以破坏我们的活动机能；所以罪恶的意念纵然在此时乘机而作，充其量也只能引人做梦，在实际上是毫无妨害的；在这个安逸的情形中，睡眠者因此可以在睡眠中说："这只是梦而已。"所以我们就由它去，而再度入睡。

第三点，假使你们记得，做梦者反抗他自己的愿望时，好像是两个不同的人，由于密切的关系而合在一起似的，你们便可知道还有一种方法，可使愿望的满足产生十分不快的结果；这个方法就是惩罚。这里我们可以再借前述那三个愿望的童话故事来帮助说明。那盘子上的香肠是第一个人（即其妻子）的愿望的直接满足；鼻端上的香肠则为第二人（即其丈夫）的愿望的满足，同时也是其妻子之愚蠢愿望的惩罚。在精神官能症里，我们将可发现和这个童话故事里第三个愿望相仿佛的动机，而这是他的惟一动机。人类的心理生活上，有很多这种惩罚的倾向，并且它们都十分强大有力，有些甚至可视为是形成苦痛的梦的主因。你们现在很可能会以为所谓的愿望的满足，就这种苦痛的梦来看，并没有什么满足可言。然而只要仔细研究，你们便会承认自己的意见是错误的。现在如把梦为何物——或者确实为何物，如某些学者所说的——的各种可能互相比较，则愿望的满足、焦虑的满足（anxiety-fulfil-ment），惩罚的满足（punishment-fulfilment）等说法，确实是十分狭隘的。然而焦虑本来就是愿望的直接反面，而反面和正面在联想中则很容易并排一起，而在潜意识内则融合为一，正如我们已知道的。而且，惩罚本身也可说是愿望的满足，换言之，是检查者的愿望的满足。

因此，你们虽然反对愿望满足的理论，我却未曾让步；对于下面这项工作，我目前也不愿意推诿，那就是，要在每一伪装的梦中，证明愿望满足的存在。现在且让我们回溯以前曾经解析过的梦，即关于一个半 florin 买三个蹩脚座位的梦，我们曾由此梦获得许多关于梦的知识。我希望你们仍然记得这个梦：有一天一个妇人听到她的丈夫说，比她小三岁的朋友艾利丝已订婚了，她当晚便梦见自己和丈夫一起去戏院观剧，而戏院的座位却有一边几乎没有人坐。她先生告诉她，艾莉丝和其未婚夫本来也想来，但终于没有来，因为他们不愿意以一个半 florin 买三个坏座位。她就说，这对他们而言，并没有损失什么，反而还得到便宜呢。我们已发现她在隐梦中对丈夫不满，而深悔自己结婚太过匆忙。我们也许不了解这种悔恨的思想究竟如何可转化为愿望的满足，但在显梦中却可以发现相当多的蛛丝马迹。我们已知道“太快了，太匆忙了”的成分已因检查作用而不敢泄露出来；戏院里的空座位，即为这个成分的暗喻。“一个半 florin 买三张票”原本令人感到困惑，但是现在因为已获得象征作用的知识，我们对此就更加了解了。“三”这个数目其实是男人的代表，所以显梦的成分不难译为：“以嫁妆去买一个男人（丈夫）”这一事实。（“我以如此丰厚的嫁妆，可以买到一个比他好十倍的男人”）而显而易见的，“到戏院去”乃指结婚；“买票太早了”其实是直接代替“结婚太早”这一事实。现在这个代替物便算是愿望满足的工作。做梦者对于结婚太早虽然不满，但其不满之感并非一直像听到她朋友订婚的那一天那么强烈。其实她曾经一度自夸自己的婚姻，以为自己比朋友更幸福。我们常听到天真的女孩子，在订婚的时候，以为自己不久就可以观赏所有的戏剧，并看一切以前禁止看的东西，而沾沾自喜。

毫无疑问的，好奇心的表现和“窥视”（look on）的欲望，当然起源于性的“窥视的冲动”，尤其是窥视父母的行为，这个冲动便成为促使女孩子早婚的强烈动机；因此到戏院去，显而易见的便成为结婚的暗喻代替品。她现在既然由于结婚太早而深感悔恨，是她想到同样的结婚曾用以满足一个愿望，即“窥视欲”（skoptophili），因此现在受这个早年的愿望冲动的支配引导，乃改到用去戏院的观念，来代替结婚的观念。

我们或许可以说，我们刚刚所采用的说明潜在愿望满足的例子，似乎不是最适当的例子，不过针对其他所有伪装的梦，我们也必须如此迂回曲折的进行解析。此时此地，我当然无法如此作，所以我只愿意声明这种研究的程序，一定能有相当的成绩表现。然而在理论上，我却愿意更进一步地详细说明：因为经验已告诉我们，这是梦的整个理论中最容易引起矛盾与误会的论点。而且，你们或许仍然觉得我已撤回一部分我的主张，因为我曾说过梦可以是愿望的满足，也可以是愿望满足的反面，如焦虑不安和惩罚的实现。你们也许会以为，这是可以迫使我不得不再作进一步的让步的大好机会。同时也有人斥责我，说我把自己所明了的事实，陈述得太简略了，以至不能令人信服。

你们既然已经在梦的解析上钻研到这个地步，并且接受我们迄今为止的一切结论，那么一定会对于愿望满足的问题感到疑惑而问道："我们承认了每个梦都有其含义，而且这个意义都可用精神分析法去发现出来，但是为什么我们要否认一切反面的证据，而勉强的把这个意义放在愿望满足的公式内呢？为什么我们在黑夜里的思想不及白天多彩多姿呢？为什么一个梦有时是某种愿望的满足，有时又为愿望满足的反面，正如你自己所说的，为恐惧的实现呢？或者有时为一种决心的表现，一种警告，一种问题之正反面的考虑，或者一种谴责、一种良心的痛苦，或对于一种事业之准备的尝试——以及其他呢？为什么硬要说它是愿望，或至多仅为其愿望的反面呢？"

我们也许可以说，如赞同了其他各点，则在这一点上纵有异议，也是无关紧要的。我们已发现了梦的意义和获知这一意义的方法，不也可因此而满足吗？假如我们要过分严格地限制梦的意义，则以往所得的成绩都要付之东流了。然而，这也不尽然。因为对于这个问题的误会，和我们关于梦的知识的根本要点，有重要关系，其结果且将危及这种知识在精神官能症的了解上的价值。尤其，“屈己从人”（oblige the other partty）在处世治事上虽有其价值，但是在科学研究上，不仅无益，而且有害。

梦的意义为什么不是多方面的、形形色色的？我对于这个问题的第一个答案是很平常的：我不知道它们为什么不如此；而它们即使如此，我也不会反对。就我所知道的，它们未尝不可如此！然而这个比较广泛而通俗的梦的概念，却有一个小小的障碍——在事实上，梦的意义并不是多方面的。我的第二个答案将着重下面一点，即梦可以代表多种思想方式和理智作用的假定，在我看来，绝不是一种幻想虚构的观念。有一次我在研究某个病理个案的发展史时，曾记载一个连梦三夜，其后便不再做的梦。根据我那时的解释，这个梦相当于一种决心，而这决心成为事实后，便再也没有做梦的必要。其后我又公布一个我以为是用来表示忏悔的梦。现在我为什么居然会白相矛盾，而主张梦永远而且只是愿望的满足呢？

我宁可自相矛盾，却绝不愿意承认愚蠢的谬见误解，因为这个谬见误解，也许会消灭我们在梦的问题上一切苦心研究的结果；而且会将梦和梦的潜在隐念混为一谈，而主张梦的隐念如此，则梦一定也如此。因为确实不错，梦的确可以代表或者替换为刚才所讲过的各种思想方式：如决心、警告、反省、动作的预备，或设法解决问题的尝试等。但是你们如仔细观察，便可发现这是仅就形成梦的隐念而言。你们从解析梦的经验可知，人们的潜意识思想程序充满了这种决心、预备和反省，梦运作就是把这些构成梦的材料。假如有一段时间，你们将兴趣从梦运作转移至人们的潜意识思想程序，便可把梦的形成作用，置之一旁存而不论，而主张梦可代表一种警告，一个决心或其他，这在实际上也未尝不对。精神分析的研究也常用此法：一般而言，我们只是努力要打破梦的表面形式，而代之以梦之所以引起的相当的潜在隐念。

因此，当我们在设法讨论梦的隐念的时候，无意中却获知我们刚才所说过的十分错综复杂的心理作用，都可以在潜意识中活动——这个结论，确实令人惊骇，也令人惶惑。

但现在且言归正传：你们说，梦可代表各种思想的方式，这当然是相当正确的，只要你们在心中十分清楚，你们是以一种简略的表示方式来说这句话，而不是把这些各种方式想像为梦的根本性质。你们在说到“一个梦”时，所指必须为显梦，即梦运作的产物，或者指梦运作本身，亦即将梦的隐念化为显梦的那种心理程序。你们如果以为“梦”这字尚有其他意义，则其结果将会使观念混淆。而且谬误立见。梦的隐念是梦运作制造显梦所用的材料。假使你们所说的话用以指梦的隐念，那便请你们明白说出，千万不要因说话欠明确，而增加问题艰晦的程度。你们为何会经常将材料和制造材料的手续混为一谈呢？有些人仅知道那最后的产物（即显梦）而不能解释其由来（即梦的起源）和制造的经过（即梦运作），若你们分不清显梦和隐梦，则你们的过失正与此相同。

梦本身的惟一要点，乃是处理思想材料的梦运作；而当我们谈到学理，便没有权利忽略此事，纵使在某种实际的情况下，这也可被忽略。尤其在分析的观察中，可见梦运作不仅在于将隐念翻译为前文所述过的原始的或退化的表示方式。正好相反，有一种虽然不属于白天所有的隐念，但却是梦之形成作用的实际动机的事物，常附加于其上；这个不可或缺的成分，便是潜意识的愿望，梦的内容便是为了这愿望的满足而改变。所以你们如仅讨论梦所代表的思想，那么梦便可为任何事物——一个警告、一种决心或一种筹备，等等；但除此之外，它也常常可为一种潜意识愿望的满足；假使你们认为梦是梦运作的结果，则它除了愿望的满足外即不再有其他意义。所以梦不仅仅表示决心或警告；而且决心或其他，在梦内常借潜意识愿望的辅助，而译成原始的形式（archaic form），其转变的结果正为那一愿望的满足。这单独的特性，即愿望的满足，才是梦的惯常特性，其他成分则可有可无。它本身确实可为一种愿望；在这事上，梦系由我们清醒时的隐藏愿望的满足，借潜意识的帮助而得以完成。

凡此一切我都十分清楚，但我不知是否也使你们十分明白。证明当然是不容易的；因为一方面，证明要有证据，而证据则只能在仔细分析过许多梦之后才能获得。另一方面，关于梦的概念的最重要之点，只好和其他现象（指精神官能症的现象）连带讨论，才可令人信服，而这些现象的讨论尚有待于将来。你们如知道各种现象之间都有如何密切的关系，便可知如果没有研究这种现象的性质，便无法深知另一种现象的性质。因为我们对于类似于梦的现象——精神官能症的症状——尚无所知，所以对于已了解的部分不得不暂时引以为满足。我只能再举出一个例子来说明，借此予以一种新的推论。

且让我们再度举前次早已讨论过的关于一个半 florin 买三张票的梦作为说明的例子。不过我之所以选这个例子，并没有什么特殊的动机。我可以明白告诉你们，我们已知道这个梦的概念略如下述：做梦者听到她的朋友刚刚订婚，便深悔自己结婚太匆忙了。又以为自己如果能耐心等待，也许可以得到更好的丈夫，因此对于现在的丈夫，遂存蔑视之意。我们又知道这些隐念所以形成梦的愿望，乃是基于一种窥视欲；即她希望因此可以自由看戏——这也许是想看看婚后究竟会有何结果的好奇心的产物。我们都知道，小孩的这种好奇心常以其父母的性生活为目标；换言之，这是一种婴孩期的冲动，成人如果有这种冲动，则必也起源于婴孩时代。然而在做梦者做梦前一天所得到的消息（即其朋友订婚的消息）并不致引起窥视欲，而仅引起懊悔及怨恨。这个欲望冲动（窥视欲）最初和隐念并没有连带的关系，而分析时，即使不对这一窥视欲有所论述，也可以得到解析梦的结果。然而懊悔本身却无法产生梦；没有任何梦，可以由下面的思想产生："结婚如此匆忙，实在太笨了"，除非是这个思想鼓动了从前要看结婚后有何结果的愿望。这个愿望乃造成梦的内容，而以去戏院代替结婚；至于其形式则为早年愿望的满足："我现在可以到戏院里看从前所不许看的一切了；但是你却不能。因为我已经结婚了；你却还需等待。"因此之故，其实际上的情境乃转化成反面，而以前的胜利乃起而代替最近的懊悔；自然而然的其结果是"窥视"冲动和自夸之感同时满足。而后者的满足决定了显梦的内容；因为就显梦而言，做梦者坐在戏院内，而她的朋友则无法看戏。其余部分实为这个满足情境之不适当及不可理解的变化，而隐念则仍隐藏于其后面。解析梦的任务，在于将那些代表愿望满足的部分略而不谈，而重建其背后所隐藏的痛苦的隐念。

我对你们所谈的这一大段话，目的是要引导你们注意这些现在已逐渐揭露的梦的隐念。首先，我请你们千万不要忘记，做梦者对于这些隐念一无所知；其次，这些隐念都十分合理而互相连贯，因此我们可以了解，它们实为对于引起梦的任何刺激之可理解的反应。第三，它们具有和任何心理冲动及理智活动相同的价值。我想给予这些隐念以一种较前更加严格限制的名称，而称之为前一天的残念（the residue from the previous day）；做梦者对于它们，可以承认；也可以否认。在此，我得将这个"残念"和"梦的隐念"加以区别，凡是由解析梦而发现的一切，都称为"梦的隐念"，这正是我们以前所习用的，而"前一天的残念"则仅为这些隐念的一部分。于是我们对于做梦时的经过情形的概念略述如下：前一天残念之外，当有一种强大有力而被潜抑的属于潜意识的愿望冲动，这个冲动乃使梦的形成成为可能。因为有这个欲望冲动运作于“残念”上，而创造了梦的潜在隐念之其他部分，这部分从我们清醒生活的观点来看，是不可理解的。

我以前曾运用一个比喻来说明残念和潜意识愿望之间的关系，现在我最好在此重述一次：不论哪一种事业，皆需要一个资本家担任费用，一个计划家担任观念设计，并了解如何实现其计划。就梦的形成作用来说，资本家的部分永远而且只是潜意识愿望；它提供梦的形成所需要的精神能力基金。至于计划家则为前一天的残念，决定消耗能力的方式。资本家自己当然大都拥有计划和其所需要的特殊知识，而计划家自己也可拥有资本。这原本可以使实际上的情境简单化，然而理论上的困难却因此而增加。就国民经济学上说，同为一人，而其功能为资本家，或其性能为计划家时，我们往往加以区别；而这个区别，重建了我们奠基其上之比喻的根本情境。在梦的形成作用中，也可发现到相同的变化：我现在不说，由你们自己去想吧。

这个问题到这里，我们可无法再进一步谈了。因为我想你们也许早已发生疑问，现在似乎应该提出来了。你们也许会问：“那所谓的‘疑念’，其实为潜意识的，确实和那梦的形成所需要的愿望之潜意识，在意义上相同吗？”你们的疑问是合理的：这个预感是正确的，实际上这就是全部问题的要点。

它们都为潜意识并非即指其意义相同。梦的愿望属于另一种潜意识，它正如我们所知道的，起源于婴孩幼年期，而且具有特别的机构。我们如用不同的名称来区别这两个“潜意识”，固然十分便利。但是我们仍然宁可等待，直到我们熟悉了精神官能症的现象再说。假如潜意识存在的概念，已经被认为是无稽的幻想，那么如果我们现在断定潜意识共有两种，则人们更要大惊小怪了。

因此，我们暂且在此结束。你们又再度听到一段没有说完的话；但是我们正可以希望这方面的知识已因我们自己的努力，或他人的研究，而更加进步。我们不也可以由此学习到许多更加新颖而惊人的知识吗？

图书在版编目（CIP）数据

弗洛伊德心理哲学 /（奥）弗洛伊德著；杨韶刚等译.
—北京：九州出版社，2003.07（2017.10重印）
（哲人咖啡厅）
ISBN 978-7-80114-918-3

Ⅰ.①弗…　Ⅱ.①弗…②杨…　Ⅲ.①弗洛伊德，S.
（1856～1939）—心理学　Ⅳ.①B84-065

中国版本图书馆CIP数据核字(2003)第048216号

弗洛伊德心理哲学

作　　者　（奥）弗洛伊德　著　杨韶刚等　译
出版发行　九州出版社
地　　址　北京市西城区阜外大街甲35号（100037）
发行电话　(010)68992190/3/5/6
网　　址　www.jiuzhoupress.com
电子信箱　jiuzhou@jiuzhoupress.com
印　　刷　三河市九洲财鑫印刷有限公司
开　　本　880毫米×1230毫米　32开
印　　张　13.125
字　　数　260千字
版　　次　2003年7月第1版
印　　次　2017年10月第15次印刷
书　　号　ISBN 978-7-80114-918-3
定　　价　32.00元